トランジスタ技術 SPECIAL

No.153

手元に置きたいプロの当たり前

ずっと使える電子回路 テクニック101選

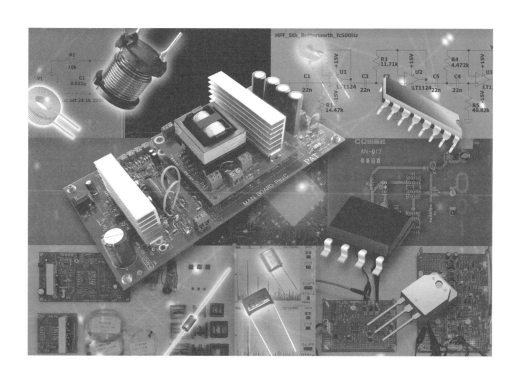

CQ出版社

手元に置きたいプロの当たり前

ずっと使える電子回路テクニック101選

馬場 清太郎，石井 聡 著，梅前 尚 編著

第1章　エレクトロニクスの基本法則 ········· 5

- ❶ 1-1　オームの法則　　　　　　　　　　　　　　梅前 尚
- ❷ 1-2B　重ね合わせの理　　　　　　　　　　　　　石井 聡
- ❸ 1-3B　キルヒホッフの法則　　　　　　　　　　　石井 聡
- ❹ 1-4B　鳳・テブナンの定理　　　　　　　　　　　石井 聡

第1部　部品の適材適所　ずっと使えるテクニック

第2章　抵抗回路で使えるテクニック ········· 12

- 　　2-0　抵抗とコンデンサとコイルの違い　　　　　梅前 尚
- ❺ 2-1A　抵抗分圧回路の高性能化　　　　　　　　　馬場 清太郎
- ❻ 2-2B　抵抗の電力損失　　　　　　　　　　　　　馬場 清太郎
- ❼ 2-3B　効率が最もよくなる負荷抵抗　　　　　　　馬場 清太郎
- ❽ 2-4B　出力電力が最も大きくなる負荷抵抗　　　　馬場 清太郎
- ❾ 2-5B　パルス電圧に対する抵抗の定格電力損失　　馬場 清太郎
- ❿ 2-6B　抵抗の温度上昇特性と許容電力損失　　　　馬場 清太郎
- ⓫ 2-7B　抵抗から発生する熱ノイズ　　　　　　　　石井 聡
- ⓬ 2-8B　可変抵抗を正しく使う　　　　　　　　　　馬場 清太郎
- ⓭ 2-9B　可変抵抗の定格電力　　　　　　　　　　　馬場 清太郎
- ⓮ 2-10B　可変抵抗を高精度な分圧に使う　　　　　　馬場 清太郎
- ⓯ 2-11B　可変抵抗の電力損失　　　　　　　　　　　馬場 清太郎

第3章　コンデンサ回路で使えるテクニック ········· 25

- 　　3-0　コンデンサの基礎知識　　　　　　　　　　梅前 尚
- ⓰ 3-1B　コンデンサの種類を選ぶ　　　　　　　　　馬場 清太郎
- ⓱ 3-2B　コンデンサの基本特性をつかむ　　　　　　馬場 清太郎
- 　　コラムA　ベテランの計算テクニック…dB換算表を覚える　馬場 清太郎
- ⓲ 3-3B　コンデンサの充電特性　　　　　　　　　　馬場 清太郎
- ⓳ 3-4B　セラミック・コンデンサの使い方　　　　　馬場 清太郎
- ⓴ 3-5B　アルミ電解コンデンサの使い方　　　　　　馬場 清太郎
- ㉑ 3-6A　アンプ前置分圧回路の広帯域補正　　　　　馬場 清太郎
- ㉒ 3-7B　CR微分回路のパルス応答を求める　　　　　石井 聡
- ㉓ 3-8B　CR積分回路の時定数を求める　　　　　　　石井 聡
- ㉔ 3-9B　CR積分回路のローパス・フィルタ特性　　　石井 聡
- ㉕ 3-10A　CR積分回路によるノイズ対策　　　　　　　馬場 清太郎
- ㉖ 3-11A　CR微分回路による直流阻止＆ハイパス・フィルタ　馬場 清太郎

第4章　コイル回路で使えるテクニック ········· 43

- 　　4-0　コイルの基礎知識　　　　　　　　　　　　梅前 尚
- ㉗ 4-1B　コイルの基本特性と電流・電圧・磁束の求め方　馬場 清太郎
- ㉘ 4-2B　コイルの種類とコア材料の選び方　　　　　馬場 清太郎
- ㉙ 4-3B　コイルの充電特性　　　　　　　　　　　　馬場 清太郎
- ㉚ 4-4B　コイルの使い方　　　　　　　　　　　　　馬場 清太郎
- ㉛ 4-5A　LCローパス・フィルタによるスイッチング・リプル除去　馬場 清太郎
- ㉜ 4-6A　LCバンドパス・フィルタでほしい電波を得る　馬場 清太郎
- ㉝ 4-7A　LCノッチ・フィルタによるスポット・ノイズ除去　馬場 清太郎
- ㉞ 4-8A　数MHzまで抵抗値一定の広帯域な定抵抗回路　馬場 清太郎

第5章　ダイオード回路で使えるテクニック ········· 55

- 　　5-0　整流用ダイオードの基礎知識　　　　　　　梅前 尚
- ㉟ 5-1A　ダイオードの種類と整流性能　　　　　　　馬場 清太郎

CONTENTS

表紙／扉デザイン：ナカヤ デザインスタジオ（柴田 幸男）

(36) 5-2A ダイオード整流回路をつかむ 馬場 清太郎
(37) 5-3A ダイオードによる OR 回路と AND 回路 馬場 清太郎
(38) 5-4A 温度が上がっても大丈夫な LED 回路 馬場 清太郎
(39) 5-5A 大きい信号を入力しても大丈夫なクランプ回路 馬場 清太郎
㊵ 5-6C 理想ダイオードを作る①…非反転 馬場 清太郎
㊶ 5-7C 理想ダイオードを作る②…反転 馬場 清太郎
㊷ 5-8C 理想ダイオードを応用した絶対値回路 馬場 清太郎
コラム C 理想ダイオード回路の特性改善法 馬場 清太郎

第2部 基本回路 ずっと使えるテクニック

第6章 トランジスタ回路で使えるテクニック …… 72

6-0 パワエレ用トランジスタの基礎知識 梅前 尚
㊸ 6-1B トランジスタに流れる電流を求める 石井 聡
㊹ 6-2B ダーリントン接続による2段階増幅 石井 聡
㊺ 6-3A バイポーラ・トランジスタのドライブ回路 馬場 清太郎
㊻ 6-4A トランジスタ・ドライブ回路の高速化 馬場 清太郎
㊼ 6-5A トランジスタに低ストレスなリレー・ドライブ回路 馬場 清太郎
㊽ 6-6A 3.3～5 V で ON するパワー MOSFET スイッチング駆動 馬場 清太郎
コラム1A パルス信号の波形の読み方 馬場 清太郎
㊾ 6-7A 10 A 超パワー MOSFET の高速スイッチング駆動 馬場 清太郎
㊿ 6-8A 遅れがち P チャネル MOSFET の高速スイッチング 馬場 清太郎
(51) 6-9A マイコンからパワー MOSFET を高速駆動できる専用 IC 馬場 清太郎
コラム2A 実験に便利なリード挿入型トランジスタ 馬場 清太郎
(52) 6-10D DC-DC コンバータ用パワー MOSFET の選び方 梅前 尚

第7章 OP アンプ増幅回路で使える基本テクニック …… 92

7-0C OP アンプの種類と使い分け 馬場 清太郎
(53) 7-1B OP アンプの「仮想ショート」をつかむ 石井 聡
(54) 7-2B OP アンプの同相入力電圧範囲 石井 聡
(55) 7-3B バイアス電流による誤差の確認 石井 聡
(56) 7-4A OP アンプの各特性を正しく測る 馬場 清太郎
コラム A 初めてでも使いやすい OP アンプ 馬場 清太郎
(57) 7-5A OP アンプ増幅回路の代表「反転アンプ」 馬場 清太郎
(58) 7-6A 元の信号をそのまま伝える「ボルテージ・フォロワ」 馬場 清太郎
(59) 7-7B 信号を伝えるついでに増幅「非反転アンプ」 馬場 清太郎
(60) 7-8A 抵抗値の精度による OP アンプの増幅率誤差 石井 聡
(61) 7-9B 開放ゲインが有限のときの OP アンプ非反転増幅回路の増幅率誤差 石井 聡
(62) 7-10B OP アンプを使った発振回路と発振周波数 石井 聡
(63) 7-11A 便利なゲイン調整機能付き OP アンプ増幅回路 馬場 清太郎
(64) 7-12A OP アンプによる加減算回路 馬場 清太郎

第8章 OP アンプ増幅回路で使える実用テクニック …… 110

(65) 8-1A 雑音に埋もれた信号を取り出す差動アンプの基本形 馬場 清太郎
コラム A 抵抗 / コンデンサ / コイルの値とばらつきの決まり 馬場 清太郎
(66) 8-2A 2コ入りで構成できる程よし差動アンプ 馬場 清太郎
(67) 8-3A 優れた特性の3コ使い差動アンプ「計装アンプ」 馬場 清太郎
(68) 8-4A 差動入力とインターフェースする差動出力回路 馬場 清太郎
(69) 8-5C 増幅回路が発振してしまう条件 馬場 清太郎
(70) 8-6C 発振しない OP アンプ増幅回路を設計するには 馬場 清太郎
(71) 8-7C 発振しない OP アンプ増幅回路の設計 馬場 清太郎
(72) 8-8C うっかり作ってしまう微分回路への対応 馬場 清太郎
(73) 8-9C OP アンプ IC 以外の発振要因への対応 馬場 清太郎

第3部 機能回路 ずっと使えるテクニック

第9章 アクティブ・フィルタで使えるテクニック …… 126

9-0 アクティブ・フィルタの基礎知識 梅前 尚
(74) 9-1A 直流オフセットを抑えるアクティブ積分回路 馬場 清太郎
(75) 9-2A PID 制御で使うアクティブ微分回路 馬場 清太郎
(76) 9-3A ノイズ除去にまず使う2次ローパス・フィルタ 馬場 清太郎
(77) 9-4A もっとノイズを除去する3次ローパス・フィルタ 馬場 清太郎
(78) 9-5A 直流 / ハム・ノイズを除去する2次ハイパス・フィルタ 馬場 清太郎
(79) 9-6A 中心周波数を調整可能な2次バンドパス・フィルタ 馬場 清太郎
(80) 9-7A 50/60 Hz ハム・ノイズを除去する2次ノッチ・フィルタ 馬場 清太郎

第10章　コンパレータで使えるテクニック ……………………………………… 140

	10-0	コンパレータの基礎知識	梅前 尚
	コラム	汎用ロジックICもコンパレータ	梅前 尚
⑧①	10-1^A	信号の大小を判定する「コンパレータ」基本回路	馬場 清太郎
⑧②	10-2^A	コンパレータの応答特性を調べる	馬場 清太郎
⑧③	10-3^A	遅いけど直流特性がいいOPアンプ・コンパレータ	馬場 清太郎
⑧④	10-4^A	ノイズに強いヒステリシス・コンパレータ	馬場 清太郎
⑧⑤	10-5^A	負の入力電圧を判定するコンパレータ	馬場 清太郎
⑧⑥	10-6^A	A以上B以下の範囲を判定するコンパレータ	馬場 清太郎

第11章　発振回路で使えるテクニック ……………………………………… 151

	11-0^A	発振回路と水晶/セラミック振動子	梅前 尚
⑧⑦	11-1^A	数百kHz方形波を出力するLC発振回路	馬場 清太郎
⑧⑧	11-2^A	方形波を出力する水晶/セラミック振動子発振回路	馬場 清太郎
⑧⑨	11-3^A	低周波正弦波を出力する発振回路の基本形	馬場 清太郎
	コラム1^A	抵抗1本でバイアスをかけられるお手軽増幅素子インバータ	馬場 清太郎
⑨⓪	11-4^A	低ひずみな正弦波を出力する発振回路	馬場 清太郎
⑨①	11-5^A	さらに低ひずみな正弦波を出力する発振回路	馬場 清太郎
⑨②	11-6^A	方形波発振する無安定マルチバイブレータ	馬場 清太郎
⑨③	11-7^A	デューティ比を調節できる無安定マルチバイブレータ	馬場 清太郎
	コラム2^A	正弦波発振と方形波発振のちがい	馬場 清太郎
	コラム3^A	回路を見通しよくするための「電圧源」と「電流源」	馬場 清太郎

第12章　電源回路で使えるテクニック ……………………………………… 166

	12-0	電源回路の基礎知識	梅前 尚
	コラム1	電源回路をさらに高効率にするためのテクニック	梅前 尚
⑨④	12-1^B	方式①「リニア・レギュレータ」の基本	馬場 清太郎
⑨⑤	12-2^B	精度の高い基準電圧回路	馬場 清太郎
⑨⑥	12-3^B	基本の3端子レギュレータ回路	馬場 清太郎
⑨⑦	12-4^B	低損失にできるLDOレギュレータ	馬場 清太郎
⑨⑧	12-5^B	リニア・レギュレータの損失	馬場 清太郎
⑨⑨	12-6^B	方式②「スイッチング・レギュレータ」の基本	馬場 清太郎
⑩⓪	12-7^D	スイッチング方式とリニア方式の使い分け	梅前 尚
	コラム2^B	非絶縁型DC-DCコンバータの種類と特徴	馬場 清太郎
⑩①	12-8^E	DC-DCコンバータの回路方式の使い分け	梅前 尚

Appendix 1　高周波回路のポイント ……………………………………… 183

	A-1^B	高周波伝送回路の「特性インピーダンスZ_0」	石井 聡
	A-2^B	電力や電圧の比を表す単位「デシベル」	石井 聡
	A-3^B	高周波伝送回路の挿入損失IL	石井 聡
	A-4^B	増幅器に2つの信号を加えたときに生じるひずみIP_3	石井 聡

Appendix 2　高速ディジタル伝送のポイント ……………………………………… 189

	B-1^B	基準電位の変動に強い「差動伝送」	石井 聡
	B-2^B	アナログ・センスが重要な高速ディジタル伝送	石井 聡
	B-3^B	信号伝送のやっかいもの「コモンモード・ノイズ」	石井 聡

本書は，「トランジスタ技術」に掲載された記事をベースに加筆・再編集したものです．

【初出】
A：トランジスタ技術2014年5月号 特集「技あり！電子回路実験ライブ」
　　　　　　　　　　　　　（同書関係の記事の参考文献はp.192を参照）
B：トランジスタ技術2015年6月号 特集「回路図読解の素ベスト100」
C：トランジスタ技術SPECIAL「OPアンプによる実用回路設計」
D：トランジスタ技術2016年5月号 第2特集「グッドアンサ50！電子回路の達人」
E：トランジスタ技術2018年4月号 特集「匠オールスター！秘伝電子回路DVD塾」

表紙中央の写真はパワーアシストテクノロジー製LLC実験キットの基板

第1章

エレクトロニクスの基本法則

1-1 オームの法則

〈梅前 尚〉

電気回路の基礎の基礎「オームの法則」

電気に関連する物理法則うち，電気回路を理解するうえで最も基本的かつ重要な法則がオームの法則です．オームの法則は，次のように記述され，電圧と電流は比例関係にあることを表しています．

$$V = IR$$

● 電流を求める

図1(a)の回路で抵抗に流れる電流をオームの法則を使って求めます．

電源電圧は5V，抵抗値は1kΩですから，オームの法則 $V = IR$ から次のように計算できます．

$$I = \frac{V}{R} = 5\,V \div 1\,k\Omega = 5\,mA$$

10kΩのとき0.5mA，100kΩのとき0.05mAとなり，抵抗は電流の流れにくさを表しているといえます．

● 電圧を求める

では図1(b)の回路でB点の電圧は何Vでしょうか．

このとき電圧を測定するテスタのインピーダンスは無限大とします．

テスタのインピーダンスが無限大なので，B点には何も接続されていないと見なすことができます．ということは，R_2を通る電流の経路がないので，抵抗を流れる電流はゼロです．$V = IR$の式より，電流がゼロならば抵抗の値にかかわらず抵抗両端の電位差もゼロになります．R_2の左側，電源側の電位は電源電圧そのものなので5V，そして抵抗両端の電位差はゼロなのでB点は電源電圧と同じ5Vいうことになります．

● 抵抗を求める

オームの法則は$R = V/I$と変形することもできます．

図2のLED点灯回路を例に考えてみましょう．回路電源のV_{CC}が供給されているかどうか，電源のインジケータとして使われることが多い回路です．ここでは電源電圧が5Vとなっています．

まず，使用するLEDは，最大順方向電流(I_F)は30mA，順方向電圧降下(V_F)は1.8V～2.6Vでした．このLEDには3mA程度の順方向電流を流せば，点灯の確認ができそうです．ここでは仮に，V_Fの状態にかかわらず必ず3mA以上の電流を確保しつつ，LEDの絶対最

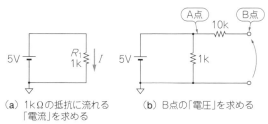

（a）1kΩの抵抗に流れる「電流」を求める　　（b）B点の「電圧」を求める

図1　オームの法則を使うと電圧や電流が求められる

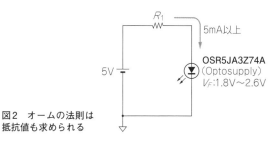

図2　オームの法則は抵抗値も求められる

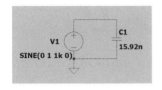

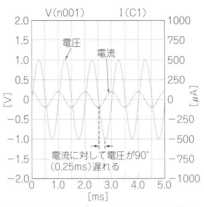

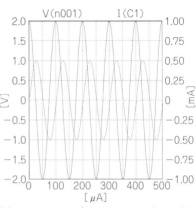

（a）シミュレーション回路　　　（b）15.92nFコンデンサの1kHzにおける波形　　　（c）15.92nFコンデンサの10kHzにおける波形

図3　コンデンサに加わる電圧・電流を確認する

大定格の30 mAを超えることがないように，電流制限抵抗R_1の値を求めることにします．

電源電圧は5 Vで，LEDのV_Fが最大の場合，抵抗の両端に加わる電圧は$5 - 2.6 = 2.4$ Vです．$R = V/I$よりLEDに5 mAが流れるように抵抗の値を求めると，

　　2.4 V ÷ 5 mA = 480 Ω

となります．この結果から，R_1は480 Ω以下としなければならないことがわかりましたので，R_1を390 Ωと決めました．これなら±5％のばらつきをもつ抵抗を使っても，上限である480 Ωを上回ることがなく，5 mAのI_Fを確保できます．

念のため，電流が最も大きくなる条件のときに，LEDの最大定格を超えることがないか検証しておきます．V_Fの最小値はデータシートに1.8 Vと記載されていますので，このときR_1の電圧は3.2 Vです．抵抗の許容差が±5％のものを使用しているなら，抵抗の最小値は約370 Ωとなるので，$I = V/R$の式から，

　　3.2 V ÷ 370 Ω ≒ 8.65 mA

と，最大電流が求められます．これであれば，全く問題なくLEDを点灯させることができます．LEDのV_Fは，流す電流の大きさやLED自身の温度によって変動するので，正確に動作条件の適否を判定するにはこれらも考慮する必要があります．

オームの法則を交流回路で使う

● 交流での電流の流れにくさ…インピーダンスZ

ここまでは直流回路でオームの法則を見てきましたが，交流ではどうでしょうか．

交流では，抵抗のみで構成された直流回路のように，電圧と電流が同じタイミングで変化するとは限りません．

コンデンサやコイルを使った交流回路では，電圧が変化するより少し早く電流が変化したり，逆に電流が遅れて変化したりといった現象がおきます．

このタイミングのずれが位相差で，交流を扱うとき

には位相を表現するために複素数を使います．

直流では電流の流れにくさを抵抗Rで表していましたが，交流ではインピーダンスZを用います．

● コンデンサのインピーダンス

コンデンサのインピーダンスZ_Cは$Z_C = 1/j\omega C$です．ωは角周波数で$2\pi f$，jは虚数であることを表します．

図3(a)の回路はコンデンサに正弦波交流を加えたときの電圧と電流を，シミュレータを使って確認したものです．

図3(b)では1 kHzでのシミュレーション結果ですが，電圧と電流の波形がずれています．それぞれのピーク値を見てみると，電圧は1 Vで電流は100 μAとなっています．コンデンサの容量は15.92 nFですから，コンデンサのインピーダンスZ_Cは，

　　$1 \div (2\pi \times 1\,\mathrm{kHz} \times 15.92\,\mathrm{nF}) \fallingdotseq 10\,\mathrm{k}\Omega$

であり，オームの法則の$V = IZ$の関係となっています．

同じ回路で周波数を10 kHzにしてシミュレーションした結果が**図3(c)**です．電圧は1 Vで，電流は1 mAとなっており，やはり$V = IZ$が成立しています．

もう1点，電圧と電流のずれに着目すると，1 kHzでは電流の変化に対して，電圧は0.25 ms遅れて変化しています．1 kHzでは1周期が1 msですから，90°遅れていることになります．

● コイルのインピーダンス

コイルのインピーダンスZ_Lは$Z_L = \omega L$です．**図4(a)**の回路で，コンデンサと同じようにピーク電圧が1 Vで1 kHzの正弦波交流信号を加えた場合の，電圧と電流をシミュレーションしてみます．

図4(b)のシミュレーション結果を見ると電流のピーク値はほぼ10 mAとなっており，$Z_L = 2\pi \times 1\,\mathrm{kHz} \times 15.92\,\mathrm{mH} \fallingdotseq 100\,\Omega$と$V = IZ$の関係になっています．

電圧と電流の位相に注目すると，電流に対して電圧は90°進んで（電圧に対して電流が90°遅れて）ます．

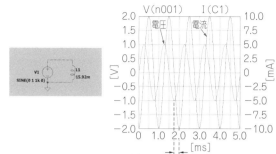

（a）シミュレーション　　（b）15.92mFコイルの1kHz時
　　　回路　　　　　　　　　　の波形

電圧に対して電流が90°（0.25ms）遅れる

図4　コイルに加わる電圧・電流を確認する

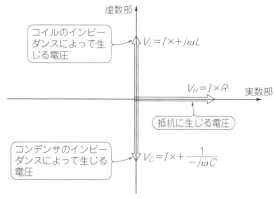

図5　抵抗・コンデンサ・コイルの電圧複素数ベクトル図

● 抵抗のインピーダンス

抵抗では，キャパシタンスやインダクタンスを含まない理想抵抗であれば，交流（常に状態が変化する）のどの瞬間でも，電圧と電流の関係は$V = IR$で，位相も同じです．インピーダンスZ_Rは抵抗値Rと同じです．

振幅と位相をもつ交流インピーダンスを複素数で表す

● 抵抗/コンデンサ/コイルの複素数ベクトル

交流回路でもオームの法則が適用できることがわかりました．インピーダンスは大きさだけでなく位相というパラメータをもつ違いがあります．このため，単純な加減算ではなく複素数で演算する必要があります．

抵抗，コンデンサ，コイルに交流電流を流したときに，それぞれの素子の両端に生じる電圧を，ベクトル図を使って表現したものが図5です．抵抗の両端電圧は，電流と同位相となるので，実数軸に沿って表記します．

コンデンサの電圧は電流に対して90°遅れるので，実数軸から右回りに90°回転させた方向の電圧となります．コンデンサ電圧の遅れ位相を表現するため，コンデンサのインピーダンスは$Z_C = 1/(-j\omega C)$とマイナスの符号を付けて表します．

コイルはコンデンサと逆に電流に対して90°進むので，実数軸から左回りに90°回転させた方向の電圧となり，コイルのインピーダンスには$Z_L = +j\omega L$とプラスの符号がつきます．

● 複素数ベクトルの合成インピーダンスを求める

図6（a）は，10 kΩの抵抗と15.92 nFのコンデンサが直列に接続された回路です．周波数が1 kHzでは，コンデンサのインピーダンスは抵抗と同じ大きさの10 kΩ相当ですが，図6（b）のシミュレーション結果を見ると，1 Vの回路電圧に対して電流はおおよそ70.7 μAとなっています．単純に抵抗とコンデンサのインピーダンスを足し合わせた10 kΩ + 10 kΩとはなっていません．図6（a）の回路における1 kHz時の抵抗とコンデンサの合成インピーダンスは，図6（c）のベクトル図のように二等辺三角形の斜辺となり，

$$10 \text{ kΩ} \times \sqrt{2} \fallingdotseq 14.14 \text{ kΩ}$$

が，合成インピーダンスの大きさとなります．

この回路に流れる電流は次のようになります．

$$I = \frac{V}{Z} = \frac{1 \text{ V[V]}}{14.14 \text{[kΩ]}} \fallingdotseq 70.7 \text{ μA}$$

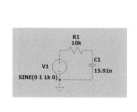
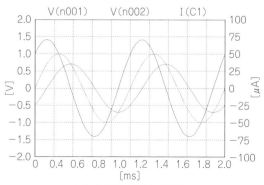

（a）シミュレーション　　　　（b）1kHz時の電流・電圧　　　　（c）（a）の回路の合成インピーダンス

図6　CR直列回路の複素数ベクトル電流・電圧波形を確認する

◆参考文献◆

（1）加藤　大；復習と実践！オームの法則，特集「オームの法則から！電子回路入門」，トランジスタ技術，2014年4月号，CQ出版社．

第1章　エレクトロニクスの基本法則　　**7**

1-2 重ね合わせの理

〈石井 聡〉

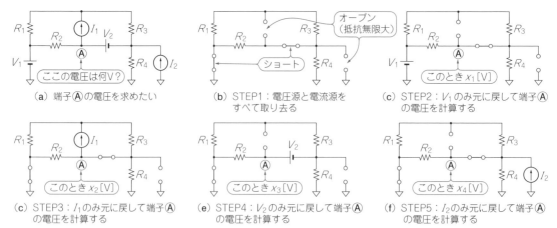

(a) 端子Ⓐの電圧を求めたい

(b) STEP1：電圧源と電流源を すべて取り去る

(c) STEP2：V_1のみ元に戻して端子Ⓐ の電圧を計算する

(c) STEP3：I_1のみ元に戻して端子Ⓐ の電圧を計算する

(e) STEP4：V_2のみ元に戻して端子Ⓐ の電圧を計算する

(f) STEP5：I_2のみ元に戻して端子Ⓐ の電圧を計算する

図1 重ね合わせの理を使った電圧の求め方…(c)〜(f)で求めた電圧をすべて足すと(a)の回路の端子Ⓐの電圧になる

● 重ね合わせの理とは

複数の電圧源や電流源をもつ回路で，電圧や電流を計算するときに応用できます．例として**図1(a)**の回路の端子Ⓐの電圧の求め方を**図1(b)〜(f)**に示します．

「重ね合わせ」することで，電圧源や電流源がすべて接続された状態の各点の電圧や電流が計算できます．

通常「電流源」を考えることは少ないと思うので，実務では，電圧源のやり方だけでも（取り去るときはショート）十分なことが多いです．

● 実際の計算

図2の回路で，端子Ⓐの電圧は何Vになるか計算してみます．

まず，電圧源V_1だけの回路を考えます［**図3(a)**］．このとき端子Ⓐの電圧は0.588 Vです．次に電圧源V_2だけの回路を考えます［**図3(b)**］．このとき端子Ⓐの電圧は-0.882 Vです．**図2**の回路の端子Ⓐの電圧は，

$$0.588 \text{ V} + (-0.882 \text{ V}) = -0.294 \text{ V}$$

になります［**図3(c)**］．

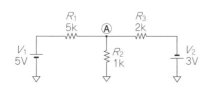

図2 端子Ⓐの電圧は何Vになるか？

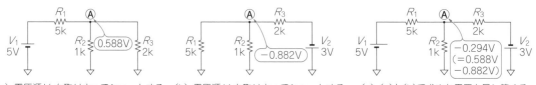

(a) 電圧源V_2を取り去ってショートする

(b) 電圧源V_1を取り去ってショートする

(c) (a)と(b)で求めた電圧を足し算する

図3 重ね合わせの理を使った計算

1-3 キルヒホッフの法則

〈石井 聡〉

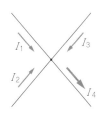

$$I_1 + I_2 + I_3 - I_4 = 0$$

（a）第1法則（電流則）

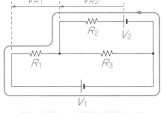

$$-V_1 + V_{R1} + V_{R2} + V_2 = 0$$

（b）第2法則（電圧則）

図1　キルヒホッフの法則は第1法則（電流則）と第2法則（電圧則）がある

● キルヒホッフの法則とは

次に示す2つの法則で成り立っています．

▶第1法則（電流則）

「ある合流や分岐点に流れ込む電流と，流れ出す電流の量は等しい」，少し言い方を変えると「足し合わしたものはゼロ」という法則です．流れ込む電流と流れ出る電流をそれぞれ符号（極性）も含めて考えることで，全体がゼロとしてつじつまが合います［図1(a)］.

▶第2法則（電圧則）

「ある点を基準にして回路をひと回りすれば，個々の起電力と電圧降下をすべて足したものはゼロ」というものです［図1(b)］.

この2つの法則を使って，回路方程式をたてると，回路の各部の電圧や電流を計算できます．とはいえ実際は，電子回路シミュレータを使って計算するのが現実的です．電子回路シミュレータも，キルヒホッフの法則を使って式をたてて計算しています．

まとめると次のようになります．

(1) 第1法則と第2法則がある

(2) 任意の1点に流入する電流の総和は流出する電流の総和に等しい（第1法則）

(3) 任意の閉回路の起電力の総和は電圧降下の総和に等しい（第2法則）

● 実際の式

図2の回路にキルヒホッフの法則を適用した方程式を求めてみます．

第1法則（電流則）「流れ込む電流と流れ出す電流の量は等しい」に従い，流れ込む電流I_1，I_4と流れ出す電流I_2，I_3がイコールで結ばれることになります．

$$I_1 + I_4 = I_2 + I_3$$

図2の回路を見るとI_2，I_3の電流の極性が逆ではないかと思うかもしれません．しかし，キルヒホッフの第1法則は，本来どちらの方向に電流が流れているかは関係なく流れる方向をそれぞれ定義し，「流れ込むのか，または流れ出すのか」を考えます．本来流れている電流の方向が定義した方向と逆なら，計算結果の極性がマイナスになりつじつまが合います．

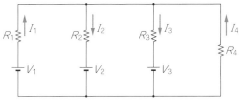

図2　キルヒホッフの法則を適用した方程式を求めてみる

$\boxed{1\text{-}4}$ 鳳・テブナンの定理

〈石井 聡〉

● 鳳・テブナンの定理とは

電源と抵抗のある複雑なブラックボックス（未知の）回路を外の2端子から見たとき，中がどんな回路かはわかりません．これを「電圧源に直列に内部抵抗がつながっているもの」として等価回路で表すものが，鳳・テブナンの定理です．

鳳・テブナンの定理と重ね合わせの理を合わせて使うと，実際のいろいろな回路を適切に解析することができます．また，似たような定理で「ノートンの定理」や「ミルマンの定理」があります．

鳳・テブナンの定理は未知の回路網の等価出力抵抗の大きさを求めるときに使えます．任意の回路の出力抵抗を求めることができます．

● 実際の計算

図1に示す未知の2端子回路網において，開放端子電圧が5Vであるとします．150Ωの抵抗R_Lを接続して，この抵抗に流れる電流が20mAであったとき2端子回路網の等価出力抵抗はいくらかを求めてみます．

図2(a)のように，端子を開放したとき電圧V_{open}＝5Vとすると，回路に電流が流れないので，直列内部抵抗R_Sでの電圧降下はゼロになります．したがって，等価回路の電圧源V_Sは，

$$V_S = V_{open} = 5\,\text{V}$$

となります．

次に図2(b)に示すように150Ωの抵抗R_Lを接続したとき20mAが流れました．また，$V_S = 5\,\text{V}$なので，抵抗R_Lと直列内部抵抗R_Sの合成抵抗Rは，

$$R = \frac{5\,\text{V}}{20\,\text{mA}} = 250$$

と計算できます．また，

$$R = R_L + R_S = 250$$

より，$R_S = 100\,\Omega$となります．

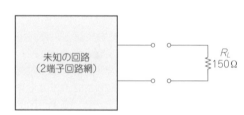

図1　2端子回路網の等価出力抵抗はいくらか？

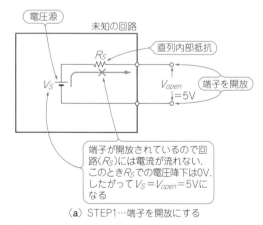

（a）STEP1…端子を開放にする

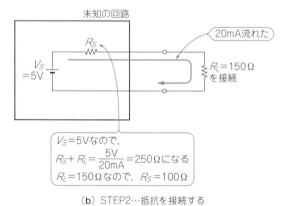

（b）STEP2…抵抗を接続する

図2　内部回路が不明な回路は，まず出力端子を開放して出力電圧を測り，次に負荷を付けて出力電流を測れば，電圧源と直列抵抗による回路で等価的に表せる

第1部

部品の適材適所
ずっと使えるテクニック

第2章

抵抗回路で使えるテクニック

2-0 抵抗とコンデンサとコイルの違い

〈梅前 尚〉

● 電子回路基本素子：抵抗/コンデンサ/コイルとその違い

電子回路を構成する素子には多くの種類があります．中でも抵抗，コンデンサ，コイルは，パッシブ素子（受動素子）と呼ばれ，基本中の基本といえます．

これらの素子は，周波数によって振る舞いが異なります．1 kΩの抵抗，0.159 μFのコンデンサ，159 mHのコイル，それぞれのインピーダンスの周波数特性を**図1**に示します．

抵抗は，周波数によらずインピーダンスは一定です．

このため印加する電圧と通電電流の位相は一致しています．

コンデンサのインピーダンスは$Z_C = \dfrac{1}{2\pi fC}$で表されます．周波数が上がるほどインピーダンスは低く（電流が流れやすく）なります．

電極は絶縁物である誘電体で切り離されているので，直流はコンデンサを通ることができませんが，交流は周期的に電流の流れる向きが変わるため，その都度コンデンサに充放電電流が流れることになり，交流電流

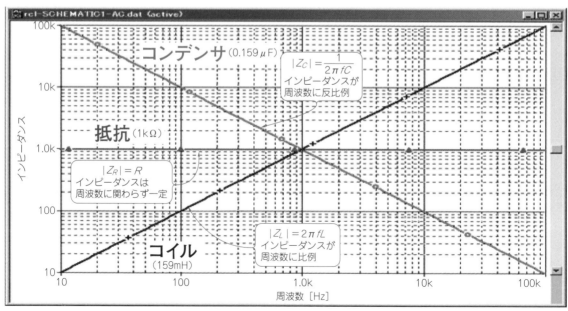

図1 電子回路の基本中の基本である抵抗・コンデンサ・コイルのインピーダンスの周波数特性

はコンデンサを通ることができます．高い周波数は単位時間当たりの極性の反転回数が多くなるので，より多くの電流を通すことができ，インピーダンスが低くなります．

コイルのインピーダンスは $Z_L = 2\pi fL$ で表されます．周波数が上がるほどインピーダンスは高く（電流が流れにくく）なります．

コイル自体は銅線でできていますので，直流に対しては単なる導体として働き，電流はコイルをそのまま通過します．コイルに電流が流れると磁場を生じますが，直流電流を流したときの磁場は電流を流し続ける向きの誘電起電力を発生させます．この状態でコイルに電流を流していた電圧を取り除いても，コイルは電流を流し続けようとする性質があるので，電流の変化は電圧の変化に対して遅れます．すなわちコイルは電流の変化を妨げる働きをし，これはコイルに電圧を印加したときには電流が増加することを妨げるように作用します．交流は周期的にコイルに印加される電圧が増減するため，その都度コイルに流れる電流はコイル自身が発生した磁界によって変化を妨げられるので，周波数が高くなるほどインピーダンスが上昇することになります．

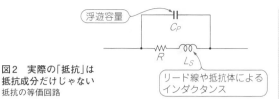

図2　実際の「抵抗」は抵抗成分だけじゃない
抵抗の等価回路

● **本章で取り上げる抵抗の基本**

理想抵抗では抵抗値は周波数の影響を受けません．しかし現実の抵抗では，電極間に分布するキャパシタンス成分（浮遊容量）やリード線や抵抗体に生じるインダクタンス成分が存在し，**図2**のような等価回路となります．

抵抗に付随するキャパシタンスやインダクタンスは非常に小さく，多くの場合問題になることはありません．しかし，抵抗値が極端に小さなものや大きなものでは，相対的にキャパシタンスやインダクタンスが大きくなり，周波数特性が悪化するので注意が必要です．

◆参考文献◆
(1)CQ出版社エレクトロニクス・セミナ「実習：アナログ・フィルタ回路設計」テキスト，CQ出版社．
(2)実験キットで学ぶワイヤレス給電の基礎，グリーン・エレクトロニクス，No.19，CQ出版社．

2-1 抵抗分圧回路の高性能化

〈馬場 清太郎〉

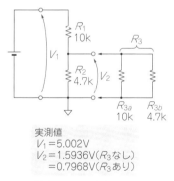

実測値
$V_1 = 5.002\text{V}$
$V_2 = 1.5936\text{V}$（R_3なし）
$= 0.7968\text{V}$（R_3あり）

図1　信号レベルを減衰させるときによく使う抵抗分圧回路の基本形で入出力信号を実測

● **要点**

図1は抵抗による分圧回路です．減衰回路としてよく使用されています．

テブナンの定理による等価回路を**図2**に示します．負荷側からみた出力開放電圧は**図2**の式(1)，内部抵

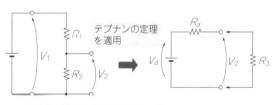

● テブナンの定理を適用させる
$$V_a = \frac{R_2}{R_1 + R_2} V_1 \cdots\cdots(1)$$
$$R_a = R_1 /\!/ R_2 \cdots\cdots\cdots(2)$$

● 計算してみよう！（**図1**の定数にて）
・$V_a = \dfrac{4.7\text{k}}{10\text{k} + 4.7\text{k}} \times 5.002 = 1.5993$ [V]（R_3なし）
・$V_a = \dfrac{1.5993}{2} = 0.7996$ [V]（R_3あり．$R_3 = R_a$）

図2　図1の実験結果を手計算でも確認できた
負荷側からみた出力開放電圧は式(1)，内部抵抗は式(2)で計算する

抗は図2の式(2)になります．

テブナンの定理が正しければ，式(2)の計算から求めた値を負荷抵抗R_3として接続すると，接続後の出

力電圧は接続前の半分になるはずです.

図1に示したV_2の実測値と図2に示した計算値を比較すると,その違いは抵抗R_3の有無によらず0.64%程度です.使用した抵抗の許容差±1%よりも小さく,テブナンの定理の正しさがわかります.

図中の記号"//"は並列接続を表しています.正規の略記法ではありませんが,簡単のためよく使用されます.

● **テクニック…ノイズ低減や減衰精度アップの方法**

図3(a)は負荷抵抗が無視できるほど大きいときの応用例です.図1の実験回路と異なるのは,ノイズ低減用のパスコンC_1が入っていることだけです.

図3(b)は負荷抵抗が無視できず,抵抗R_1と抵抗R_2の分圧比が計算値よりも小さくなるときの改善法です.OPアンプによるバッファを分圧回路と負荷の間に追加します.

● **テクニック…シリーズにつないだりケーブルをつないだり**

図3(c)はT型減衰回路としての応用です.減衰回路の場合は入出力抵抗(インピーダンス)を特性インピーダンスに等しく設計します.

図3(d)はπ型減衰回路としての応用です.使用方法は図3(c)のT型減衰回路と同じですが,抵抗R_bの効果でT型減衰回路よりも数百MHz以上の高周波向きです.

図3(c)に示すように,信号源抵抗と負荷抵抗を特性インピーダンスに等しくすれば(一般に終端と呼ぶ),高周波まで一定の減衰率(分圧比)を確保できるだけでなく,2個以上の減衰回路が縦続接続できます.

また,特性インピーダンスと等しい同軸ケーブルなどを使用することで,配線をある程度長くできます.一般によく使われる特性インピーダンスは50Ω/75Ω/600Ωです.

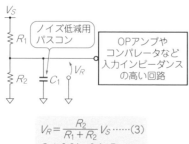

$$V_R = \frac{R_2}{R_1 + R_2} V_S \cdots\cdots (3)$$
$$C_1 \fallingdotseq 0.01 \sim 0.1\,\mu\text{F}$$

（a）応用例①…分圧回路 I
　（負荷抵抗が無視できるほど大きい場合）

R_0：特性インピーダンス（50Ω, 75Ω, 600Ωなど）

$\dfrac{V_2}{V_1} = k$ とすると,
$$R_a = \frac{1-k}{1+k} R_0 \cdots\cdots (4)$$
$$R_b = 2\frac{k}{1-k^2} R_0 \cdots (5)$$

（c）応用例③…減衰回路 I（T型）

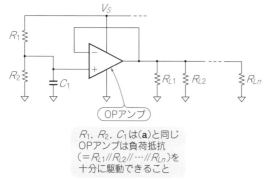

R_1, R_2, C_1 は(a)と同じ
OPアンプは負荷抵抗
（$=R_{L1}/\!/R_{L2}/\!/\cdots/\!/R_{Ln}$)を
十分に駆動できること

（b）応用例②…分圧回路 II
　（負荷抵抗が無視できないほど小さい場合）

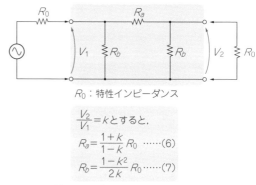

R_0：特性インピーダンス

$\dfrac{V_2}{V_1} = k$ とすると,
$$R_a = \frac{1+k}{1-k} R_0 \cdots\cdots (6)$$
$$R_b = \frac{1-k^2}{2k} R_0 \cdots\cdots (7)$$

（d）応用例④…減衰回路 II（π型）

図3 テクニック…抵抗分圧回路の応用
(a)は負荷抵抗が無視できるほど大きいとき,(b)は負荷抵抗が無視できず,抵抗R_1と抵抗R_2の分圧比が計算値よりも小さくなるときに使う.(c)は入出力抵抗(インピーダンス)を特性インピーダンスに等しく設計する.(d)は,数百MHz以上の高周波にも対応できる

2-2 抵抗の電力損失

〈馬場 清太郎〉

● テクニック…抵抗の電力損失を求める

図1の回路において，入力電圧が10 V_{DC}のとき，抵抗R_2の電力損失は何mWになるかを求めてみます．

図1より電流Iは抵抗R_1とR_2に流れます．

$$I = \frac{V_{in}}{R_1 + R_2}$$

R_2の電力損失P_{R2}はIを使って求められます．

$$P_{R2} = I^2 R_2$$
$$= R_2 \frac{V_{in}^2}{(R_1 + R_2)^2} \cdots (1)$$

図1の数値を入れて計算すると，次のようになります．

$$P_{R2} = 0.1 \text{ W}$$

重要な関係として，図1の出力電圧V_{out}，出力端子から見た内部抵抗R_{out}は，テブナンの定理からそれぞれ以下の値になることを覚えておくと便利です．

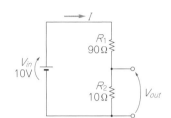

図1 抵抗の電力損失が
何mWかを求める

$$V_{out} = \frac{R_2}{R_1 + R_2} V_{in}$$

$$R_{out} = \frac{R_1 R_2}{R_1 + R_2} = R_1 // R_2$$

並列接続を表す便法として，正式な記号ではありませんが「//」がよく使われます．「$R_1//R_2$」で，R_1とR_2が並列接続になった値を示します．

2-3 効率が最もよくなる負荷抵抗

〈馬場 清太郎〉

● テクニック…最も効率が高い負荷抵抗R_Lを求める

図1の回路で電源電圧$V_S = 10$ [V_{DC}]，電源の内部抵抗$R_S = 10\,\Omega$としたときに，最も効率が高い負荷抵抗R_Lを求めてみます．

効率ηは次式で定義されます．

$$\eta = \frac{P_L}{P_S} \cdots (1)$$

ただし，P_L：負荷の消費電力 [W]，

P_S：電源の供給電力 [W]

図1では内部抵抗R_Sによる損失があるため，これをP_{RS}とします．R_SとR_Lには電流Iが流れます．

$$P_S = P_{RS} + P_L = I^2 R_S + I^2 R_L$$

よって，ηは次のように表現できます．

$$\eta = \frac{P_L}{P_{RS} + P_L}$$
$$= \frac{I^2 R_L}{I^2 (R_S + R_L)}$$

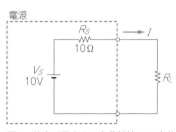

図1 効率が最もよい負荷抵抗R_Lの条件
を求めてみる

$$= \frac{R_L}{R_S + R_L} \cdots (2)$$

R_LがR_Sに比べて大きいほど効率は高く，$R_L \rightarrow \infty$なら$\eta = 1$（効率100 %）となります．

具体的な値を式(2)で計算すると，

- 1 Ωのとき9.1 %
- 100 Ωのとき90.9 %
- 10 Ωのとき50 %
- 1000 Ωのとき99 %

となります．

2-4 出力電力が最も大きくなる負荷抵抗

〈馬場 清太郎〉

● テクニック…出力電力が最も大きくなる負荷抵抗 R_L を求める

図1の回路で電源電圧 $V_S = 10$ $[\mathrm{V_{DC}}]$，電源の内部抵抗 $R_S = 10\ \Omega$ のとき，最も出力電力が大きくなる負荷抵抗 R_L を求めてみます．

出力電力 P_L が最大になる条件は，効率が最大になる条件とは異なります．最大出力電力を P_{max} として，出力電力が最大となる条件を求めます．

P_L は次のように求められます．

$$P_L = \left(\frac{V_S}{R_S + R_L}\right)^2 R_L = \frac{R_L V_S^2}{R_S^2 + 2R_S R_L + R_L^2} \cdots (1)$$

P_L の最大値を求めるために，P_L を R_L で微分します．商の導関数の公式を使います．

$$\frac{dP_L}{dR_L} = \frac{(R_S + R_L)(R_S - R_L)}{(R_S^2 + 2R_L R_S + R_L^2)^2} V_S^2 \cdots (2)$$

式(2)から R_L と R_S の関係と傾きは，表1のようになります．よって，$R_L = R_S$ のとき，P_L は最大になります．

そのときの P_{max} は次式となります．

$$P_{max} = \frac{V_S^2}{4R_S}$$

$R_S = R_L$ なので，P_L が最大になるのは，電源の内部抵抗と負荷抵抗が等しいとき，つまり $R_S = R_L = 10\ \Omega$ のときになります．

式(2)をみると複雑そうですが，分母は正，分子の $(R_S + R_L) V_S^2$ も正なので，傾きを求めるときに必要なのは分子の $(R_S - R_L)$ だけです．表1を作り，式(1)が $R_L = R_S$ のときに最大値を持つことがわかればよい

のです．目的を明確にすれば，値を求める必要はありません．

ちなみに，式(1)で計算すると，出力電力は，

- 1 Ω のとき 0.83 W
- 10 Ω のとき 2.5 W
- 100 Ω のとき 0.83 W
- 1000 Ω のとき 0.1 W

となります．

● テクニック…シチュエーションによって現実的に使い分ける

現実の回路では，$R_L = R_S$ のとき負荷電力が最大になるとは限りません．図1の電圧源 V_S は理想的な電圧源で，どんなに重い負荷でも出力電圧は V_S です．現実にはこのような電圧源はなく，出力への電流供給能力を考慮して，負荷抵抗を決定します．

たとえばOPアンプの場合，負帰還によって出力インピーダンス(抵抗)がほぼ0 Ωになっていますが，現実的な負荷抵抗は一般的に数 kΩ 以上で，数 Ω の負荷抵抗では正常な動作をしません．

化学電池の場合は，内部抵抗が種々の条件によって変動するだけでなく，負荷抵抗と内部抵抗を等しくして大電流を流すと，電池にストレスを与えてしまい，信頼性が低下します．よって出力電力が最大となる条件では使いません．

太陽電池の場合は，信頼性の低下がなく，経済性の面からできるだけ電力を取り出す必要があるため，$R_L = R_S$ という出力電力最大の条件で使うのが原則です．太陽電池の内部抵抗は種々の条件で変動するので，最大電力を取り出すために MPPT(Maximum Power Point Tracking，最大電力点追従)と呼ばれる制御が行われています．

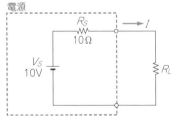

図1 取り出せる電力が最大になる R_L の条件を求めてみる

表1 R_L と R_S の関係と傾き

R_L	$R_L < R_S$	$R_L = R_S$	$R_L > R_S$
傾き	+(↗)	0	−(↘)

2-5 パルス電圧に対する抵抗の定格電力損失

〈馬場 清太郎〉

● テクニック…連続的なパルス電圧が印加されるときの抵抗の定格電力損失を求める

抵抗に図1のような条件で連続的なパルス電圧が印加されるとき，定格電力損失は何W必要かを求めてみます．

▶酸化金属被膜抵抗を使ったとき

サージ（スパイク）電圧を抑制するスナバなどの用途では，抵抗にパルス電圧が印加されることがよくあります．抵抗には，定格電力損失だけではなく，最高使用電圧が決められていて，両者とも満足する必要があります．

幅の狭いパルス電圧が印加される条件で，最高使用電圧以下のとき，抵抗の定格電力損失はどのように考えたらよいかを紹介します．

図1では，ピーク電力損失P_{peak}は100W，平均電力損失$P_{average}$はデューティ比Dが1/1000なので，0.1Wです．

$$P_{average} = DP_{peak} = 0.1\ \mathrm{W}$$

定格電力損失はピーク電力損失と平均電力損失の間にあり，その値はパルス限界電圧として図2のように求められます．

図2の式(2)に，酸化金属被膜抵抗の係数$K = 0.5$と，図1の数値を代入します．

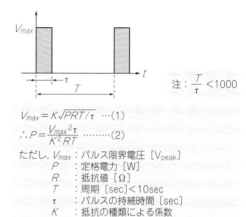

注：$\dfrac{T}{\tau} < 1000$

$$V_{max} = K\sqrt{PRT/\tau} \quad \cdots(1)$$

$$\therefore P = \frac{V_{max}^2 \tau}{K^2 RT} \quad \cdots\cdots\cdots(2)$$

ただし，V_{max}：パルス限界電圧 [V_{peak}]
　　　　P：定格電力 [W]
　　　　R：抵抗値 [Ω]
　　　　T：周期 [sec] <10sec
　　　　τ：パルスの持続時間 [sec]
　　　　K：抵抗の種類による係数
　　　　　　例：酸化金属皮膜抵抗，$K = 0.5$
　　　　　　　　厚膜チップ抵抗，　$K = 0.2 \sim 0.3$

図2　抵抗にパルス電圧が加わるとき必要な定格電力を求める方法

$$P = \frac{100^2 \times 1 \times 10^{-3}}{0.5^2 \times 100 \times 1} = 0.4\ \mathrm{W}$$

これに図2中の$T/\tau < 1000$という条件を考慮して，例えば$P = 0.5$Wとします．

酸化金属皮膜抵抗以外のときは以下のようになります．

▶厚膜チップ抵抗を使ったとき

係数$K = 0.2$として計算します．

$$P = \frac{100^2 \times 1 \times 10^{-3}}{0.2^2 \times 100 \times 1} = 2.5\ \mathrm{W}$$

$T/\tau < 1000$という条件を考慮して$P = 3$Wとします．

▶耐サージ厚膜チップ抵抗を使ったとき

係数$K = 0.3$として計算します．

$$P = \frac{100^2 \times 1 \times 10^{-3}}{0.3^2 \times 100 \times 1} = 1.1\ \mathrm{W}$$

$T/\tau < 1000$という条件を考慮して$P = 1.2$Wとします．

＊

ここで計算したパルス限界電圧は標準的な値であり，実際のパルス限界電圧は，メーカおよび品種ごとに異なります．実際のパルス限界電圧は，メーカに波形写真を送って，使用の可否を問い合わせます．実機で確認することも必要です．

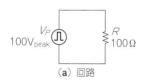

（a）回路

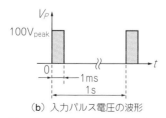

（b）入力パルス電圧の波形

図1　抵抗にパルス電圧を印加するとき定格電力損失は何W必要か？

<table>
<tr><td>2-6</td><td>抵抗の温度上昇特性と
許容電力損失</td></tr>
</table>

〈馬場 清太郎〉

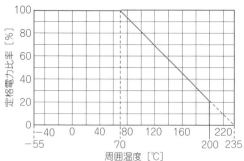

（a）定格電力対周囲温度特性

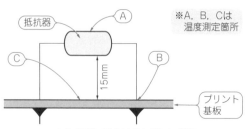

※A，B，Cは
温度測定箇所

（b）基板に浮かせて実装した状態

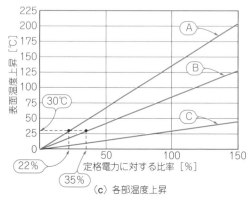

（c）各部温度上昇

図1　温度上昇特性から抵抗が何Wまで使えるかを求める

● テクニック…抵抗の温度上昇特性から抵抗が何W
まで使えるかを求める

　図1（a）に示す定格電力2Wの酸化金属被膜抵抗
（KOA製MOS2シリーズ）を図1（b）のようにプリント
基板から15mm浮かせて実装してあるとします．抵
抗の温度上昇グラフが図1（c）で，筐体内最大周囲温
度を70℃としたとき，抵抗の電力損失は何Wまで許
容されるかを求めてみます

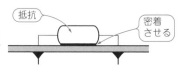

**図2　基板に密着させ
て実装した抵抗は何
Wまで使えるか？**

　最近の抵抗は以前と同じ定格電力でも形状は小型化
しています．抵抗の消費電力が変わらなければ発熱量
は同じであり，小型化すればそのぶん抵抗の温度は高
くなります．抵抗被膜と保護塗装の耐熱温度が上がっ
たことで小型化できているものの，温度自体は以前よ
りも高くなっています．

　ところが，安全規格に定められた，プリント基板の
動作時の最高温度は，105℃で変わっていません．そ
こで，電力用抵抗を使用する場合には，消費電力を低
減し，基板の温度上昇を抑える必要があります．

　周囲温度を70℃，プリント基板上の最高温度を余
裕を見て100℃とすると，許される温度上昇は30℃で
す．問題になる温度測定箇所は図1（b）のB点とC点
です．図1（c）の各部温度上昇特性から，C点は問題
にならず，B点の温度に注目すればよいことがわかり
ます．B点の温度上昇が30℃の点から，許される消費
電力は定格電力の35%，つまり0.7W（＝2W×0.35）
となります．

　一般に，電力用抵抗は定格電力の1/3以下の消費電
力で使います．精密抵抗では，温度上昇により，抵抗
値温度係数に応じた抵抗値の誤差が発生するため，最
も高温になるA点の温度を下げます．定格の1/10以
下で使う場合もあります．

● テクニック…プリント基板に密着している場合

　同じ条件で，図2のように抵抗をプリント基板に密
着したとき，抵抗の電力損失は何Wまで許容される
かを求めます．

　これまでと同様に考えます．基板に密着して実装す
るので，図1（b）のA点の抵抗温度を基板温度とします．
図1（c）のA点温度上昇特性で30℃上昇のところを見
ます．すると，許される消費電力は定格電力の22%，
つまり0.44W（＝2W×0.22）となります．

　実際は，基板に密着することで抵抗から直接プリン
ト基板へ熱が伝わって熱抵抗が下がりますが，余裕を
見て0.4Wとします．

2-7 抵抗から発生する熱ノイズ

〈石井 聡〉

● 抵抗から発生する熱ノイズの電力量と電圧量

抵抗素子からは熱ノイズと呼ばれるノイズが発生します．これは図1のようにモデル化されます．

電力量として考えるときは，対象となる抵抗素子Rの負荷となる抵抗R_L（抵抗値は$R = R_L$にする）に生じる大きさP_Nになります．これは，

$$P_N = kTB \cdots\cdots\cdots (1)$$

として示されます．kはボルツマン定数，Tは絶対温度，Bは等価ノイズ帯域幅です．図1に示すノイズ電圧源V_Nとして考えるときは，

$$V_N = \sqrt{4kTBR} \cdots\cdots\cdots (2)$$

になります．

● 熱ノイズの電力量，電圧量，帯域幅の関係

帯域幅をBとすると，熱ノイズを電力で考えるときは，1 Hz当たりのノイズ電力量に対してB倍します．電圧で考えるときは，1 Hz当たりのノイズ電圧量に対して$\sqrt{B}$倍で考えます．また，図2のように等価ノイズ帯域幅Bは，たとえば1次ローパス・フィルタで考えると-3 dBの周波数$f_C \times 1.57 = B$となります．これはBを矩形フィルタの帯域幅として考えるからです．

● テクニック…抵抗から発生する熱ノイズの密度を求める

抵抗から発生する熱ノイズを1 Hzの帯域で測定したときの電力は何dBm/Hzとして観測されるかを求めてみます．ただし，周囲温度$T = 300$ K（27℃），ボルツマン定数$k = 1.38 \times 10^{-23}$J/Kとします．

周囲温度が$T = 300$ K，等価ノイズ帯域幅が1 Hzな

ので，式(1)から$B = 1$とすれば，

$$P_N = kTB = 1.38 \times 10^{-23} \times 300 = 4.14 \times 10^{-21}$$

と計算できます．mWに換算すると，4.14×10^{-18}mWです．これはdBmに変換すると-174 dBmと計算できます．また，1 Hz当たりということで，-174 dBm/Hzと表されます．これをノイズ密度とも呼びます．-174 dBm/Hzは，無線通信などでノイズ・フロアとしてよく出てくる大きさです．この数字を覚えておくとよいでしょう．

● テクニック…抵抗から発生する熱ノイズの電力を求める

抵抗から発生する熱ノイズを1 kHzの等価ノイズ帯域で測定した場合の電力は何dBmとして観測されるかを求めます．ただし周囲温度$T = 300$ K（27℃）とします．

周囲温度が$T = 300$ K，等価ノイズ帯域幅が1 kHzなので，式(1)から，

$$P_N = kTB = 1.38 \times 10^{-23} \times 300 \times 1000$$
$$= 4.14 \times 10^{-18}$$

と計算できます．mWに換算すると，4.14×10^{-15}mWです．これはdBmに変換すると-144 dBmと計算できます．

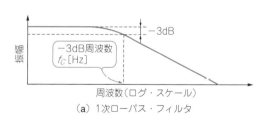

（a）1次ローパス・フィルタ

（b）本来のノイズ帯域として考えるべき矩形フィルタ

図2　等価ノイズ帯域幅Bは1次ローパス・フィルタで考えると-3 dB周波数の1.57倍となる

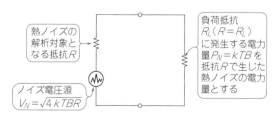

図1　抵抗素子から発生する熱ノイズの電力量と電圧量を知るためにモデル化して考える

可変抵抗を正しく使う

〈馬場 清太郎〉

● 可変抵抗の種類

パネルに取り付けてつまみを回しながら調節する抵抗を「可変抵抗器」，主にプリント基板に実装しドライバで回しながら調節する抵抗を「半固定抵抗器」と呼びます．最近では可変抵抗器を「ポテンショメータ（Potentiometer）」，半固定抵抗器を「トリマ・ポテンショメータ（Trimmer Potentiometer）」と呼ぶことが多いです．略してポットと呼ぶ人もいます．可変抵抗をボリュームと呼ぶ人がいますが，これは往時のラジオ，テレビ，ステレオ（オーディオ・システムのこと）などが可変抵抗で音量調整（Volume Control）を行っていて，Volumeと表示されていたからです．

● 可変抵抗の基本的な使い方

可変抵抗は**図1(a)**のように書きます．外部接続端子は，特殊なものをのぞけば3個です．②は摺動接点（Wiper，スライダとも呼ぶ）です．②が抵抗体上を摺動し，時計方向に回しきったとき接触する端子が③でCW（Clock Wise）と表記されることもあります．②を反時計方向に回しきったとき接触する端子が①でCCW（Counter Clock Wise）と表記されることもあります．

可変抵抗の使用方法には，**図1(b)**に示す抵抗値を可変するレオスタット（Rheostat）と，**図1(c)**に示す分圧比を可変するポテンショメータ（Potentiometer）の2つがあります．レオスタットではR_Vの抵抗値精度が問題になります．ポテンショメータでは抵抗値精度は問題になりませんが，分圧比精度が問題になります．

レオスタットとして使うときは，**図1(b)**に示すように②と③を接続し，直流電圧が印加される場合は②を＋側に接続します．②と③を接続するのは，摺動接点が抵抗体から何らかの原因で開放されたときにR_Vが無限大になることを防ぐためです．

②を＋側に接続するのは，抵抗値が局部的に高くなるのを防ぐためです．この現象は「陽極酸化」と呼ばれ，空気中の水分によって起こります．回路上の理由で②を－側に接続する必要があるときは，水分の侵入を防止するため密閉型の可変抵抗を使いますが，密閉度の問題があるので，できるだけ②を＋側に接続します．

● 可変抵抗の特性

可変抵抗の回転角度-抵抗値特性を**図2**に示します．抵抗値変化が回転角度に対し直線的なBカーブが一般的です．

オーディオ機器の音量調整用に，以前は①～②間の抵抗値変化が回転角度に対し対数特性を示すAカーブが使われていました．しかし，つまみを使う可変抵抗はマイコン制御に適さないため，可変抵抗の使用は減少しています．なかでも音量調節は，可変抵抗を使うとリモコンで調節できなくなるため，最近ではマイコン制御で音量調整を行える電子ボリュームICの使用が一般的になり，Aカーブの可変抵抗の使用は少な

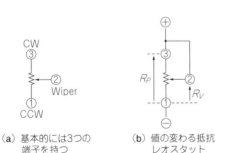

（a）基本的には3つの
　　　端子を持つ

（b）値の変わる抵抗
　　　レオスタット

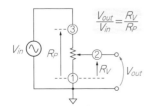

（c）電圧を分割するポテンショメータ

図1　可変抵抗の使い方

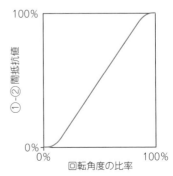

図2　可変抵抗の回転角度-抵抗値特性（Bカーブ）

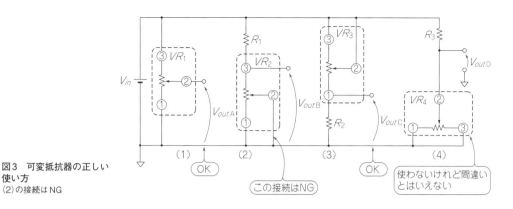

図3 可変抵抗器の正しい
使い方
(2)の接続はNG

(1) (OK)
(2) この接続はNG
(3) (OK)
(4) 使わないけれど間違い
とはいえない

くなりました.

　可変抵抗は, ①～③間の抵抗値で代表して, ××kΩ可変抵抗器と呼ばれています. 抵抗値は固定抵抗と異なり, 1-2-5系列がほとんどで, 例えば1kΩ, 2kΩ, 5kΩ, 10kΩ, …となっています.

　抵抗体の材質は, 炭素, サーメット, 巻き線などがあります. 半固定抵抗器にはサーメットが主として使われ, 抵抗値誤差は±20%が多く, ±10%や±5%の品種もあります. 半固定抵抗器の最高使用温度は70℃が多いです. 半固定抵抗器の注意点は, 最大回転回数に制限があることです. 回転寿命は数十回～数百回と少なくなっていて, 常に調節して使うことはできません. 可変抵抗器の回転寿命は数千回以上と多くなっていて, 高頻度で調節して使うことが考慮されています.

　固定抵抗との大きな違いは, パルス印加時の定格電力に対してパルス限界電圧の規定がないことです. ピーク電力は定格電力に等しいとして使います.

　使用に当たっては, 個別の特性についてデータシートで確認してください.

● テクニック…可変抵抗を正しく使う

　可変抵抗で直流入力電圧を調整するため図3の回路を考えてみました. このなかで実は(2)は間違っています.

　陽極酸化を防止するため②は+側に接続しなければいけません. (2)は-側に接続されています. (4)は調整範囲が半分になるため, 一般には使いませんが, 間違いとはいえません.

2-9 可変抵抗の定格電力

〈馬場 清太郎〉

● テクニック…パルス電圧を加えたときの可変抵抗の定格電力を求める

　図1の回路でパルス入力電圧を調整するとき, 可変抵抗の定格電力は何W以上必要かを求めます.

　可変抵抗器ではパルス印加時の規定がないので, ピーク電力を定格電力に必要な値と考えます.

　よって図1の計算より1Wとなります.

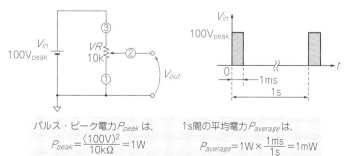

図1 可変抵抗にパルス電圧を加えたとき必要な定格電力を求める

パルス・ピーク電力 P_{peak} は,
$$P_{peak} = \frac{(100V)^2}{10k\Omega} = 1W$$

1s間の平均電力 $P_{average}$ は,
$$P_{average} = 1W \times \frac{1ms}{1s} = 1mW$$

2-10 可変抵抗を高精度な分圧に使う

〈馬場 清太郎〉

● 可変抵抗の残留抵抗

可変抵抗には，各端子と摺動接点が接触する部分との間に図1に示す残留抵抗と摺動接点の接触抵抗があります．つまり，可変抵抗の全抵抗値R_Pに対しR_Vの変化範囲は次のように表現できます．

$$0 < (r_1 + r_2) \leqq R_V \leqq (R_P + r_2 - r_3) \cdots\cdots (1)$$

$r_1 = r_2 = r_3$をR_Pの1%とすると，R_VはR_Pの2～100%で変化可能です．電圧の分圧比$a(= V_{out}/V_{in})$で考えればr_2は無視できて，その場合の変化範囲は次のようになります．

$$0 < r_1/R_P \leqq a \leqq (R_P - r_3)/R_P \cdots\cdots\cdots (2)$$

$r_1 = r_3$をR_Pの1%とすると，aはR_Pの1～99%で変化可能です．

● テクニック…残留抵抗を考慮した高精度分圧回路

高精度抵抗を使った分圧回路で，図2(a)に示すように分圧比を調整するときは，残留抵抗を考慮して値を決める必要があります．

図2(b)に示すような入力電圧調整回路では，調整範囲が少し狭くても問題ない場合がほとんどですが，どうしても0～100%の範囲で調整したいときは，残留抵抗が非常に小さい精密級多回転ポテンショメータを使うか，図2(c)のようにOPアンプを用いて増幅し，調整範囲を必要範囲よりも広く取るか，どちらかの対策が必要になります．

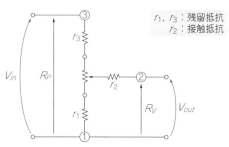

図1 可変抵抗には残留抵抗や接触抵抗がある

r_1, r_3：残留抵抗
r_2：接触抵抗

● 可変抵抗を増幅回路の入出力調整に使う場合

可変抵抗をレベル調整に使うときの接続を図3に示します．図3(a)は非反転増幅回路で受けたとき，図3(b)は反転増幅回路で受けたときです．非反転増幅回路は高入力インピーダンスなのに対し，反転増幅回路は入力インピーダンスが高いとはいえません．図3(b)ではR_1が可変抵抗の負荷になるため，可変抵抗の回転角度と抵抗値の関係に影響します．

可変抵抗の回転角度と抵抗値の関係を直線性といいます．図4の実線に理想特性を示します．一般の可変抵抗では，回転角の中心で全抵抗値の±10%以内とされ，中心値以外では規定されていません．多回転の精密級ポテンショメータでは±0.数%と高精度になっています．

負荷抵抗が付くと，図4の点線に示すようにマイナ

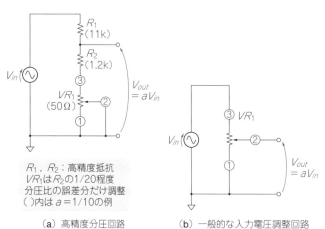

R_1, R_2：高精度抵抗
VR_1はR_2の1/20程度
分圧比の誤差分だけ調整
（ ）内は$a = 1/10$の例

（a）高精度分圧回路　　（b）一般的な入力電圧調整回路　　（c）調整範囲を広げた入力電圧調整回路

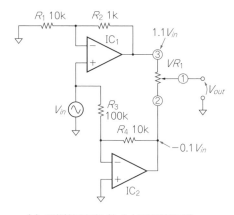

図2 テクニック…可変抵抗を使った電圧の高精度な分圧回路
残留抵抗や接触抵抗のため(b)では0～100%まで可変できない．(c)のようにする必要がある

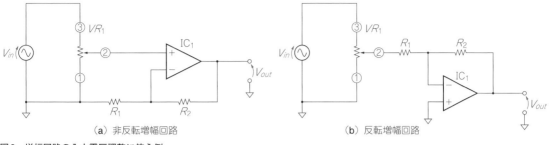

（a）非反転増幅回路　　　　　　　　　　（b）反転増幅回路

図3　増幅回路の入力電圧調整に使う例
反転増幅回路の場合，R_1 が負荷となり，図4のように誤差が発生する

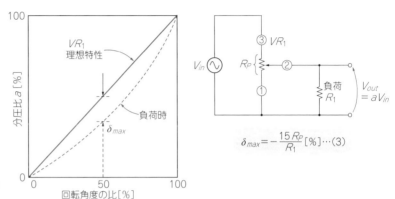

$$\delta_{max} = -\frac{15\,R_P}{R_1}\,[\%]\cdots(3)$$

図4　可変抵抗の後ろにつながる負荷抵抗によって誤差が発生する

スの誤差を生じます．この誤差をローディング・エラーと呼び，δ で表記します．Bカーブの可変抵抗では回転角度がおよそ半分のところで誤差の最大値 δ_{max} が生じ，**図4**中の式(3)で示したようになります．負荷抵抗 R_1 が直線性に与えるローディング・エラーを－2％以内に抑えるには，式(3)から $R_1 \geqq 7.5\,R_P$ が条件です．

● **テクニック…可変抵抗の誘導ノイズ対策**

パネル取り付け用の可変抵抗で，一部金属ケースに収められているものがあります．金属ケースの電位が筐体から浮いていると誘導ノイズの影響を受けることもあります．特に入力部分のレベル調整に使うとき，その影響は顕著です．誘導ノイズの対策がされた「ア

ース・ノイズ対応品」か，金属ケースにリード線をはんだ付けして筐体に接続します．

● **実際の計算**

図5の回路で入力電圧 V_{in} を 10 V$_{RMS}$ として，出力電圧 V_{out} の調整範囲を 0.1 V$_{RMS}$～9.9 V$_{RMS}$ とするためには，残留抵抗は VR_1 の何％以下にする必要があるかを式(2)より求めると1％となります．

● **可変抵抗の誤差を小さく抑える**

図6の回路でレベル調整を行ったとき，10 kΩ可変抵抗のローディング・エラーの最大値 δ_{max} を－1％以内とすると，R_1 は何Ω以上必要かを求めます．式(3)より 150 kΩ になります．

図5　十分な可変範囲を得るのに残留抵抗はどのくらいであるべきか

図6　誤差を十分小さく抑えるには負荷抵抗はどのくらいの大きさが必要か

〈馬場 清太郎〉

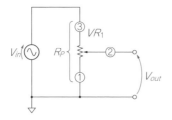

VR_1 の電力損失 P_{VR} は,

$$P_{VR} = \frac{V_{in}^2}{R_P} \text{ [W]} \cdots (1)$$

（a）ポテンショメータとして使った場合

図1　可変抵抗の
電力損失の考え方

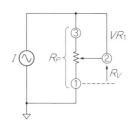

$$P_{VR} = I^2 R_V \text{ [W]}$$

VR_1 の定格電力を P_{max} とすれば,

$$I_{max} = \sqrt{\frac{P_{max}}{R_P}} \text{ [A]} \cdots (2)$$

したがって R_V に対する最大電力損失は,

$$P_{RV\,max} = \frac{R_V}{R_P} P_{max} \cdots (3)$$

（b）レオスタットとして使った場合

● テクニック…可変抵抗の定格電力と許容損失を求める

　可変抵抗には定格電力が規定されています．ポテンショメータとして使うときには，図1(a)に示すように式(1)で簡単に電力損失を求められます．

　問題はレオスタットとして使うときで，図1(b)の式(3)に示すように，定格電力は①-②間の抵抗値 R_V（Bカーブのときは回転角度）に比例して低減する必要があります．摺動接点に流す電流は図1(b)の式(2)に示した値だけでなく，データシートで最大電流が規定されているかどうかも確認する必要があります．

　可変抵抗を定格電力一杯で使うことはないと思いますが，固定抵抗と同様にディレーティング（定格低減）が必要です．精密な調整が必要なところに使う場合，可変抵抗の温度係数は一般に固定抵抗よりも大きいため，ディレーティング率を固定抵抗よりも高めにすることが必要です．

　可変抵抗は，一般に固定抵抗よりも抵抗値誤差や使用温度範囲，定格電力が悪い値を示し，温度係数も悪くなっているので，使用に当たってはデータシートの確認が必要です．

▶可変抵抗の誘導ノイズ

　パネル取り付け用の可変抵抗で，一部金属ケースに収められているものがあります．金属ケースの電位が筐体から浮いていると誘導ノイズの影響を受けることもあります．特に入力部分のレベル調整に使用している場合，その影響は顕著です．その場合は，対策された「アース・ノイズ対応品」か，金属ケースにリード線をはんだ付けして筐体（シャーシ・グラウンド）に接続します．

● 実際の計算

　図2の回路で2.5 W 100 Ωの可変抵抗を50 Ωに設定して，負荷として動作させたとき負荷としての許容損失は何Wになるかを求めます．式(3)より1.25Wとなります．

● テクニック…可変抵抗の誘導ノイズ対策あれこれ

　入力レベル調整をパネルに取り付けた可変抵抗で行ったところ，誘導ノイズで出力ノイズが大きくなりすぎることがあります．そのときは次のような対策があります．

(1)可変抵抗をアース・ノイズ対応品に変更する
(2)可変抵抗の金属ケースを筐体に接続する
(3)可変抵抗をやめてロータリ・エンコーダをパネルに取り付け，そのデータをマイコンに送り電子ボリュームICを制御させる

最近は(3)の対策が多いです．

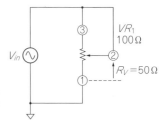

図2　可変抵抗にどのくらいの電力損失定格が必要か

第3章

コンデンサ回路で使えるテクニック

3-0 コンデンサの基礎知識

〈梅前 尚〉

　ここでは，電子回路基本素子である抵抗・コンデンサ・コイルのちがいも交えて，コンデンサの基本的な特徴を解説します（**図1**）．

● 基本構造

　コンデンサの基本的な構造を，**図2**に示します．2つの電極と電極の間に挟まれた誘電体で構成されています．コンデンサの容量は式(1)で表されます．向かい合う電極が対向している面積Sと誘電体のもつ誘電率εに比例し，電極間の距離dに反比例します．

　真空の誘電率ε_0は8.854×10^{-12} F/mです．例えば1辺が10 cmの正方形の平板電極（面積が0.01 m²）を1 cmの隙間をあけて配置したとき，電極間には8.854 pFの容量をもつことになります．しかし現実にこのようなコンデンサを基板に実装することはできませんし，このままではμFオーダの大きな容量を得ることはできません．そこで私たちが普段目にするコンデンサは，比誘電率の高い誘電体を電極間におきます．

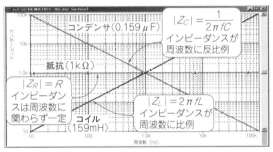

図1 抵抗・コンデンサ・コイルのインピーダンスの周波数特性
2-0項 図1再掲

それにより誘電率を上げるとともに電極間距離を狭い間隔で一定に保ち，小さなサイズで大きな容量を得ています．

　円盤形のセラミック・コンデンサ（**写真1**）は，まさにこの構造となっています．セラミック・コンデンサやフィルム・コンデンサの名称は誘電体の素材に由来しています．セラミック・コンデンサでは磁器（セラミック）が，フィルム・コンデンサにはポリエステルやポリプロピレンなどの樹脂素材をシート状にしたものが使われています．

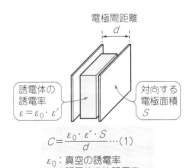

$$C = \frac{\varepsilon_0 \cdot \varepsilon' \cdot S}{d} \cdots (1)$$

ε_0：真空の誘電率
ε'：誘電体の比誘電率
S：対向する電極の面積
d：電極間の距離

図2 コンデンサの基本的な構造

写真1 以前から使われているリード・タイプのコンデンサ

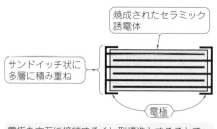

焼成されたセラミック誘電体

サンドイッチ状に多層に積み重ね

電極

電極を交互に接続するくし型構造とすることで，電極が対向する面積を増やし小型で大きな容量を実現している

（a）積層チップ・セラミック・コンデンサの構造

電極となるアルミが蒸着された誘電体フィルム・シート

円筒状に巻く

誘電体フィルム・シートにアルミを蒸着して電極を薄くし，これを円筒状に巻くことで向かい合う電極の面積を増やして，大きな静電容量を得ている

（b）フィルム・コンデンサ（積層タイプではない）の構造

図3　実際のコンデンサの構造

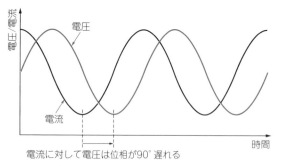

電流に対して電圧は位相が90°遅れる

図4　コンデンサに交流電圧を加えたときの電流波形

コンデンサの容量は電極の面積に比例しますから，市販されているコンデンサは図3のように多数の電極をくし形に組み合わせたり，電極となるアルミを蒸着した誘電体シートを巻いたりして，電極の両面でコンデンサを形成し，大きな静電容量を得ています．

また，電極間距離は狭いほど容量が大きくなるので誘電体は薄く作られています．積層型のチップ・セラミック・コンデンサでは，1/1000 mm（1 μm）を下回るものまで登場していて，積層数を増やすことで大容量化を実現し機器の小型化に貢献しています．

● 電気特性

次にコンデンサの電気的な特性を確認してみます．

単一周波数の正弦波電流をコンデンサに流したとき，この電流とコンデンサの両端に発生する電圧とは，図4に示す通り電流の変化に対して電圧の変化が遅れます．コンデンサの電圧は蓄えられた電荷量で決まりま

すが，その電荷は電流によって運ばれてくるので電流が流れた結果としてコンデンサの両端に電圧が生じることから電圧の変化は遅れて表れることになり，その位相差は90°になります．

理想コンデンサは，図1に示したように，周波数に反比例してインピーダンスは低下し続けます．現実のコンデンサは，リード線のインダクタンスや誘電体の絶縁抵抗などの影響で図5のような等価回路となります．

特にインピーダンス特性に強く作用するのがインダクタンス成分です．高周波ではコンデンサとは逆にインピーダンスが上昇するので，MHzオーダの高周波ではインダクタンス成分によるインピーダンスの上昇が支配的となり，コンデンサとしてのトータルのインピーダンスも上昇していきます（図6）．

◆参考文献◆

(1)CQ出版社エレクトロニクス・セミナ「実習：アナログ・フィルタ回路設計」テキスト，CQ出版社．
(2)実験キットで学ぶワイヤレス給電の基礎，グリーン・エレクトロニクス，No.19，CQ出版社．

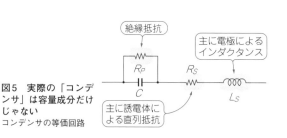

絶縁抵抗

主に電極によるインダクタンス

主に誘電体による直列抵抗

図5　実際の「コンデンサ」は容量成分だけじゃない
コンデンサの等価回路

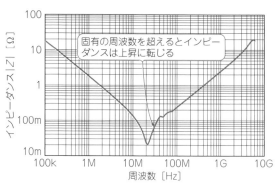

固有の周波数を超えるとインピーダンスは上昇に転じる

図6　実際のコンデンサは高周波になるとインダクタンス成分の影響でインピーダンスが大きくなる
積層チップ・セラミック・コンデンサ GRM21BR72A104M（村田製作所）のインピーダンス特性

3-1 コンデンサの種類を選ぶ

〈馬場 清太郎〉

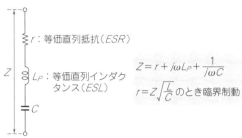

r：等価直列抵抗（ESR）

L_P：等価直列インダクタンス（ESL）

$$Z = r + j\omega L_P + \frac{1}{j\omega C}$$

$$r = Z\sqrt{\frac{L}{C}}\ \text{のとき臨界制動}$$

（a）等価回路

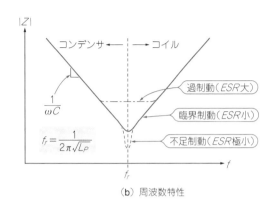

$|Z|$

コンデンサ ← → コイル

$\frac{1}{\omega C}$

過制動（ESR大）

臨界制動（ESR小）

不足制動（ESR極小）

$$f_r = \frac{1}{2\pi\sqrt{L_P}}$$

f_r

f

（b）周波数特性

図1　コンデンサは高い周波数でコンデンサとして働かなくなる

● コンデンサの寄生インピーダンス

図1に示すように直列抵抗（ESR）と直列インダクタンス（ESL）の寄生インピーダンスがあります．

その結果，インピーダンスの周波数特性は**図1(b)**のようになります．共振周波数付近で「過制動」を示すのが非固体アルミ電解コンデンサ，「臨界制動」を示すのが固体アルミ電解コンデンサ，「不足制動」を示すのがセラミック・コンデンサやフィルム・コンデンサです．非固体アルミ電解コンデンサはESRが他に比べ大きく，内部の電気伝導がイオン伝導のため，低温になるとESRは更に増加します．

コンデンサとして使えるのは**図1(b)**の共振周波数f_r以下であり，それ以上ではインダクタンスになります．必要な周波数帯域でコンデンサとして働くかどうかデータシートで確認します．

ESRは引き出し線などの導体抵抗，ESLは引き出し線のリード・インダクタンスです．チップ・コンデンサのように引き出し線の等価的な長さが短いコンデンサは，ESRとESLが小さくて高周波に適します．リード線を長く実装してしまうと，ESLが増加し，使用可能な周波数の上限が低くなります．

● テクニック…各種コンデンサの特徴から選ぶ

電子機器でよく使用されているコンデンサの種類と用途を**表1**にまとめました．

▶電気2重層コンデンサ

単位体積当たりの容量が最も大きく，製品の容量単位は［F］です．単体の定格電圧は数V以下で，ESRが大きく，大電流の充放電には向きません．2次電池と異なり充放電回数や過放電の制約がなく，体積当たりのエネルギー密度も上がってきているため，2次電池の代替として使われることが増えてきました．2次電池と同様，定格電圧以上での充電は寿命を著しく縮めるので避けます．

表1　コンデンサの種類
携帯機器以外ではあまり使われないタンタル電解やニオブ電解は省略した

種類	誘電体材質	容量範囲	面実装タイプ	特徴・用途
電気2重層コンデンサ	電気2重層	1 F〜2300 F	×	大容量
電解コンデンサ	アルミ非固体	0.1 μF〜0.68 F	○	大容量一般用
	アルミ固体	2.2 μF〜560 μF	◎	低インピーダンス
セラミック・コンデンサ	温度補償用	0.1 pF〜0.1 μF	◎	低温度係数
	高誘電率系	100 pF〜100 μF	◎	中容量一般用
	半導体		◎	大容量
フィルム・コンデンサ	ポリエステル（PE）	470 pF〜22 μF	×	一般用
	ポリプロピレン（PP）	470 pF〜10 μF	×	精密用
	ポリフェニレン・サルファイド（PPS）	470 pF〜0.47 μF	△	高耐熱用
	積層薄膜ポリマー（PML）	1000 pF〜22 μF	◎	小型中容量

電気2重層の性質から考えると極性はないはずですが，市販の製品には極性表示があります．表示の極性に対して試験や品質保証が行われているので，使用に当たっては極性を守るようにします．

▶アルミ電解コンデンサ

電気2重層コンデンサの次に，単位体積当たりの容量が大きいです．製品の容量単位は「μF」です「非固体アルミニウム電解コンデンサ」を一般に「アルミ電解コンデンサ」と呼んでいます．ESRが大きく，低温では更に大きくなります．内部に含むペースト状の電解液が蒸発してしまうと寿命が尽きるなど，欠点は種々ありますが，容量が大きくて安価なため，よく使われています．

ペースト状の電解液を使わない固体アルミ電解コンデンサもあり，ESRも小さくて寿命も長いのですが，数十V以下の低圧しか実用化されていません．

非固体アルミ電解コンデンサに使われているペースト状の電解液は，誘電体であるアルミの酸化被膜に欠陥ができた場合に修復作用をもちます．しかし，固体アルミ電解コンデンサには酸化被膜の修復作用がありません．衝撃などによって酸化被膜が剥離すると，固体アルミ電解コンデンサは短絡不良となります．そこで，固体アルミ電解コンデンサに電解液を加えて酸化被膜の修復作用を持たせたコンデンサが「ハイブリッド・コンデンサ」として使われ始めています．アルミ電解コンデンサには極性があります．使用に当たっては極性を守り，逆電圧を加えないようにします．

▶セラミック・コンデンサ

小容量で温度特性が良く損失の少ない温度補償用セラミック，形状の割に大容量で，温度特性は悪く，直流電圧印加時に大幅に容量が減少する半導体セラミック，その中間的な容量で温度特性は悪いものの直流電圧印加時の容量減少が小さい高誘電率系セラミックがあります．いずれも極性はありません．

セラミック・コンデンサの特徴は，とにかく小さな形状が製作可能なことです．安価なこともあり，最近の電子機器には大量に使われています．現在の電子機器設計に当たっては，セラミック・コンデンサを使わないという選択はほとんどないので，長所と短所を認識して使いこなすことが必要です．

▶フィルム・コンデンサ

誘電体フィルムの種類により，ポリエステル(PE)，ポリプロピレン(PP)，ポリフェニレン・サルファイド(PPS)があります．金属箔を電極に使用したもの，フィルム上に金属を蒸着したもの(メタライズと呼ぶ)があります．いずれも極性はありません．

ポリエステル・フィルム・コンデンサは安価で特性がそこそこ良いため，スナバ回路やフィルタ回路でよく使われますが，低損失を要求する共振回路では使われません．ポリプロピレン・フィルム・コンデンサは特性が非常に良く低損失のため，共振回路やスナバ，フィルタ回路でよく使われています．ポリフェニレン・サルファイド・フィルム・コンデンサは，最高使用温度が125℃と他種の105℃よりも優れ，特性はポリエステル・フィルム・コンデンサよりも良いのですが，それほど使用されていません．一般的なアルミ電解コンデンサの最高使用温度が105℃であり，この最高使用温度で動作するように機器設計が行われているのが原因と思われます．フィルム・コンデンサの場合，面実装用製品は少なかったのですが，最近，積層薄膜ポリマの面実装用が使われるようになりました．

▶コンデンサの選び方の例

例えば数百Vのサージ電圧が発生する回路のスナバに使用するコンデンサで最適なのは，特性がよくて低損失なポリプロピレン・フィルム・コンデンサを選びます．

● コンデンサの形状と特性について

面実装用の形状が多く，リード線タイプは少ないです．特にセラミック・コンデンサは，一部の高圧用以外はほとんどが「チップコン」と呼ばれる面実装用の積層タイプ(MLCC, Multi-Layer Ceramic Capacitor)です．面実装用途の場合，はんだ付けのときコンデンサ本体が高温にさらされるため，耐熱温度を高める必要があります．それが理由で電気的特性がリード線タイプに比べ悪くなっている品種もあるので，データシートによる確認が必要です．

3-2 コンデンサの基本特性をつかむ

〈馬場 清太郎〉

● コンデンサとは

コンデンサはキャパシタと呼ばれることもあります. 現在の英語(1940年代後半以降)では "Capacitor" と呼ばれています. "Condenser" が死語になっています.

コンデンサの原理的な構造は, **図1**に示すように2枚の金属電極の間に誘電体を挟んでいます. 式(1)に示すように, 誘電体の誘電率 ε が大きいほど容量が大きくなり, 同じ ε なら誘電体の厚さ t が薄いほど容量が大きくなります.

○○コンデンサと呼ぶ場合, ○○には誘電体の材質が入るのが一般的です.

● コンデンサの直流電圧特性をおさえる

図2はコンデンサに直流電圧を印加し直流電圧に充電した状態を示します. このときコンデンサに蓄えられる電荷 Q [C] と静電容量 C [F], 電圧 V [V], 蓄えられた静電エネルギー W [J] の関係は, 図中の式に示すように,

$$Q = CV \cdots\cdots\cdots\cdots\cdots\cdots\cdots\cdots (2)$$

$$W = \frac{1}{2}CV^2 = \frac{1}{2}QV \cdots\cdots\cdots\cdots\cdots (3)$$

となります. これは重要な関係式ですから, 覚えておくと役立ちます. 例えば, パワー MOSFET の入力容量のように, C の値が一定でないものの, Q の値がわかっているとき, 式(3)の $W = QV/2$ で必要なエネルギーを計算できるので, ドライブ回路の設計に役立ちます.

● コンデンサの交流電圧特性をおさえる

図3にコンデンサに正弦波交流電圧を加えて定常状

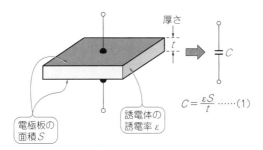

$$C = \frac{\varepsilon S}{t} \cdots\cdots (1)$$

電極板の面積 S

誘電体の誘電率 ε

厚さ t

図1 コンデンサの構造

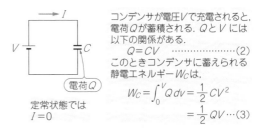

コンデンサが電圧 V で充電されると, 電荷 Q が蓄積される. Q と V には以下の関係がある.

$$Q = CV \cdots\cdots\cdots (2)$$

このときコンデンサに蓄えられる静電エネルギー W_C は,

$$W_C = \int_0^V Q\, dv = \frac{1}{2}CV^2$$
$$= \frac{1}{2}QV \cdots (3)$$

電荷 Q

定常状態では $I = 0$

図2 コンデンサに直流電圧を加えたときの電荷とエネルギー

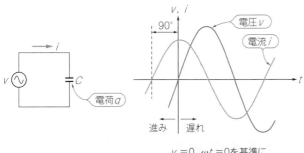

電圧 v　電流 i　90°　進み　遅れ

$v = 0$, $\omega t = 0$ を基準にすると, i は v よりも先に $i = 0$ を通過するので進んでいると考える

電荷 q

直流と同様に, 電荷 $q(t)$ と電圧 $v(t)$ の関係は,
$$q(t) = Cv(t)$$
電流 $i(t)$ は $q(t)$ の時間変化だから,
$$i(t) = \frac{dq(t)}{dt} = C\frac{dv(t)}{dt} \cdots\cdots\cdots\cdots (4)$$
$v(t) = V_m \sin \omega t$ とすると,
$$i(t) = \omega C V_m \cos \omega t = I_m \cos \omega t \cdots\cdots (5)$$
$$I_m = \omega C V_m = \frac{V_m}{\frac{1}{\omega C}} \quad \text{リアクタンス}$$
$j\omega$ による記号演算では,
$$I = \frac{V}{\frac{1}{j\omega C}} = j\omega CV \cdots\cdots\cdots\cdots\cdots (6)$$
ここでインピーダンス Z_C, リアクタンス X_C は,
$$Z_C = jX_C = \frac{1}{j\omega C} = j\left(-\frac{1}{\omega C}\right)$$
$$\therefore X_C = -\frac{1}{\omega C}$$

図3 コンデンサに交流電圧を加えたときの電圧と電流の関係

コラム　ベテランの計算テクニック…dB換算表を覚える

dB(desiBel，デシベルまたはデービーと読む)は比率を表す単位(無次元)です．電圧比(電流比)k［倍］とデシベル値n［dB］の間には，次の関係があります(logは底が10の常用対数)．

$n = 20\log|k|$ …(A)

電力比p［倍］とデシベル値n［dB］の間には，次の関係があります．

$n = 10\log|p|$ …(B)

これは電圧(電流)の2乗が電力に比例することから来ています．

電圧比すなわち増幅率［倍］と減衰率［倍］を対数［dB］に変換すると，桁数が圧縮されるだけではなく，増幅率どうしの乗算は加算で，除算は減算で求めることができます．

いちいち対数に変換するのは面倒です．そこでプロは代表的な換算値を覚えていて，計算スピードをもっと早めています．覚えておくと便利な換算を**表A**に，概略値の計算法を**図A**に示します．

〈馬場 清太郎〉

電圧比A［倍］とゲインG［dB］は，次の定義式によって換算する

$G = 20\log|A|$

● **計算例**

- $\sqrt{2}$倍$=1.4142=3.0103$dB$\fallingdotseq 3$dB
- $\sqrt{10}$倍$=3.1623=20$dB$\div 2=10$dB
- 2倍$=(\sqrt{2})^2 \fallingdotseq 3dB\times 2=6$dB
- 4倍$=2\times 2 \fallingdotseq 6dB\times 2=14$dB
- 5倍$=10\div 2 \fallingdotseq 20dB-6dB=14$dB
- $\dfrac{1}{A}$［倍］$=-A$［dB］，$A^n = nA$［dB］
- $\dfrac{A_1}{A_2} = A_1$［dB］$- A_2$［dB］
- $A_1 \cdot A_2 = A_1$［dB］$+ A_2$［dB］

図A　デシベルによる倍率の高速計算

表A　電圧比とデシベルの換算表
ベテランのエンジニアは，必要なときこの表をサッと頭に思い浮かべる

電圧比［倍］	dB（概算値）	電圧比［倍］	dB（概算値）
10000	80	1/10000	− 80
1000	60	1/1000	− 60
100	40	1/100	− 40
10	20	1/10	− 20
9	19	0.9	− 0.9
8	18	0.8	− 1.9
7	17	$1/\sqrt{2}$	− 3
6	15.5	0.7	− 3.1
5	14	0.6	− 4.4
4	12	0.5	− 6
$\sqrt{10}$	10	0.4	− 8
3	9.5	$1/\sqrt{10}$	− 10
2	6	0.3	− 10.4
$\sqrt{2}$	3	0.2	− 14
1	0	1	0

態になったときのコンデンサに流れる電流と端子電圧の関係を示します．コンデンサ内部つまり誘電体には定常的な直流電流は流れず，電磁気学で学ぶ「変位電流」が流れます．変位電流の大きさは**図3**の導線に流れる電流$i(t)$と同じです．

定常状態では，流れる電流は電圧に対し90°進みます．進むというと，電圧が印加されないうちから電流が流れると誤解する人もいますが，あくまでも定常状態での話で，一定の電圧が印加され続け一定の電流が流れ続けているときに，電流の位相が進んでいるということです．式(4)と式(6)を比較すると，$j\omega$は微分を表していて，$j\omega$をかけることと微分することは同じです．また，jは位相が90°進んでいることを表しています．

式(5)と式(6)はオームの法則であり，$j\omega C$をアドミタンス，逆数$1/(j\omega C)$をインピーダンス，$-1/\omega C$をリアクタンスと呼びます．コンデンサは容量性リアクタンスです．容量性リアクタンスは周波数に反比例し，直流では無限大，高周波ではゼロに近づくのは重要な性質です．

(1) コンデンサには直流電流は流れない
(2) コンデンサのインピーダンスは周波数が高くなるほど小さくなる

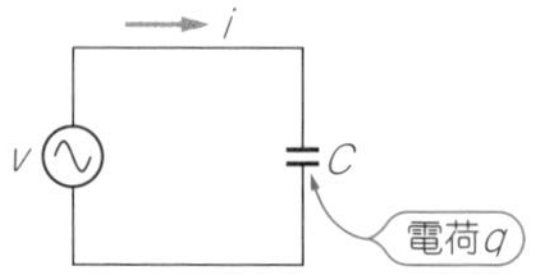

図4　コンデンサに交流電圧を加えたときの電荷は？

コンデンサに直流電圧を加えると，蓄積される静電エネルギーは電圧の2乗に比例します．

図4で，コンデンサに正弦波交流電圧が加っているとき，コンデンサの電荷を表す式は，式(4)と$q(t) = Cv(t)$より次のようになります．

$$q(t) = CV_m \sin\omega t \quad \cdots\cdots (7)$$

3-3 コンデンサの充電特性

〈馬場 清太郎〉

● コンデンサ充電回路

図1(a)の回路で初期電圧 $v_C = 0$ のコンデンサに，$t = 0$ でスイッチSをONして充電を開始したとき，端子電圧 v_C は図1(b)のようになります．ここで $\tau = CR$ を時定数と呼び，CR 充電回路では重要なパラメータです．式(1)をみると，v_C が V に等しくなって充電が完了するには，無限の時間が必要ですが，実際にはある程度長い時間を取れば，無視できる誤差になります．A-Dコンバータの入力にノイズ除去用の CR 充電回路を入れたときは，式(1)から誤差を計算してA-D変換開始時間を決定します．

● コンデンサ充電回路の抵抗損失

図1(a)の回路で充電完了したときに，コンデンサに蓄積される静電エネルギー W_C は次式で求まります．

$$W_C = \frac{1}{2}CV^2 \cdots\cdots\cdots\cdots\cdots\cdots (4)$$

$I_0 = V/R$ とおくと，電流 $i(t)$ は次式で表せます．

$$i(t) = I_0 e^{-t/\tau} \cdots\cdots\cdots\cdots\cdots\cdots (5)$$

抵抗で消費されるエネルギー W_R は，充電完了時には次の式で表せます．

$$W_R = \int_0^\infty \left\{ i^2(t)R \right\} dt \cdots\cdots\cdots\cdots (6)$$

式(5)，式(6)から，W_R は次のように求まります．

$$W_R = \frac{1}{2}CV^2 = W_C \cdots\cdots\cdots\cdots (7)$$

抵抗で消費する電力は，コンデンサに蓄積される静電エネルギーと等しくなります．つまり，電源から供給されるエネルギーは，半分がコンデンサに蓄積され，残りの半分は抵抗 R で消費されることになります．この関係は，充電が完了しなくても常に成立します．

● テクニック…無損失コンデンサ充電回路

例えば，電気2重層コンデンサを2次電池の代わりに使用する場合，CR 充電回路で充電するとエネルギー効率は悪くなります．そこで，高効率のDC-DCコンバータで定電流回路を構成すれば，無損失でコンデンサを充電できます．DC-DCコンバータの場合，出力電流を一定に制御すれば，高効率のまま定電流電源となります．

● 実際の計算

図1(a)の回路で初期電圧 $v_C = 0$ のコンデンサに，$t = 0$ でスイッチSをONして充電します．$t = CR$ になったとき，コンデンサの端子電圧 v_C は入力電圧 V の何％かを求めるには式(3)を使います．計算すると63.2％になります．

また，図1(a)の回路で初期電圧 $v_C = 0$ のコンデンサに，$t = 0$ でスイッチSをONして長時間充電し，コンデンサの端子電圧 v_C が入力電圧 V の半分になったとき，$t = 0$ からの期間で抵抗 R で消費されるエネルギーが何Jになるかは，式(7)を使って W_C から求めます．計算すると，$CV^2/8$ になります．

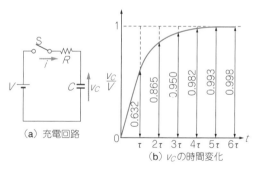

（a）充電回路

（b）v_C の時間変化

$t = 0$ でスイッチをONすると，

$$Ri + \frac{1}{C}\int_0^t i\,dt = V, \quad Q = \int_0^t i\,dt = Cv_C \cdots\cdots (1)$$

より，

$$RC\frac{dv_C}{dt} + v_C = V \quad \therefore v_C = V(1 - e^{-\frac{t}{RC}}) \cdots\cdots (2)$$

時定数 $\tau = RC$ とすると，

$$v_C = V(1 - e^{-\frac{t}{\tau}}) \cdots\cdots\cdots\cdots\cdots (3)$$

これを v_C/V で正規化して描くと(b)になる

図1 コンデンサを充電するときの動作

3-4 セラミック・コンデンサの使い方

〈馬場 清太郎〉

セラミック・コンデンサの特性は，種類によって違います．

● 温度補償用セラミック・コンデンサ

図1(a)に，温度補償用セラミックの温度特性を示します．よく使われるのは，温度係数が0±60 ppm/℃のCH特性です．図には出ていませんが，温度係数が+350～-1000 ppm/℃のSL特性があり，同一形状ならCH特性よりも大容量になるため，温度特性が重要でない場合によく使われています．

温度補償用セラミック・コンデンサには，図1(c)に示すように，他の特性で問題になる直流電圧印加時の容量減少がなく，図1(e)に示すように経時変化もありません．交流電圧を印加しても，他のセラミック・コンデンサのような異音は発生しません．

● 高誘電率系セラミック・コンデンサ

B特性，R特性，Z特性などがあります．図1(b)に温度特性，図1(c)に直流電圧印加時の容量減少特性を示します．よく使用されるB特性とR特性には，使用目的によっては無視できない温度係数と，直流電圧印加時の容量減少があります．さらに，図1(e)に示す経時変化もあるので，設計時に十分な検討が必要です．精密な用途には適しませんが，一般的な用途ではB特性かR特性ならば十分に使用できます．

交流電圧を印加すると，周波数によってはセラミック・スピーカと同じ原理で異音が発生することがあります．セラミック以外のコンデンサに変更すれば対策できますが，他種のコンデンサを使用できない場合は，メーカに相談して対策品に変更する必要があります．

● 半導体セラミック・コンデンサ

大容量で，DC-DCコンバータの平滑用に使います．

高誘電率系セラミック・コンデンサと同じB特性やR特性として供給されていて，特性もほぼ同様ですが，直流電圧印加時の容量減少は，図1(d)示すように，高誘電率系のB特性［図1(c)］より極端にひどくなっています．定格電圧では容量が70％以上も減少するので，必要な平滑容量を確保するためには，減少分を見込んで値を決定します．図1(e)に示す経時変化もあります．

主な用途である平滑用に使用するとき，リプル電流が流れます．許容リプル電流についても制限があるため，データシートで確認します．

リプル周波数によっては，セラミック・スピーカと同じ原理で，異音が発生することがあります．電解コンデンサを並列に入れると対策できますが，電解コンデンサを使用できない場合は，メーカに相談して対策品に変更することが必要です．

● 使い分けのコツ

セラミック・コンデンサは種類によって以下のような特徴があります．用途にあったものを選ぶ必要があります．

- 温度補償用セラミック・コンデンサは直流電圧を加えても容量の変化はない
- 高誘電率系セラミック・コンデンサは交流電圧を加えると異音を発生する場合がある
- 温度補償用セラミック・コンデンサの特性は他種のセラミック・コンデンサに比べて優れている
- 半導体セラミック・コンデンサは印加電圧により大幅に容量が低下する
- 温度補償用以外のセラミック・コンデンサは時間と共に容量が低下する
- 温度補償用セラミック・コンデンサは交流電圧を加えると異音を発生する場合がある

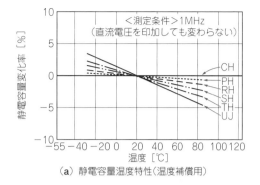

（a）静電容量温度特性（温度補償用）

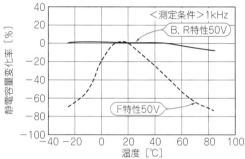

（b）静電容量温度特性（高誘電率系）

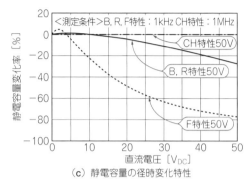

（c）静電容量の径時変化特性

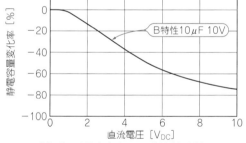

（d）静電容量直流バイアス特性（半導体）
2012B 10μF 10V（GRM21BB31A106K：村田製作所）

図1　セラミック・コンデンサの基本特性

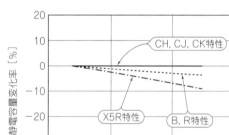

（e）静電容量の経時変化特性

3-5 アルミ電解コンデンサの使い方

〈馬場 清太郎〉

● アルミ電解コンデンサの寿命

　アルミ電解コンデンサは内部にペースト状の電解液があり，ゴムで外に漏れ出さないよう封止しています．時間が経つとゴムの隙間から徐々に電解液が蒸発し，電解液がなくなります．この現象を「ドライアップ」と呼びます．電解液が電極と引き出し線の役割をしているため，ドライアップすれば寿命が尽きたことになります．

　アルミ電解コンデンサの寿命は，周囲温度の上昇による電解液の蒸発時間と，リプル電流による内部の発熱で決定されます．しかし，リプル電流による内部の発熱を考慮するのは難しいので，ここではメーカの許容リプル電流に対し十分余裕を持って使うことにして，周囲温度の上昇による寿命への影響だけを考えてみます．

▶アルミ電解コンデンサの寿命推定式

$$L_x = L_0 \times 2^{\frac{T_0 - T_x}{10}} \cdots\cdots\cdots\cdots\cdots (1)$$

　　ここで，L_x：推定寿命［時間］，L_0：寿命のメーカ仕様値［時間］，T_0：最高周囲温度の仕様値［℃］，T_x：使用温度［℃］

　L_0は，メーカのデータシートに記載された最高使用温度における保証時間です．式(1)は化学反応理論の「アレニウスの法則」で，式の形から「10℃2倍則」とも呼ばれています．

▶偶発故障と摩耗故障

　寿命を考えるときには，図1に示す信頼性の「バスタブ・カーブ」を考慮する必要があります．バスタブ・カーブには「初期故障領域」と「偶発故障領域」，「摩耗故障領域」の3つの領域があり，「初期故障領域」は製造メーカによって出荷時までに除かれているため，考慮する必要はありません．

　アレニウス則で推定したのは「偶発故障領域」での寿命です．可動部分を含まない一般の電子部品では顕著な「摩耗故障領域」はありませんが，アルミ電解コンデンサだけは，何もストレスを加えず常温で放置していてもゴムの隙間から徐々に電解液が蒸発します．「摩耗故障領域」に到達する時間は15年以上と言われています．時間に換算すると，24時間×365日×15年＝131400時間≒132000時間です．推定した寿命が132000時間以上のときは，この値にします．

　式(1)は「アレニウスの法則」による一般的な式であり，リプル電流の影響も考慮していません．実際の寿命推定に当たっては，コンデンサごとに詳細な計算式があるので，コンデンサ・メーカに問い合わせるとよいでしょう．

● テクニック…アルミ電解コンデンサのうまい実装

　アルミ電解コンデンサは封止ゴムの隙間から徐々に電解液が蒸発します．蒸発した電解液は外部温度によっては凝固して，プリント基板の部品面に付着します．

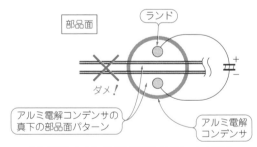

（a）電解コンデンサの下に隠れるパターンは禁止

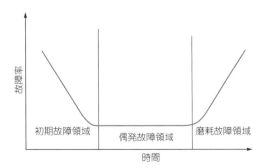

図1　信頼性のバスタブ・カーブ

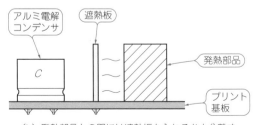

（b）発熱部品との間には遮熱板を入れるか十分離す

図2　パターン設計上の注意

もしも部品面のコンデンサ直下にパターンがあると，ショートしたり腐食して断線します．図2(a)に示すように，アルミ電解コンデンサ直下の部品面には，パターンを走らせないようにします．

アルミ電解コンデンサは周囲温度によって寿命が大きく影響されます．周囲に発熱部品があるときは，発熱部品からできるだけ遠ざけるように配置します．遠ざけられないときは，発熱部品とアルミ電解コンデンサの間に図2(b)に示すような遮熱板を配置します．

● **テクニック…寿命を求める**

105℃ 5000時間保証のアルミ電解コンデンサを65℃で使用するとき，想定される寿命は何時間かを式(1)より求めると80000時間になります．

105℃ 5000時間保証のアルミ電解コンデンサを25℃で使用するとき，想定される寿命は何時間かを同様に計算すると，摩耗故障領域になるので132000時間になります．

3-6 アンプ前置分圧回路の広帯域補正

〈馬場 清太郎〉

● **要点**

図1は広帯域分圧回路です．広帯域のプリアンプ（前置増幅器）を作るときに問題となるのは，1/100抵抗分圧回路の周波数特性です．広帯域プリアンプではオシロスコープ用プローブの使用を考慮して，一般に入力抵抗は1 MΩとなっています．

このときプリアンプの入力容量が抵抗分圧回路の周波数特性を悪化させます．

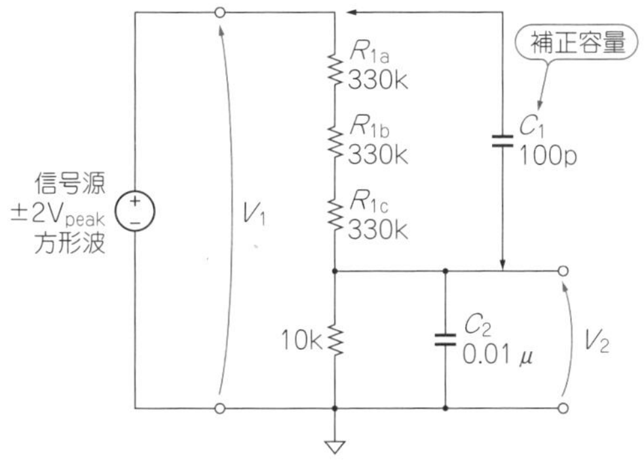

● **テクニック…コンデンサを追加して高域まで減衰率をキープする**

入力容量の影響を図1の回路で確認します．プリアンプの入力容量に相当するのがC_2です．実験のしやすさを考慮して0.01 μFと大きくしています．

±2 V_{peak}の入力方形波に対し，補正容量C_1がないときの出力応答が図2です．波形のひずみが大きいことがわかります．

ネットワーク・アナライザでみた周波数特性が図3です．1 kHzからゲインが低下しています．これを補正して周波数特性をフラットにするのが補正容量C_1です．

補正容量C_1を接続したときの出力応答が図4で，波形のひずみがほとんどなくなっています．

ネットワーク・アナライザでみた周波数特性が図5で，10 Hz ～ 1 MHzまでの分圧比である1/100 ＝ － 40 dB一定の周波数特性を示しています．

補正容量C_1の値は図1の式(1)によって計算します．

$$R_1 = R_{1a} + R_{1b} + R_{1c} = 990 k\Omega$$
$$R_1 : R_2 = \frac{1}{\omega C_1} : \frac{1}{\omega C_2}$$
$$= C_2 : C_1 \quad\cdots\cdots\cdots (1)$$
のとき分圧比は周波数によらず一定となる．
ただし，ωは角周波数

図1 補正容量の周波数特性改善効果を見る

（信号源 ±2V_{peak} 方形波 / V_1 / R_{1a} 330k / R_{1b} 330k / R_{1c} 330k / 補正容量 C_1 100p / 10k / C_2 0.01μ / V_2）

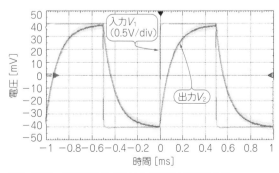

図2 実験…補正容量C_1がないときの出力応答を見る
出力V_2のひずみが大きく，このままでは使い物にならない

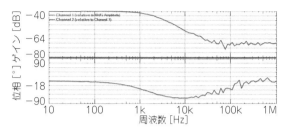

図3 実験…補正容量 C_1 がないときの周波数特性を見る
周波数1kHzの信号までしか使えない

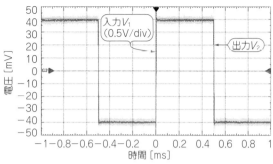

図4 実験…補正容量 C_1 を接続したときの出力応答を見る
出力 V_2 のひずみが，ほとんどなくなっている

抵抗 R_1，R_2 の抵抗比と容量 C_1，C_2 のリアクタンス比が等しくなるように設計すると，抵抗による分圧とコンデンサによる分圧が等しくなって，分圧比が周波数特性を持ちません．

▶オシロのプローブはこの技を実際に使っている

広帯域分圧回路の応用例を**図6**に示します．オシロスコープ用プローブを接続する場合は，入力をBNC

コネクタとし，入力容量が $15 \text{ p} \sim 30 \text{ pF}$ となるように補正容量 C_1 の値を決定します．

入力容量の適正な値はプローブの仕様書によって決定します．精密な調整が必要なときには入手しやすい低圧用トリマ・コンデンサを用いて**図6**に示す位置に接続し，周波数特性がフラットになるよう調整します．

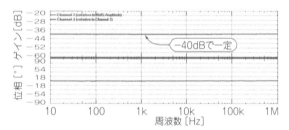

図5 実験…補正容量 C_1 を接続した効果を見る
10Hz～1MHzまで，ゲインが－40dBで一定である

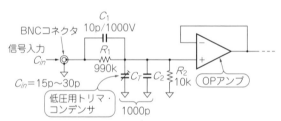

図6 図1の回路は実際に使われている…オシロスコープのプローブには周波数特性補正用のトリマ・コンデンサがついている
入力容量が $15 \text{ p} \sim 30 \text{ pF}$ となるように補正容量 C_1 の値を決定する

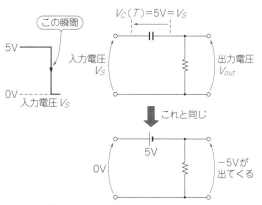

3-7 CR 微分回路のパルス応答を求める

〈石井 聡〉

基本法則 適材適所 基本回路 機能回路

● CR回路にパルスを加えたときの応答

抵抗とコンデンサで構成される図1(a)の回路に図1(b)のようなパルスを与えたときの応答を考えます. 簡単な回路ではありますが, 回路理論で考えると意外と奥が深いです. 他にも時定数回路やローパス・フィルタ回路として似たような回路を取り上げます.

● テクニック…CR回路の実際の計算

図1の回路に振幅が0V→5V→0Vと変化するパルスを加えたときの応答波形は図2のようになります.

コンデンサは電流量を時間で積分した形で, 端子電圧が以下のように決まります.

$$V_C(t) = \frac{1}{C}\int I(t)\,dt + V_0 \cdots\cdots\cdots\cdots\cdots (1)$$

ここでt [s] は時間, V_0 [V] はコンデンサに最初に充電されている電圧量です.

▶パルスの振幅が0V→5Vに変化するとき

$t = 0$, $V_0 = 0$で考えます. 図3(a)に示すように, 電流が流れ始める瞬間(0V→5Vに変化させた瞬間)$t = 0$では, $V_C(0) = 0$になります. つまりV_Sの全電圧は抵抗Rに加わり, 出力V_{out}には5Vがそのまま表れます.

次に上記の式でコンデンサが充電されていくことで, コンデンサの端子電圧は徐々に大きくなっていきます. このとき出力V_{out}の変化は,

$$V_{out}(t) = \frac{V_S}{e^{\frac{t}{\tau}}} \cdots\cdots\cdots\cdots\cdots\cdots\cdots (2)$$

に従います. ここでτは時定数で, $\tau = CR$ [s] です. $t = 0$であれば, $e^0 = 1$なので, 電源電圧V_Sがそのまま出力されます.

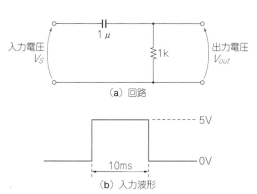

（a）回路

（b）入力波形

図1 抵抗とコンデンサで構成される回路にパルスを与えたときの応答を考える

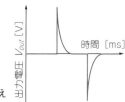

図2 図1の回路にパルスを加えたときの応答波形

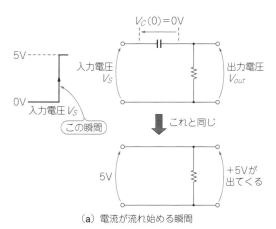

（a）電流が流れ始める瞬間

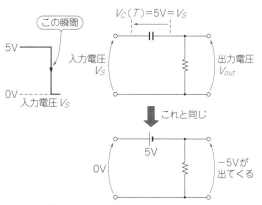

（b）コンデンサが5V→0Vに変化した瞬間

図3 パルスを加えたときの回路動作

▶パルスの振幅が5 V→0 Vに変化するとき

十分な時間が経過し（$t = T$とする），コンデンサが完全に充電された状態，

$$V_C(T) = V_S = 5 \text{ V} \cdots\cdots\cdots\cdots\cdots (3)$$

を考えます．ここで入力電圧V_Sを5 V→0 Vに変化した瞬間，コンデンサは図3(b)の極性でV_Sに充電されているので，電源電圧が0 Vになれば，出力V_{out}は$-V_S$，つまりこの回路から-5 Vが得られます．さらにコンデンサが放電されていくので，出力端子V_{out}は，

$$V_{out}(t) = -\frac{V_S}{e^{\frac{t-T}{\tau}}} \cdots\cdots\cdots\cdots\cdots\cdots (4)$$

に従います．

▶ピーク・ツー・ピーク電圧を求める

$t = 0$のときは電源の電圧V_Sがそのまま，5 V→0 Vの変化のときはV_Sが逆転した形で出力端子V_{out}に現れるので，波形のピーク・ツー・ピーク電圧は10 Vになります．先端は先鋭ですが，無限大ではありません．

3-8 CR積分回路の時定数を求める

〈石井 聡〉

● かなりよく使うCR積分回路

図1の回路では，コンデンサに流れる電流量$I(t)$と，コンデンサの端子電圧$V_C(t)$と抵抗値Rとの関係は微分方程式で表すことができます．式の生い立ちを説明すると難しくなるので，ここでは電圧が変化するカーブの式だけを示します．これだけわかっていれば実務では十分です．ちなみにこの回路は前項(3-7項)図1のコンデンサと抵抗の位置をひっくり返したものです．

出力V_{out}は，

$$V_{out}(t) = V_S\left(1 - \frac{1}{e^{\frac{t}{\tau}}}\right) \cdots\cdots\cdots\cdots (1)$$

となります．ここで，$\tau = CR$ [s] です．これを時定数と呼びます．この回路は実務でもかなり広範囲に使われるものです．前項(3-7項)の式(1)との関係，計算方法を知っておくと，問題に遭遇したときにうまく応用できます．

● テクニック…時定数の計算

図1の回路で，V_{out}がV_Sの86.5%になる時間が1 msであったとき，時定数τは何sかを求めてみます．$V_S = 1$，$V_{out} = 0.865$，$t = 1$ msとして式(1)を簡単

化すると，

$$0.865 = 1 - \frac{1}{e^{\frac{0.001}{\tau}}}$$

となります．式を変形していくと，

$$\frac{1}{e^{\frac{0.001}{\tau}}} = 0.135$$

となります．両辺の自然対数を取ると，

$$-\ln(e^{\frac{0.001}{\tau}}) = \ln(0.135)$$
$$-0.001/\tau = -2$$

これより$\tau = 0.0005$，つまり時定数$\tau = 0.5$ msと求まります．

続いて図2の回路で$t = 1$ ms時のV_{out}の電圧は何Vかを求めてみます．V_Sは10 Vとします．

ここでも式(1)を使います．$\tau = CR = 1 \text{ k}\Omega \times 1 \mu\text{F} = 1$ msから，

$$V_{out}(0.001) = 10\left(1 - \frac{1}{e^{\frac{0.001}{0.001}}}\right)$$
$$= 10 \times 0.632$$
$$= 6.32 \text{ V}$$

と計算できます．「$t = \tau$のとき63%になる」という関係は覚えておくと便利です．

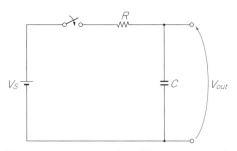

図1 V_{out}がV_Sの86.5%になる時間が1 msであったとき時定数τは何sか

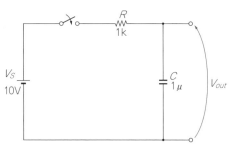

図2 $t = 1$ msのときのV_{out}の電圧は何Vか

3-9 CR 積分回路の ローパス・フィルタ特性

〈石井 聡〉

● 回路の基本動作

図1の回路構成は前項の「時定数回路」と同じです. ここでは正弦波を加えたときの応答を考えてみます.

コンデンサCのリアクタンスX_Cは,

$$X_C = \frac{1}{2\pi fC} \cdots\cdots\cdots\cdots\cdots (1)$$

となります. fは周波数です. ここに次式で表される電流が加わったとき,

$$I(t) = V_S \cos(2\pi ft) \cdots\cdots\cdots (2)$$

コンデンサの端子電圧V_Cは,

$$V_C = X_C I(t) \cdots\cdots\cdots\cdots\cdots (3)$$

となります. しかし, 前々項(3-7項)式(1)で示したようにコンデンサは電流量を積分した形で端子電圧が得られます.

式(2)はcosで示していますが, これを積分するとsinとなります. これは波形の位相として考えるとcosから90°遅れていることになります.

つまり, 図1の回路では, 抵抗の端子電圧$V_R(t)$とコンデンサの端子電圧$V_C(t)$は, cosから90°位相がずれます. これがこの回路での考え方のポイントです.

● テクニック…周波数応答が−3dBになる周波数を求める

図1の回路における周波数応答が−3dBになる周波数は何Hzか求めてみます.

この回路は抵抗RとリアクタンスX_Cで形成される分圧回路として考えることができます. つまり,

$$V_{out} = \frac{X_C}{R + X_C} V_S \cdots\cdots\cdots (4)$$

となります. しかし, $V_R(t)$と$V_C(t)$は位相が90°ずれています. つまり, この式のままでは使えません. $V_R(t)$と$V_C(t)$の位相が90°ずれているというのは, そ

れぞれがピタゴラスの定理による合成となります. −3dBは電圧比で1/$\sqrt{2}$で, 90°ずれているV_RとV_Cが$|V_R| = |V_C|$のときに相当し,

$$\frac{V_{out}}{\sqrt{2}} = |V_R| = |V_C| \cdots\cdots\cdots (5)$$

となります. この条件は,

$$R = |X_C| = \frac{1}{2\pi fC} \cdots\cdots\cdots (6)$$

なので, 答えとなる−3dBの周波数は, この式を変形して,

$$f = \frac{1}{2\pi RC} \cdots\cdots\cdots\cdots (7)$$

となり, $R = 1\,\mathrm{k}\Omega$, $C = 1\,\mu\mathrm{F}$であれば, $f = 159\,\mathrm{Hz}$と計算できます. この回路は実務でもかなり広範囲に使われます. 式(7)を暗記しておくと便利です.

図1の回路における周波数応答が−3dBになる周波数での, 抵抗両端の電圧波形V_Rとコンデンサ両端(出力)の電圧波形V_Cの関係を表してみます. 図2のような波形になります. ただし信号源V_Sはピーク1 Vとします.

この周波数では$|V_R| = |V_C|$です. V_RをcosとするとV_Cがsinになり, V_Cは90°位相の遅れた波形になります.

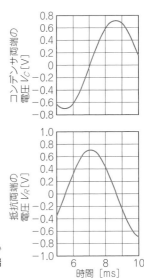

図2 −3dBになる周波数での抵抗両端とコンデンサ両端の電圧波形

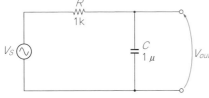

図1 1次の時定数回路に正弦波を加えたときの応答を考える

3-10 CR 積分回路によるノイズ対策

〈馬場 清太郎〉

● **要点**

　図1はCR積分回路です．時定数 $\tau = 10\,\mathrm{k\Omega} \times 0.1\,\mu\mathrm{F} = 1\,\mathrm{ms}$ となることから，方形波のプラスとマイナスの持続時間が1 msとなる500 Hzの方形波を基準とします．基準の1/10(50 Hz)と10倍(5 kHz)の3つの周波数で$\pm 2\,\mathrm{V_{peak}}$の方形波を入力して応答を確認します．

● **実験**

　50 Hzの方形波を入力したときの応答が**図2(a)**，500 Hzのときの応答が**図2(b)**，5 kHzのときの応答が**図2(c)**です．V_1がオシロスコープのチャネル1で回路図のV_1と対応しています．V_2も同じく対応して

います．

　図2(a)では，時定数が1/10のため，少しなまっていますが出力V_2は入力V_1に近いです．

　図2(b)では時定数と等しいため，出力V_2は振幅1/2の三角波に近く，ほぼ積分波形になります．

　図2(c)では，時定数が10倍のため，出力V_2は振幅1/10の三角波になります．

　CR積分回路は1次ローパス・フィルタとしても使用されます．ネットワーク・アナライザで描かせたボーデ線図を**図3**に示します．平坦域から$-3\,\mathrm{dB}$低下するカットオフ周波数f_Cは約160 Hzで，このときの入出力位相差は45°と，ほぼ理論どおりです．

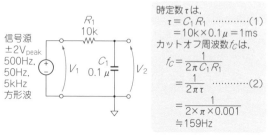

時定数τは，
$$\tau = C_1 R_1 \quad \cdots\cdots(1)$$
$$= 10\mathrm{k} \times 0.1\mu = 1\mathrm{ms}$$
カットオフ周波数f_Cは，
$$f_C = \frac{1}{2\pi C_1 R_1}$$
$$= \frac{1}{2\pi\tau} \quad \cdots\cdots(2)$$
$$= \frac{1}{2 \times \pi \times 0.001}$$
$$\fallingdotseq 159\mathrm{Hz}$$

図1　方形波を入力して積分作用を見る
50 Hz，500 Hz，5 kHzの方形波で応答を確認する

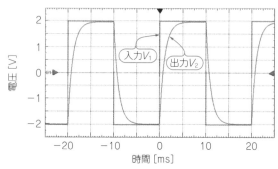

（a）50 Hzの方形波を入力したとき

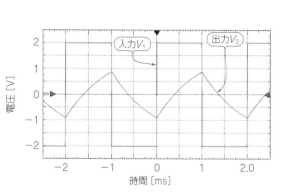

（b）500 Hzの方形波を入力したとき

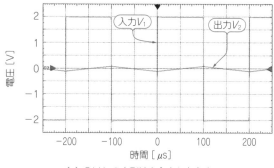

（c）5 kHzの方形波を入力したとき

図2　実験…CR積分回路に3つの周波数の方形波を入力し積分波形を見る
(a)は出力V_2が少しなまっているが，入力V_1に近い．(b)は出力V_2が振幅1/2の三角波に近く，ほぼ積分波形である．(c)は出力V_2が振幅1/10の三角波になる

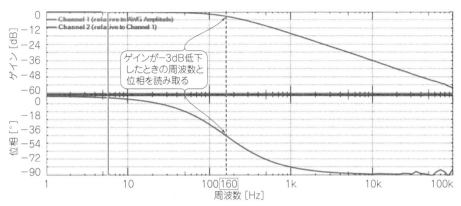

図3 CR積分回路の周波数特性は1次ローパス・フィルタと同じ
カットオフ周波数 f_C は約160 Hzで，入出力位相差は45°

● **テクニック…ノイズを抵抗で熱にして消す**

　CR積分回路の使用例で最も多いのは，ノイズ除去用のローパス・フィルタです．LCの2次ローパス・フィルタは減衰特性は優れていますが，損失が少ないため，阻止したノイズ，特に周波数の高いスパイク・ノイズが他の回路に回り込み，思った効果が得られないこともあります．

　その点，CRの1次ローパス・フィルタは，ノイズ成分が抵抗を通過するとき熱に変わるため，他の回路に回り込むことが少なく，周波数の高いスパイク・ノイズの除去に効果があります．

3-11 CR微分回路による直流阻止＆ハイパス・フィルタ

〈馬場 清太郎〉

● **要点**

　図1は，CR微分回路です．時定数 τ が1 msとなることから，方形波のプラスとマイナスの持続時間が1 msとなる500 Hzの方形波を基準とします．基準の1/10（50 Hz）と10倍（5 kHz）の3つの周波数で $\pm 2 \mathrm{V_{peak}}$ の方形波を入力し，応答を確認します．

● **実験**

　50 Hzの方形波を入力したときの応答が**図2(a)**，500 Hzのときの応答が**図2(b)**，5 kHzのときの応答が**図2(c)**です．

　図2(a)では，時定数が1/10のため，出力 V_2 はほぼ微分波形となります． $\pm 2 \mathrm{V_{peak}}$ の入力 V_1 に対し，立ち上がりで $+4 \mathrm{V_{peak}}$ の微分パルス，立ち下がりで $-4 \mathrm{V_{peak}}$ の微分パルスとなっています．

　図2(b)では，時定数と等しいため，出力 V_2 に大きなサグがでています．

　図2(c)では時定数が10倍のため，出力 V_2 は，ほぼ入力 V_1 と等しくなっています．

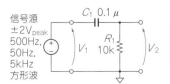

信号源
$\pm 2 \mathrm{V_{peak}}$
500Hz,
50Hz,
5kHz
方形波

C_1 0.1 μ
R_1 10k
V_1　V_2

時定数は前項（3-10項）の式(1)と，カットオフ周波数 f_C は前項（3-10項）の式(2)と同じ

図1 方形波を入力して微分作用を見る
50 Hz，500 Hz，5 kHzの方形波で応答を確認する

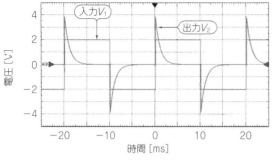

（a）50 Hzの方形波を入力したとき

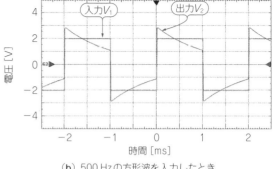

（b）500 Hzの方形波を入力したとき

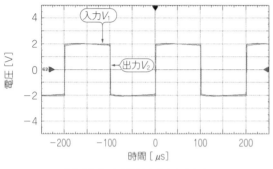

（c）5 kHzの方形波を入力したとき

図2　実験…CR微分回路に3つの周波数の方形波を入力し微分波形を見る
（a）は出力 V_2 がほぼ微分波形である．（b）は出力 V_2 に大きなサグがでている．（c）は出力 V_2 が入力 V_1 とほぼ等しい

● **テクニック…交流だけを通したり，トリガ信号を作ったり**

　CR微分回路は1次ハイパス・フィルタとしても使用されます．周波数特性を**図3**に示します．平坦域よりも－3dB低下しているカットオフ周波数 f_C は約160 Hzで，このときの入出力位相差は45°と，ほぼ理論どおりです．

　CR微分回路は，交流増幅回路の入出力部分で，コンデンサによる直流の阻止に最も使用されます．信号の最低周波数に対し，カットオフ周波数 f_C を約1/10に設定すると，出力信号の周波数特性はフラットになります．

　図2(a)を見るとトリガ信号の作成にも使えそうです．大きなノイズが予想される環境では，ノイズを微分してしまうため誤動作が考えられます．その点に注意すればトリガ信号の作成にも使えます．

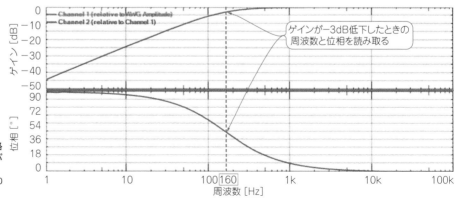

図3　実験…CR微分回路の周波数特性は1次ハイパス・フィルタと同じ
カットオフ周波数 f_C は約160 Hzで，入出力位相差は45°

コイル回路で使えるテクニック

4-0 コイルの基礎知識

〈梅前 尚〉

● 構造

　ここでは，電子回路基本素子である抵抗／コンデンサ／コイルのちがいも交えて，コイルの基本的な特徴を解説します（図1）.

　コイルは，写真1にあるようにいろいろな形状のコイルがありますが，基本的な構造は表面を絶縁皮膜で覆われたエナメル銅線を巻いた形をしています.

　コイルのインダクタンスは，最も単純な構造である銅線を巻いただけのソレノイド・コイルでは図2で表されます.

　インダクタンスは，巻き数の2乗とコイルの面積に比例し，コイルの長さに反比例しています.

　透磁率は，コイルの中に発生する磁束の通りやすさ

写真1　コイルの形状あれこれ

を示しています. ただコイルを巻いただけの状態でもインダクタンスは発生しますが，このコイルの中に強磁性体でできたコア（鉄心）を挿入すると，磁束が通り

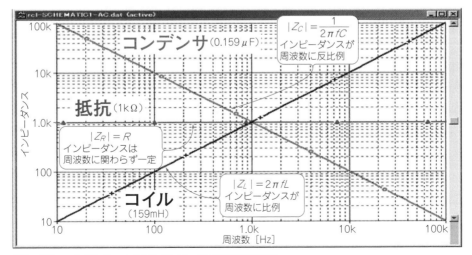

図1　抵抗・コンデンサ・コイルのインピーダンスの周波数特性
2-0項 図1再掲

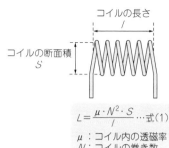

$$L = \frac{\mu \cdot N^2 \cdot S}{l} \cdots 式(1)$$

μ：コイル内の透磁率
N：コイルの巻き数
S：コイルの断面積
l：コイルの長さ

図2　コイルの基本構造

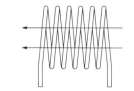

空芯コイル（コアのないコイル）でもコイルに流れる電流によって磁束が生じて，インダクタとして作用する

（a）空芯コイル

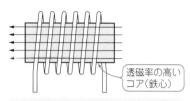

透磁率の高いコア（鉄心）

コイルの中に透磁率の高いコア（鉄心）を挿入すると，コアの中は磁束が通りやすくなるため，より多くの磁束がコイルに生じインダクタンスが大きくなる

（b）コア（鉄芯）を挿入したコイル

図3　コイルに発生する磁束

やすくなり高い透磁率を得ることができます（**図3**）．

スイッチング電源で平滑やフィルタとして用いられるパワー・インダクタは，数μHから数十mHという大きなインダクタンスが必要となります．ここでは，磁性材料をドラム型に焼き固めたフェライト・コアを軸に巻線加工したドラム型コイルや，リング状のコアにエナメル銅線を巻き付けたトロイダル・コイルが採用されています．

● 電気特性

次にコイルの電気的な特性を確認してみます．

正弦波電圧をコイルの両端に印加したときにコイルに流れる電流は，コンデンサの基本を解説した3-0項**図4**とは逆に電圧変化に対して電流の変化が遅れます．逆にいえばコイルの電流に対して電圧の変化は進んでいると見ることができ，その位相差は90°になります．

さて，コイルにおいてもコンデンサと同じように，現実のコイルはすべての周波数に対して理想のインピーダンス特性とはなりません．コイルは銅線を巻いて作ります．巻き数が多くなると銅線長も増えるため，導体抵抗が増えていきます．コイルを巻くと，巻き始めと巻き終わりとの間には電位差を生じます．多数の銅線が近接して巻かれたコイルでは巻き線同士が狭い間隔で向かい合った電極を構成するので，小さなコンデンサがコイル全体に分布した形になります．結果と

してコイルの等価回路は**図4**のようになります．

実際のコイルのインピーダンス特性は，周波数が低い領域では直列抵抗R_sの値となり，中域ではコイルが本来もつインダクタンス成分によってインピーダンスは周波数に比例して大きくなり，高周波では浮遊容量がコンデンサとして働くのでインピーダンスは低下していきます（**図5**）．

等価回路とインピーダンス特性からわかるように，直流を含む周波数の低い領域ではコイルの導体抵抗が無視できない値となり，理想的なコイルのインピーダンス特性から離れていきます．そこで，実際のコイルが理想コイルにどれだけ近い性能であるかを示す指標として，次式に示すコイルのよさ「Q」が用いられます．

$$Q = \frac{\omega L}{R_s} = \frac{2\pi f L}{R_s}$$

ここでfはインピーダンスが最大となる周波数（コイル本来のインダクタンス成分に代わって浮遊容量が支配的になる周波数）で，Q値が大きいほど巻線抵抗が小さく損失の少ない理想コイルにより近いよいコイルといえます．

◆参考文献◆
(1) CQ出版社エレクトロニクス・セミナ「実習：アナログ・フィルタ回路設計」テキスト，CQ出版社．
(2) 実験キットで学ぶワイヤレス給電の基礎，グリーン・エレクトロニクスNo.19，CQ出版社．

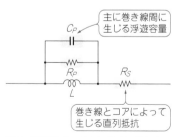

主に巻き線間に生じる浮遊容量　C_P

R_P

R_S

L

巻き線とコアによって生じる直列抵抗

図4　実際の「コイル」はインダクタンス成分だけじゃない
コイルの等価回路

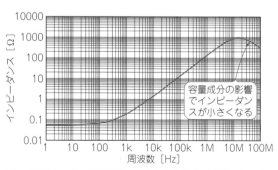

容量成分の影響でインピーダンスが小さくなる

図5　実際のコイルは高周波になると容量成分の影響でインピーダンスが小さくなる
CDRH10D43RNP-220MC（スミダ・コーポレーション）のインピーダンス特性

4-1 コイルの基本特性と電流・電圧・磁束の求め方

〈馬場 清太郎〉

● コイルとは

コイル(Coil)はインダクタ(Inductor)と呼ばれることもあります. パワー・エレクトロニクス関係ではリアクトルと呼ばれています.

コイルの原理的な構造は, 図1に示すように強磁性体のコア(磁芯と呼ばれる)に導線を巻き付けています. 式(1)に示すように, 磁性体の透磁率 μ が大きいほどインダクタンスが大きくなり, 同じ透磁率 μ なら導線の巻き数が多いほどインダクタンスが大きくなります. インダクタンスは巻き数の2乗に比例します.

図1(a)に示すような磁束がコア外に漏れ出さないコイルは閉磁路構造と呼びます.

図1(b)に示すような棒状コアや類似のドラム・コアもよく使用されています. このような磁束が空間に漏れ出す形状では, コア自体の透磁率が高くても, 実効 μ はそれほど大きくなりません. 図1(b)に示すような磁束がコア外に漏れ出すコイルは開磁路構造と呼びます.

● コイルの直流電流特性をおさえる

コンデンサには直流電圧を印加できますが, 理想的なコイルの抵抗はゼロなので直流電圧を印加できませ

ん. コイルには直流電流を印加します. つまり, コンデンサには直流電圧で充電するのに対し, コイルは直流電流で充電するわけです. コイルに直流電流を追加すると, コイルと鎖交する磁束 Φ が生じます. 図2にコンデンサの充電回路との対比でコイルの充電回路を示します. こうすると, 磁束 Φ とインダクタンス L もコンデンサに蓄えられる電荷 Q と容量 C との対比で理解しやすくなります.

図2に示したように, 生じた磁束 Φ [Wb] とインダクタンス L [H], 電流 I [A], コイル周囲の空間に蓄えられる電磁エネルギー W_m [J] の関係は,

$$\Phi = LI \cdots\cdots\cdots\cdots\cdots (2)$$

$$W_m = \frac{1}{2}LI^2 = \frac{1}{2}\Phi I \cdots\cdots\cdots (3)$$

となります. なお, 図1(a)のようなコイルでは, 磁束がコア内に留まるため, W_m はすべてコア内に蓄えられます. 図1(b)のようなコイルでは, W_m はコイル周囲の空間に蓄えられ, コア内に蓄えられるのは微量です.

● コイルの交流電流特性をおさえる

コイルに電流を流す前に, 電磁気学の基本法則である「ファラデーの法則」について触れておきます. 図3で「コイルに交流の外部磁束 $\phi(t)$ が鎖交したとき, コイルに誘起する起電力 $v_L(t)$ は磁束の変化を妨げる向きに生じる」というのがファラデーの法則です. これからこの起電力を「逆起電力」と呼びます. コイル

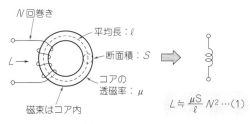

(a) トロイダル・コア

N回巻き
平均長:ℓ
断面積:S
コアの透磁率:μ
磁束はコア内

$$L \fallingdotseq \frac{\mu S}{\ell} N^2 \cdots (1)$$

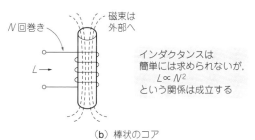

(b) 棒状のコア

N回巻き
磁束は外部へ

インダクタンスは簡単には求められないが, $L \propto N^2$ という関係は成立する

図1 コイルの形状

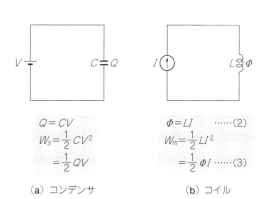

(a) コンデンサ

$$Q = CV$$
$$W_S = \frac{1}{2}CV^2$$
$$= \frac{1}{2}QV$$

(b) コイル

$$\Phi = LI \quad \cdots\cdots (2)$$
$$W_m = \frac{1}{2}LI^2$$
$$= \frac{1}{2}\Phi I \quad \cdots\cdots (3)$$

図2 コイルに直流電圧を加えたときの磁束とエネルギー

の巻き数をNとすると，逆起電力$v_L(t)$は以下の式で表されます．

$$v_L(t) = N \frac{d\phi(t)}{dt} \cdots\cdots\cdots\cdots\cdots (4)$$

これは重要な関係式です．

図4に，コイルに正弦波交流電流を加えて定常状態になったときのコイルに流れる電流$i(t)$と端子電圧$v_L(t)$の関係を示します．$i(t)$によりコイル自身と鎖交する磁束$\phi(t)$を生じます．コイルがN回巻かれていれば全鎖交磁束数は$\Phi(t) = N\phi(t)$です．$\Phi(t)$と$i(t)$の比例定数がLであることから，図中の式が導かれます．

定常状態では，電流に対して電圧は90°進みます．式(6)と式(7)を比較すると，「$j\omega$」は微分を表していて，「$j\omega$」をかけることと微分することは同じとわかります．また，「j」は位相が90°進んでいることを表しています．

式(6)と式(7)はオームの法則であり，$j\omega L$を誘導性インピーダンス，ωLを誘導性リアクタンスと呼びます．コンデンサは容量性リアクタンスでしたが，コイルは誘導性リアクタンスで，容量性とは符号が異なっています．誘導性リアクタンスは周波数に比例し，直流ではゼロ，高周波では無限大に近づくのは重要な性質です．

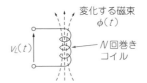

$\Phi(t) = N\phi(t)$より，
$$v_L(t) = \frac{dN\phi(t)}{dt} \cdots\cdots (4)$$
$v_L(t)$は$\phi(t)$の変化を妨げる方向に発生する

図3 磁束変化と電圧の関係を表すファラデーの法則

コイルは次のような特徴があります．

● コイルのインピーダンスは周波数が低くなるほど小さくなる
● コイルに正弦波交流電流を加え続けると，電流に対してコイルの端子電圧の位相は1/4周期（90°）進んでいる
● コイルに直流電流を加えると，蓄積される電磁エネルギーは電流の2乗に比例する

図5で，コイルに正弦波交流電流$i(t)$が流れているとき，コイルの全鎖交磁束を表す式(8)は，$\Phi(t)$と$i(t)$の比例定数がLなので次のようになります．

$$i(t) = I_m \sin \omega t$$
$$\Phi(t) = L I_m \sin \omega t \cdots\cdots\cdots\cdots\cdots (8)$$

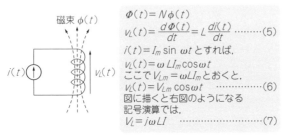

$\Phi(t) = N\phi(t)$
$$v_L(t) = \frac{d\Phi(t)}{dt} = L\frac{di(t)}{dt} \cdots\cdots (5)$$
$i(t) = I_m \sin \omega t$とすれば，
$$v_L(t) = \omega L I_m \cos \omega t$$
ここで$V_{Lm} = \omega L I_m$とおくと，
$$v_L(t) = V_{Lm} \cos \omega t \cdots\cdots (6)$$
図に描くと右図のようになる
記号演算では，
$$V_L = j\omega L I \cdots\cdots\cdots\cdots (7)$$

図4 コイルに交流電流を加えたときの電流と電圧

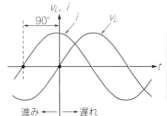

$v = 0$，$\omega t = 0$を基準にするとiはvよりも先に0になるので進んでいると考える

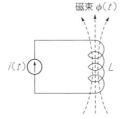

図5 コイルに交流電流を加えたときの磁束

4-2 コイルの種類とコア材料の選び方

〈馬場　清太郎〉

● テクニック…コイルを選ぶ

コイルの形状は使用しているコアの形状で決まります．大型のコイルではトランス用のEERコアに巻いたもの，大型のトロイダル・コアに巻いたものがあります．小型でリード線が出ているもので縦型のラジアル・リード形や抵抗と同じような形状の横型のアキシャル・リード形はドラム状コアに巻いたものが多いです．最近は面実装用のコイルが多く使われています．小型のコイルは，チップ抵抗やチップ・コンデンサと同じ形状をしています．

コイルは使用しているコアの材質によって，インダクタンスと電流の関係が変わります．小型コイルで使用されているドラム状フェライト・コアと大電流用のトロイダル・コアで使用されているダスト・コアで，最大電流値とインダクタンスが同一仕様の場合の概略の電流-インダクタンス特性を図1に示します．フェライト・コアは最大電流までのインダクタンス精度はよいが最大電流を超えると急激に飽和してインダクタンスが低下します．

ダスト・コアは電流の増加と共にインダクタンスは低下していきますが，最大電流を超えても急激な飽和は見られません．サージ電流が流れる可能性があるところには，ダスト・コアの使用が望ましいです．

ある程度正確なインダクタンス値が必要なLCフィルタなどに使用するときは，フェライト・コアか空芯のコイルの使用が望ましいです．面実装外形のコイルは，小電流ではフェライト・コアが多く，大電流ではダスト・コアも使用されています．面実装外形のコイルを使用するときは，データシートで電流-インダクタンス特性を確認します．空芯のコイルはコアの飽和が無いのですが，インダクタンスを大きくできないので，使用箇所が限られます．

● コイルの寄生インピーダンスと自己共振周波数

実際のコイルには，図2(a)に示すように直列に入る巻き線抵抗rと並列に入る浮遊容量C_Pの寄生インピーダンスがあります．その結果，インピーダンスの周波数特性は，図2(b)のようになります．コイルとして使えるのは図2(b)の共振周波数f_0以下であり，それ以上ではコンデンサとして動作します．ほとんどのコイルのデータシートにはf_0が自己共振周波数として載っています．コイルを使用するときは，必要な周波数帯域がデータシートに載っている自己共振周波数以下であることを確認することが重要です．

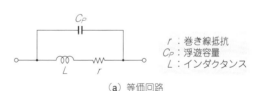

r：巻き線抵抗
C_P：浮遊容量
L：インダクタンス

(a) 等価回路

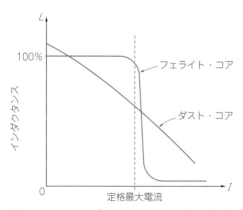

図1　コイルのインダクタンスはコアの種類や電流値によって変わる

コイル ← ｜ → コンデンサ

$$f_0 = \frac{1}{2\pi\sqrt{LC_P}}$$

(b) 周波数特性

図2　コイルは高い周波数ではコイルとして働かない

4-3 コイルの充電特性

〈馬場 清太郎〉

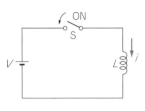

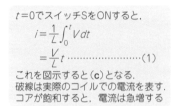

$t=0$でスイッチSをONすると，

$$i = \frac{1}{L}\int_0^t V\,dt$$

$$= \frac{V}{L}t \quad \cdots\cdots\cdots\cdots\cdots(1)$$

これを図示すると(c)となる．
破線は実際のコイルでの電流を表す．
コアが飽和すると，電流は急増する

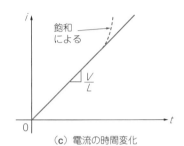

（a）充電回路　　　（b）電流の時間変化を式で表す　　　（c）電流の時間変化

図1　コイルの定電圧充電回路

● コイルの定電圧充電回路

　図1(a)に示す回路でコイルを$t=0$から充電し始めると，流れる電流iは図1(c)に示すようにコアが飽和するまで下式のように直線的に上昇します．

$$i = \frac{V}{L}t \quad \cdots\cdots\cdots\cdots\cdots\cdots\cdots\cdots\cdots(1)$$

　この式は単純な1次関数ですが，DC-DCコンバータの設計に多用する重要な式です．覚えておくとよいでしょう．

　この回路の問題は，スイッチをOFFして充電を停止するとき，逆起電力により高圧が発生することです．後述するDC-DCコンバータの回路を見ると巧妙に対策されていることがわかります．

● コイルのLR充電回路

　図2(a)に示す回路で初期電流$i=0$のコイルに，$t=0$でスイッチSをONして充電開始したとき，コイルに流れる電流は図2(b)のようになります．この電流はCR充電回路のコンデンサ端子電圧と相似の波形になります．図中の式(3)をCR充電回路と比較すると，LR充電回路の時定数τは以下のようになります．

$$\tau = \frac{L}{R} \quad \cdots\cdots\cdots\cdots\cdots\cdots\cdots\cdots\cdots(4)$$

● コイル充電回路の抵抗損失

　図2(a)の回路で充電完了したときに，コイルに蓄積される電磁エネルギーW_mは次式で表されます．

$$W_m = \frac{1}{2}LI^2 \quad \cdots\cdots\cdots\cdots\cdots\cdots\cdots(5)$$

$t=0$でスイッチSをONすると，

$$L\frac{di}{dt} + Ri = V$$

$$\therefore i = \frac{V}{R}\left(1 - e^{-\frac{R}{L}t}\right) \quad \cdots\cdots\cdots(2)$$

$\dfrac{V}{R} = I$とすると，

$$i = I\left(1 - e^{-\frac{R}{L}t}\right) \quad \cdots\cdots\cdots\cdots(3)$$

ここで時定数τは，

$$\tau = \frac{L}{R} \quad \cdots\cdots\cdots\cdots\cdots\cdots(4)$$

となり，

$$i = I\left(1 - e^{-\frac{t}{\tau}}\right) \quad \cdots\cdots\cdots\cdots(5)$$

これをi/Iで正規化して描くと(c)になる

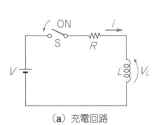

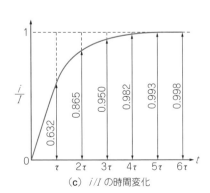

（a）充電回路　　　（b）電流の時間変化を式で表す　　　（c）i/Iの時間変化

図2　コイルのLR充電回路

では，充電完了までに抵抗 R で消費されるエネルギー W_R はどのくらいになるでしょうか．電流は一定値に近づいていくのに対して，充電完了は∞時間が必要なので，W_R も∞になってしまいます．

$W_R = I^2R \times$（充電完了時間：∞）→∞

コンデンサ充電回路のときと異なり，$W_m \ll W_R$ となることがわかります．

コイルを無損失で充電するには，定電流で充電するか，図1のように R を無視できるほど低くして，必要な電流になったら充電停止することが必要です．

電気2重層コンデンサを使用することで，簡単に長時間のエネルギー貯蔵ができます．しかし，コイルを使用して長時間のエネルギー貯蔵を行うには，抵抗分をゼロにする必要があり，超伝導コイルの使用が必須となります．大規模な冷却装置が必要となり，コイルを使用した簡単なエネルギーの貯蔵は難しいです．

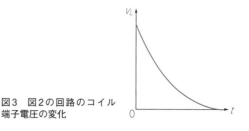

図3　図2の回路のコイル端子電圧の変化

● 実際の計算

図2の回路で初期電流 $i = 0$ のコイルに，$t = 0$ でスイッチSをONして充電したとき，コイルの端子電圧 $v_L = V - Ri = ve^{-\frac{t}{\tau}}$ は図3のように変化します．具体的に，$t = R/L$ になったとき，コイルの端子電圧 v_L を計算すると，$v_L = Ve^{-1}$ となり入力電圧の36.8％となります．

4-4 コイルの使い方

〈馬場 清太郎〉

● コイルの磁路

図1に示すのはコアに導線が巻かれたコイルの断面です．図1(a)を「開磁路コイル」と呼び，図1(b)を「閉磁路コイル」と呼びます．開磁路コイルをプリント基板に実装すると，図2に示すように周辺に磁束をまき散らします．周辺に敏感な小信号回路があると，磁束をノイズとして拾い誤動作する場合があります．

対策としては，開磁路コイルは小信号回路から遠ざけるか，周辺に磁束をまき散らさない閉磁路コイルに変更します．開磁路コイルは，自分から周辺に磁束をまき散らすばかりでなく，周辺に他の開磁路コイルがあるとその磁束を拾います．磁束が結合すると相互インダクタンスになり，開磁路コイルの自己インダクタンスが設計値から変動し，誤動作する場合もあります．小信号回路からばかりでなく，開磁路コイルどうしも遠ざけることが必要です．

● コイルの最大電流

コイルの最大電流は，巻き線の温度上昇の限度値か，飽和し始めてインダクタンスが低下を始めるところで規定されています．温度上昇の限度値であれば，電流実効値が最大電流を超えなければよいのですが，飽和し始めるところだと電流ピーク値が最大電流を超えないようにする必要があります．コイル・メーカでは直流で試験して規格を決めているため，実際の使用に当たっては，電流ピーク値が最大電流を超えないようにするのが一般的です．

● コイルのスイッチングとスナバ回路

コイルをスイッチングすると，逆起電力で大きなサ

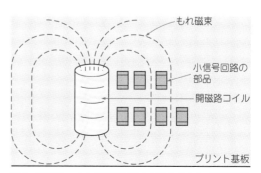

図2　開磁路コイルは周囲に磁束が発生するので周辺回路へ影響する

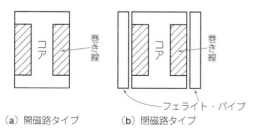

（a）開磁路タイプ　　　（b）閉磁路タイプ

図1　コイルは磁束の通る構造で分類できる

ージ電圧が発生します．サージ電圧によりトランジスタなどのスイッチング素子がブレークダウンし，信頼性の問題になります．サージ電圧をスイッチング素子の耐圧以下に抑えるのがスナバ回路です．例えばダイオード・スナバは，リレー・ドライブ回路でよく使用されています．

スナバ回路にはいろいろありますが，簡単な回路を図3に示します．サージ電圧を特定の電圧にクランプするのがクランパ回路で，例えばダイオード・スナバでは順方向電圧（$V_F ≒ 0.7\ \text{V}$）でクランプします．クランプ電圧が低いとOFF時間の遅れが長くなります．これを速くするには，ツェナー・ダイオード・スナバかRCDスナバにして，クランプ電圧を高くします．

リレーのようにインダクタンスがONのときとOFFのときで異なる場合は，RCDスナバは計算で定数が求めにくいので，カット・アンド・トライを繰り返します．

ダンパ回路は，LC共振の制動係数を大きなサージ電圧を発生する不足制動から臨界制動に近づけて，サージ電圧を抑えます．リレーのようにインダクタンスがONのときとOFFのときで異なる場合は，カット・アンド・トライで定数を求めます．

ダンパ回路で，LC共振の制動係数を臨界制動にす

ることも可能ですが，Rの損失が大きくなりすぎるため，不足制動でV_Cピーク値をトランジスタの耐圧以下にするのが一般的です．スイッチング頻度が低いときは，臨界制動にすると低ノイズになります．

● 使用するときの注意点

コイルをプリント基板に実装するときは，次のような注意点があります．

- 開磁路コイルは外部に磁束をまき散らすので，小信号回路から離す
- 閉磁路コイルは外部に漏れる磁束が少ないので，開磁路コイルよりも狭い間隔で実装できる
- 閉磁路コイルは外部の磁束は拾いにくいので，強磁界のところでも安心して使用できる

また，コイルを使用するときは次のようなことに注意します．

- コイルに流すピーク電流は，定格最大電流以下にする
- コイルをスイッチングするときは，逆起電力でスイッチング素子がブレークダウンしないようにスナバ回路を入れる
- スナバ回路にはクランパ回路とダンパ回路があり，ダンパ回路のほうが電圧変化が緩やかである

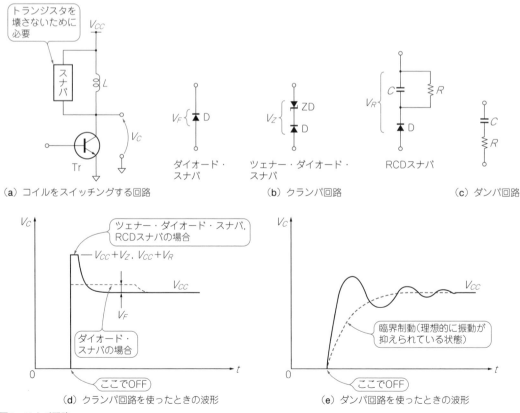

（a）コイルをスイッチングする回路　　（b）クランパ回路　　（c）ダンパ回路

（d）クランパ回路を使ったときの波形　　（e）ダンパ回路を使ったときの波形

図3　スナバ回路

4-5 *LC*ローパス・フィルタによる スイッチング・リプル除去

〈馬場 清太郎〉

● 要点

図1は，*LC*ローパス・フィルタです．ノイズ・フィルタとして，使われることが多いです．D級アンプの出力段にも使われます．カットオフ周波数f_Cは，図1の式(1)より約15.7 kHzです．500 Hzの方形波を基準として，その1/10(50 Hz)と10倍(5 kHz)の3つの周波数で±2 V$_{peak}$の方形波を入力し，応答を見ました．

● 実験

図2に周波数特性を示します．カットオフ周波数f_C≒15 kHzのときの入出力位相差は−90°となり，ほぼ計算どおりです．

● 磁束の漏れないコイルで作るのがコツ

目的に応じて図1の回路のカットオフ周波数f_Cと選択度Qを設定すれば，十分実用的になります．

コイル(インダクタ)は磁束が周辺に漏れないような閉磁路型を採用します．開磁路型を使用すると，磁束が他の回路に注入されて，思わぬ電磁結合で悩まされることがあります．

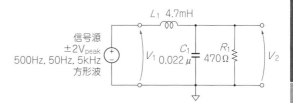

信号源 ±2V$_{peak}$ 500Hz, 50Hz, 5kHz 方形波

L_1 4.7mH, C_1 0.022μ, R_1 470Ω, V_1, V_2

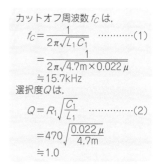

カットオフ周波数f_Cは，

$$f_C = \frac{1}{2\pi\sqrt{L_1 C_1}} \quad \cdots\cdots(1)$$
$$= \frac{1}{2\pi\sqrt{4.7m \times 0.022\mu}}$$
$$≒15.7 kHz$$

選択度Qは，

$$Q = R_1\sqrt{\frac{C_1}{L_1}} \quad \cdots\cdots(2)$$
$$= 470\sqrt{\frac{0.022\mu}{4.7m}}$$
$$≒1.0$$

図1 方形波を入力してフィルタリング効果を見る
カットオフ周波数f_Cは約15.65 kHz

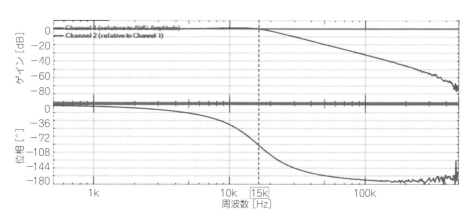

図2 実験…*LC*ローパス・フィルタの周波数特性
カットオフ周波数f_C≒15 kHzのとき，入出力位相差は−90°

4-6 LCバンドパス・フィルタで ほしい電波を得る

〈馬場 清太郎〉

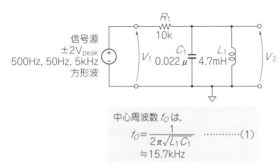

中心周波数 f_O は,

$$f_O = \frac{1}{2\pi\sqrt{L_1 C_1}} \quad \cdots\cdots (1)$$
$$\fallingdotseq 15.7\,\mathrm{kHz}$$

図1 特定の周波数成分を選択するようすを見る
中心周波数 f_O は約15kHz

● **要点**

図1は, LC バンドパス・フィルタです. 中心周波数 f_O は図1の式(1)に従って設定し, 選択度 Q は前項(4

-5項)の図1式(2)に従って抵抗 R_1 で設定します.

● **実験**

図2に周波数特性を示します. 中心周波数 $f_O \fallingdotseq$ 15kHzとなっており, 抵抗 R_1 を大きくしたため選択度 Q も大きくなっています.

ただし, その副作用として, 中心周波数 f_O でのレベル低下を招いています. 抵抗 R_1 を大きくすると, 選択度 Q は上昇し, 中心周波数 f_O でのレベルも上昇します.

● **磁束の漏れないコイルで作るのがコツ**

図1の回路で, 目的に応じて中心周波数 f_O と選択度 Q を設定すれば, この回路も十分実用的になります. コイル(インダクタ)はアンテナ兼用の場合, 閉磁路型の採用が多いです.

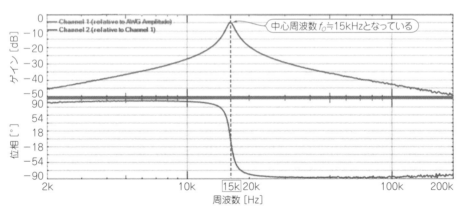

図2 実験…LCバンドパス・フィルタは特定の周波数成分を抽出する
抵抗 R_1 を大きくすると, 選択度 Q は上昇し, 中心周波数 f_O でのレベルも上昇する

4-7 *LC*ノッチ・フィルタによる スポット・ノイズ除去

〈馬場 清太郎〉

● 要点

図1は，*LC*ノッチ・フィルタです．中心周波数(ノッチ周波数)f_Oは**図1**の式(1)に従って設定し，選択度Qは前々項(4-5項)の**図1**式(2)に従って抵抗R_1により設定します．

● 実験

図2に周波数特性を示します．中心周波数(ノッチ周波数)$f_O \fallingdotseq 15\,\text{kHz}$となっており，計算どおりです．

ノッチの底が$-30\,\text{dB}$と大きいのは，コイルの直列抵抗が約$9\,\Omega$もあるためです．抵抗R_1を大きくすればノッチの底を小さくできますが，通過帯域の出力レベルが低下するため，実験は抵抗$R_1 = 470\,\Omega$で行いました．

● 磁束の漏れないコイルで作るのがコツ

数十kHz以上で特定周波数のノイズに悩まされて

いるとき，この回路の使用は非常に有用です．

目的に応じて中心周波数(ノッチ周波数)f_Oと選択度Qを設定します．コイル(インダクタ)は閉磁路型の採用が望ましいです．

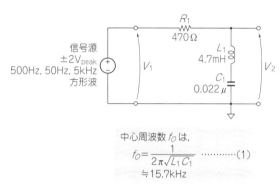

中心周波数 f_O は，
$$f_O = \frac{1}{2\pi\sqrt{L_1 C_1}} \quad \cdots\cdots (1)$$
$$\fallingdotseq 15.7\,\text{kHz}$$

図1 特定の周波数成分を除去できるようすを見る
中心周波数f_Oは約15 kHz

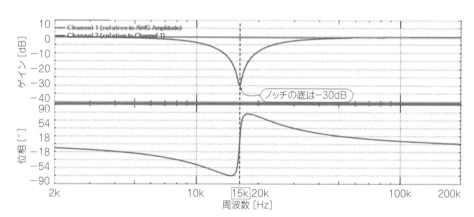

図2 実験…*LC*ノッチ・フィルタは特定の周波数成分を除去する
抵抗R_1を大きくすればノッチの底を小さくできるが，通過帯域の出力レベルが低下する

数MHzまで抵抗値一定の
広帯域な定抵抗回路

〈馬場 清太郎〉

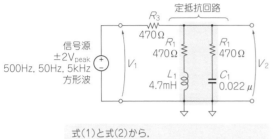

式(1)と式(2)から,
$R_1 = R_2 = 470\,\Omega$
$\dfrac{L_1}{C_1} = \dfrac{4.7\text{m}}{0.022\mu} = 462.2^2$
$\fallingdotseq 470^2\,\Omega$
となってR_1, R_2, C_1, L_1は定抵抗470Ωとなる

図1 電力用巻き線型の抵抗値を数MHzまで一定にキープする定抵抗回路

● 要点

図1は,定抵抗回路の実験です.図2に式(1)と式(2)を示します.

これらの式を満足すれば,図1の定数で抵抗R_1とR_2,容量C_1,インダクタL_1は周波数によらず定抵抗$R = 470\,\Omega$になるはずです.

● 実験

図3に周波数特性を示します.抵抗R_3とRによる分圧で出力電圧は入力電圧の1/2($=-6\,$dB)となっています.入出力位相差も1MHzまでほぼ0°になってい

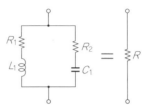

$R_1 = R_2 = R$ …(1)
とすると,
$\dfrac{L_1}{C_1} = R_2$ ………(2)
のとき回路インピーダンスは定抵抗 R となる

図2 定抵抗回路の応用例
巻き線抵抗の寄生インダクタンスを打ち消して数MHzまで定抵抗にする

ます.

周波数が高くなると,コイルの浮遊容量でインダクタンスが打ち消されます.抵抗値が実質的に低下するため,高周波まで定抵抗にするのは難しいです.

● テクニック…スパイク・ノイズを吸収

定抵抗回路の応用例を図2に示します.巻き線抵抗の寄生インダクタンスを打ち消して数MHzまで定抵抗にすることを目的にしています.

インダクタンスをスイッチングしたときに発生するスパイク・ノイズの低減にも使えます.このとき追加するCRは,CRスナバと呼ばれています.ただし式(2)を満足するようなCRにすると効率が著しく低下します.

スイッチング素子の耐圧を考慮しながら,定抵抗にしないで,ある程度のスパイク・ノイズを許しながらカット・アンド・トライでCRを決定するのが現実的です.

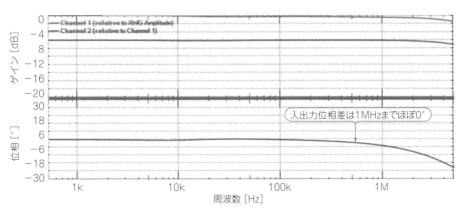

図3 実験…図1の回路は1MHzぐらいまで抵抗値が470Ω一定
出力電圧は入力電圧の1/2($=-6\,$dB),入出力位相差は1MHzまでほぼ0°

第5章

ダイオード回路で使えるテクニック

5-0 整流用ダイオードの基礎知識

〈梅前 尚〉

● いろいろな種類がある

整流素子であるダイオードは，電子回路には欠かせないデバイスの1つです．

実際にカタログを見てみると，いろいろな種類があります．「一般整流ダイオード」，「高速整流用ダイオード」，「ショットキー・バリア・ダイオード」といった分類がまずあるため，メーカのWebサイトで検索しようとしても個別のデータシートまでなかなかたどり着くことができません．

本稿では，特に最近注目を集めるパワー・エレクトロニクス向けのダイオードについて特徴を見ていきます．高速整流ダイオードの代表的な特性を図1，図2に示します．

● タイプ1：一般整流ダイオード

一般整流ダイオードは，標準的なPN接合を利用し

たその名の通り一般整流用途に用いられるものです．直流や50/60 Hzの商用周波数の整流に使用されます．

▶基本パラメータ

耐電圧（逆方向電圧：V_R）と定格電流（平均整流電流：I_O）が基本パラメータです．耐電圧は50 Vから1000 V程度まで幅広くラインアップされています．

▶重要パラメータ①：順方向電圧降下 V_F

ダイオードの特性を示す重要なパラメータの1つに順方向電圧降下（V_F）があります．一般整流ダイオードではV_Fは耐電圧や定格電流によって異なりますがだいたい0.6 V〜2.0 Vの間となります．

耐電圧が高いものほどV_Fは大きくなり，同じ電流であれば定格電流が大きいものほど小さくなります．

▶重要パラメータ②：逆回復時間 T_{rr}

もう1つ，ダイオードの重要な特性に逆回復時間T_{rr}があります．T_{rr}は，ダイオードが導通状態から，逆バイアスがかかって電流が遮断されるまでの時間のことで，T_{rr}が短いほど損失が少なくなります．

● T_{rr}がスイッチング電源で重要な理由

DC - DCコンバータなどのスイッチング電源では，数十kHzから数百kHzでON/OFFを繰り返すため，この発振周波数に十分ついていける高速の整流素子が必要となります．例えば100 kHzで発振しているスイッチング電源の場合，1サイクルは10 μsなので，デューティ比50 %とすると，ON時間，OFF時間とも半分の5 μsが上限です．

一般整流ダイオードは高周波回路の整流を目的としたものではないので，データシートにT_{rr}が規定されていないものがほとんどです．一般に1 μs〜十数 μs

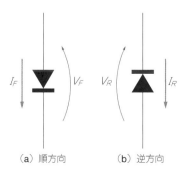

(a) 順方向   (b) 逆方向

図1 ダイオードと基本パラメータ

絶対最大定格

特記がない場合の条件は、$T_A = 25\ ℃$ です。

項目	記号	条件	定格	単位
ピーク非繰返し逆電圧	V_{RSM}		250	V
ピーク繰返し逆電圧	V_{RM}		200	V
平均順方向電流	$I_{F(AV)}$	図2，図3 参照	0.8	A
サージ順方向電流	I_{FSM}	10 ms 正弦波，半波，単発	25	A
I^2t 限界値	I^2t	$1\ ms \leq t \leq 10\ ms$	3.13	A²'s
接合部温度	T_J		-40 to 150	℃

常時加えることのできる最大電圧

ダイオードに流せる電流．波形や温度でディレーティングが必要

起動時などに流すことのできるピーク電流

（a）絶対最大定格

電気的特性

特記がない場合の条件は、$T_A = 25\ ℃$ です。

項目	記号	条件	Min.	Typ.	Max.	単位
順方向降下電圧	V_F	$T_J = 25\ ℃$，$I_F = 0.8\ A$	—	—	1.3	V
		$T_J = 100\ ℃$，$I_F = 0.8\ A$	—	0.8	—	V
逆方向漏れ電流	I_R	$V_R = V_{RM}$	—	—	10	μA
高温逆方向漏れ電流	$H \cdot I_R$	$V_R = V_{RM}$，$T_J = 100\ ℃$	—	—	250	μA
逆方向回復時間	t_{rr1}	$I_F = I_{RP} = 10\ mA$，90%回復点，$T_J = 25\ ℃$	—	—	400	ns
	t_{rr2}	$I_F = 10\ mA$，$I_{RP} = 20\ mA$，75%回復点，$T_J = 25\ ℃$	—	—	180	ns

ダイオードが導通しているときの電圧降下の値

ダイオードが遮断しているときに逆方向に流れる電流

導通している状態から逆バイアスをかけて電流が流れなくなるまでの時間の最大値

図2 高速整流用ダイオードの代表的な特性
AU02Z（サンケン電気）データシートより抜粋

（b）電気的特性

と長く，100 kHzでスイッチングしている回路では電流を完全に遮断する前に次の導通期間に入ってしまい，電流が常に流れ続ける状態となってしまうのでスイッチング電源の整流素子として使用することはできません（**図3**）．

1S4148のような小信号ダイオードは，数nsとスイッチング周期に対して十分短い逆回復時間を有しますが，定格電流が100 mA～1 Aとスイッチング電源に搭載するにはパワー不足です．そこでスイッチング電源には，ファースト・リカバリ・ダイオード（FRD）やショットキー・バリア・ダイオード（SBD）と呼ばれる高速整流素子が使われます．

● **タイプ2：ファースト・リカバリ・ダイオードFRD**

ファースト・リカバリ・ダイオードは一般整流ダイオードと同じPN接合による整流素子ですが，半導体に重金属を配合するなどしてT_{rr}を改善し，高周波整流に適したダイオードです．T_{rr}は20 ns～200 nsと格段に短くなっています．

耐電圧は100 V～1000 Vと一般整流ダイオードとほぼ同じレンジでラインアップがそろっています．V_Fは0.9 V～3.0 Vとやや高い傾向にあります．

● **タイプ3：ショットキー・バリア・ダイオードSBD**

ショットキー・バリア・ダイオードは，半導体と金属との接合面で起こるショットキー障壁を利用したダイオードです．理論上T_{rr}は発生せず，V_Fも0.4 V～1.0 VとFRDの1/2以下で，より高速整流に向いています．

しかしSBDも万能ではなく，耐電圧の上限は200 V程度しかありません．90 Vを超えるとV_FがFRDと大差ない値となるので実用範囲はせいぜい50 V程度が上限となります．

また逆電流が他のダイオードと比較して大きいという欠点があり，逆バイアスが加わった状態で1 μA～数百 μAのオーダで漏れ電流を生じます．通常は逆電流が大きな問題になることはありませんが，高温環境下では逆電流が急激に増加し，これにともなう損失の増加でさらに温度が上がって加速度的に逆電流が増えるという熱暴走を生じることがあります．SBDが高温にならないよう定格に十分余裕をもって使用する必要があります．

一般整流ダイオードとFRD，SBDの電気的特性を**表1**に示します．高速整流回路におけるFRDとSBDの使い分けは，簡単にいえば耐電圧と順方向電圧降下で決まります．

● **タイプ4：耐電圧を向上したSiC SBD等**

近年，数百Wを超える大電力のスイッチング電源やエアコン，kWオーダのインバータなどの用途では，

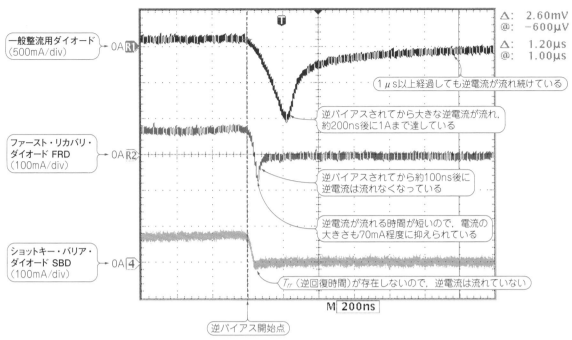

一般整流用ダイオード
（500mA/div）　→　0A R1

ファースト・リカバリ・
ダイオード FRD
（100mA/div）　→　0A R2

ショットキー・バリア・
ダイオード SBD
（100mA/div）　→　0A 4

Δ: 2.60mV
@: −600μV

Δ: 1.20μs
@: 1.00μs

1μs以上経過しても逆電流が流れ続けている

逆バイアスされてから大きな逆電流が流れ，
約200ns後に1Aまで達している

逆バイアスされてから約100ns後に
逆電流は流れなくなっている

逆電流が流れる時間が短いので，電流の
大きさも70mA程度に抑えられている

T_{rr}（逆回復時間）が存在しないので，逆電流は流れていない

M 200ns

逆バイアス開始点

図3　ダイオードにはいろいろな種類がありON/OFFの応答時間がそれぞれ違う
周期的にON/OFFを繰り返すスイッチング電源にはFRDやSBDといった高速タイプが使われる

表1　スイッチング電源などの高速整流回路におけるFRDと SBDの使い分け

FRDは高電圧を扱う
回路にも使用できる

一般整流ダイオードのT_{rr}は桁違いに
遅く，スイッチング電源には使えない

タイプ	電圧範囲 [V]	順方向 電圧降下 V_F [V]	逆回復時間 T_{rr}
一般整流 ダイオード	100 ～ 1000	0.6 ～ 2	4 ～ 12μs
ファースト・ リカバリ・ ダイオード (FRD)	100 ～ 1000	0.9 ～ 3	20 ～ 200ns
ショットキー・ バリア・ ダイオード (SBD)	20 ～ 200	0.4 ～ 1	—

SBDのV_Fは
他と比べて低
く，導通損を
小さくできる

SBDは原理的にT_{rr}が存在しないの
でスイッチング損失はほとんどない
（ただし配線のインダクタンスや周
辺部品の影響でゼロにはならない）

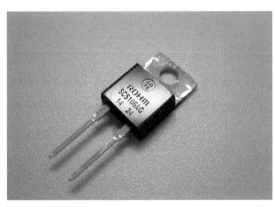

写真1　パワエレでは効率を上げるために新素材の整流素子 （ダイオード）の開発が活発
SiC SBD（SCS106A，ローム）

効率を高められる新素材のダイオードの開発が活発で
す．この中でパワー・エレクトロニクスに採用されは
じめた整流素子としてSiC（シリコン・カーバイド）を
使ったSBDがあります（**写真1**）．

　通常のSBDと異なり，金属ではなく炭素と半導体
との接合によって整流しています．耐電圧は600Vや
1200VとFRDに匹敵する定格をもち，それでいてT_{rr}
がほとんど発生しません．SBDの特性を有したパワ

ー・エレクトロニクス界では注目のダイオードです．

　ネット通販や市中のパーツショップで購入が可能で
すが，まだ品種が少なく高価なのが難点です．しかし，
SiC接合の技術はパワーMOSFETにも応用されてお
り，すでにパワー・エレクトロニクスの分野では低損
失のスイッチング・デバイスとして重要な役割を果た
しています．

◆参考文献◆
(1) グッドアンサ50！ 電子回路の達人 電源回路，トランジス
タ技術，2016年5月号，CQ出版社．
(2) SiCパワーデバイス・モジュールアプリケーションノート，
ローム．

5-1 ダイオードの種類と整流性能

〈馬場 清太郎〉

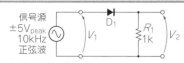

図1 実験…ダイオードのキモである「切れの良さ」を調べる
小信号高速スイッチング用(No.1)と電力用ダイオード(それ以外)で実験する

実験に使用したダイオード

No.	型名	電流	耐圧	用途
1	1SS120	150mA	60V	高速スイッチング
2	10ERB20	1A	200V	高速整流
3	11EQS04	1A	40V	ショットキー・バリア
4	S3V60	2.6A	600V	一般整流

● 要点

図1の回路で，各種ダイオードの整流特性を確認します．使用したダイオードは平均整流電流が数 100 mA 以下の小信号高速スイッチング用が1種類で，他はすべて平均整流電流が1 A 以上の電力用です．これらはすべて筆者の手元にあったものですが，高速ス イッチング用以外は簡単に入手できます．同じ用途であれば他のダイオードでもかまいません．

リード挿入型で日本製の高速スイッチング用ダイオードは，汎用小信号トランジスタと同じく入手が非常に難しくなっています．面実装型を用いれば，日本製の高速スイッチング用ダイオードの使用が可能ですが，ブレッドボードでの実験にはリード挿入型である米国製の高速スイッチング用ダイオード1N4148をすすめます．

実験結果を図2に示します．一般整流用 [図2(d)] 以外のダイオードは，ほとんど同じ特性に見えますが，細かく見るとショットキー・バリア・ダイオード [図2(c)] の順方向電圧 V_F は，他のダイオード(0.6 V 〜 0.7 V)よりも小さい(0.2 V)ことがわかります．

ショットキー・バリア・ダイオードの優位点は，他のPN接合ダイオードに比べて順方向電圧 V_A が低いことですが，逆方向時の漏れ電流が大きいという欠点があります．

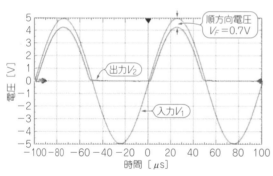

（a）小信号高速スイッチング用(1SS120)

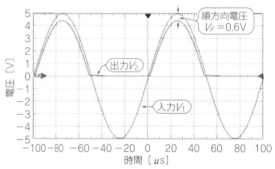

（b）高速整流用(10ERB20)

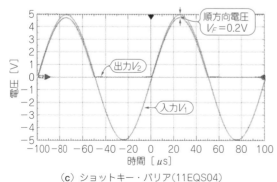

（c）ショットキー・バリア(11EQS04)

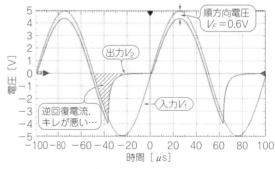

（d）一般整流用(S3V60)

図2 実験…ダイオードの整流特性(10 kHz を入力)
一般整流用以外のダイオードは，ほとんど同じ特性に見えるが，細かく見るとショットキー・バリア・ダイオードの順方向電圧 V_F は，他のダイオードよりも小さい

● テクニック…逆方向に流れる電流が損失の大きな要因になることも

　ショットキー・バリア・ダイオードを使用して実際に整流回路を組んだときの損失は，順方向電圧V_Aによる損失よりも，逆方向の漏れ電流による損失が大きい場合があります．特に周囲温度が高いときに顕著に表れるため，電源回路を設計するときには注意しましょう．

　図2(d)からわかるように，一般整流用ダイオードは，逆方向電圧を印加しても約30 μs間は電流を阻止できません．この時間を逆回復時間(リバース・リカバリ時間：t_{rr})と呼びます．50 Hz/60 Hzの商用周波数よりも高い周波数で使用するとき問題になります．

　小信号回路では，一般に高速スイッチング用ダイオードを使用します．一般に電力用ダイオードは，小信号用ダイオードに比べて接合間容量と漏れ電流が大きく，形状も大きいため扱いにくいです．

　手持ちの都合で小信号回路に電力用ダイオードを使う場合は，問題がないか，回路を組んで実験で確認しましょう．

5-2 ダイオード整流回路をつかむ

〈馬場 清太郎〉

● 要点

　図1(a)は半波整流回路1です．直流分を阻止するため，容量C_1と抵抗R_1によるAC結合回路を入力側に置いていますが，信号源に直流成分がなければ不要です．

　図1(b)は半波整流回路2です．直流分を阻止するための容量C_1が平滑コンデンサと共用されています．

　図1(c)は倍電圧整流回路です．直流分を阻止するための容量C_1が平滑コンデンサと共用されています．

　図2は，半波整流回路1の入出力特性です．出力電圧は入力電圧のピーク値よりも順方向電圧V_F分(約0.5 V)低く，リプルが少し大きくなっています．図3は，半波整流回路1の入力信号をONしたときの応答特性で，出力信号の応答時間は約30 msです．

　半波整流回路1は，リプルと応答時間が大きいという欠点があるため，信号源に直流成分がなく容量C_1と抵抗R_1が省略できるとき以外は使用されません．

　図4は，半波整流回路2の入出力特性です．図2と比べると，出力電圧は同様に入力電圧のピーク値よりもV_F分(約0.5 V)低くなっていますが，リプルは大幅に小さくなっています．図5は，半波整流回路2の応答特性です．応答時間が約25 msと図3よりも速くなっています．

　図6は，倍電圧整流回路の入出力特性です．出力電圧(約7 V)は入力電圧のピーク値(4 V)の2倍よりも$2V_F$分(約1.2 V)低くなっていて，リプルは小さいです．図7は，倍電圧整流回路の応答特性です．応答時間が約20 msと半波整流回路よりも短くなっています．

　リプルが大きいと，コンパレータでの検出やA-Dコンバータでの変換時に誤差が発生します．応答時間は，要求仕様によりますので，最適な回路を使い分けましょう．

● テクニック…高周波信号のレベル測定や重要…信号の欠落検知

　図8は，検波/整流回路の応用例です．

　図8(a)は，システムに多大な悪影響を及ぼす信号の有無を検出し，マイコンで異常処理をさせるための回路です．

　図8(b)は信号レベル検出/測定回路です．ダイオードは温度特性をもっているため順方向電圧V_Fが温度により変化し，測定値も変化します．マイコンで温度を測定しながら図8(b)の回路を使用すると，簡単に温度補正ができます．また，入力電圧が低いときの入出力特性は直線的にはなりませんが(おおむね2乗特性となる)，これも試作時に校正しておけば±数%以内の精度でレベル測定できます．

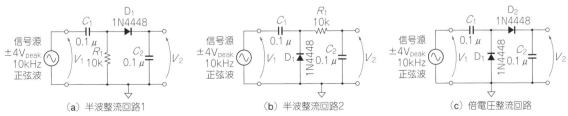

図1　ダイオード整流回路のリプルと応答時間を調べる(1N4448：オン・セミコンダクター)

（a）半波整流回路1　　　（b）半波整流回路2　　　（c）倍電圧整流回路

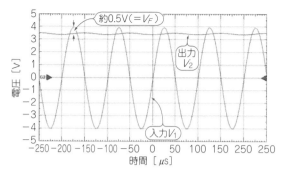

図2　実験…半波整流回路1の入出力特性
出力電圧は入力電圧のピーク値よりもV_F分（約0.5 V）低く，リプルが少し大きい

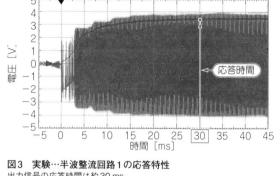

図3　実験…半波整流回路1の応答特性
出力信号の応答時間は約30 ms

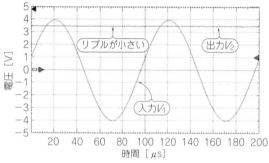

図4　半波整流回路2の入出力特性
半波整流回路1と比べると，リプルは大幅に小さくなっている

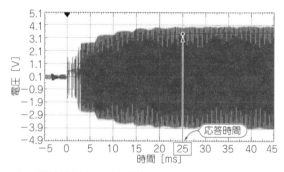

図5　半波整流回路2の応答特性
出力信号の応答時間は約25 ms

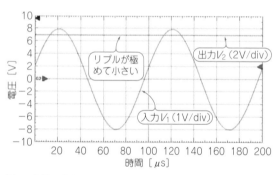

図6　倍電圧整流回路の入出力特性
出力電圧（7 V）は入力電圧のピーク値（4 V）の2倍よりも$2V_F$分（約1.2 V）低く，リプルも小さい

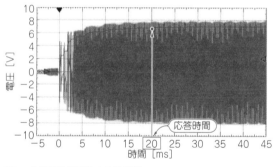

図7　倍電圧整流回路の応答特性
出力信号の応答時間は約20 ms

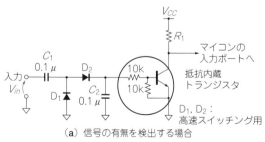

（a）信号の有無を検出する場合

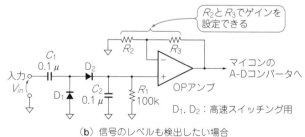

（b）信号のレベルも検出したい場合

図8　信号を検知する回路

5-3 ダイオードによる OR回路とAND回路

〈馬場 清太郎〉

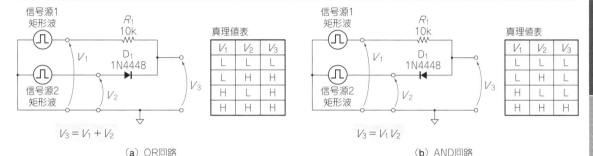

図1 ダイオードで作るOR回路とAND回路の入出力特性を調べる（1N4448：オン・セミコンダクター）

(a) OR回路

(b) AND回路

● 要点

図1は，ダイオードと抵抗による論理回路です．図1(a)がOR回路で，図1(b)がAND回路です．図2(a)にOR回路の入出力特性を示します．入力電圧 V_1, V_2 と出力電圧 V_3 の関係は，図1(a)に示した真理値表に

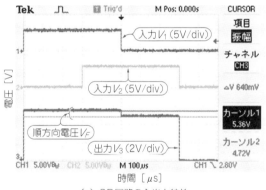

(a) OR回路の入出力特性

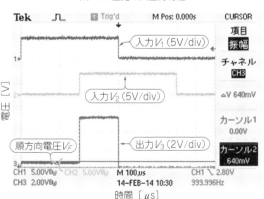

(b) AND回路の入出力特性

図2 実験…ダイオードによる論理回路の入出力特性
論理によっては，OR回路はHレベルが V_F 分低く，AND回路はLレベルが V_F 分高くなる

従っています．図1(a)の式は論理式で，V_1, V_2, V_3 とも値はH(1)かL(0)のどちらかになります．問題は，$V_1 =$ "L"，$V_2 =$ "H" のときの V_3 の値で，$V_1 =$ "H" のときよりもHレベルが V_F 分だけ低くなっていることです．

図2(b)にAND回路の入出力特性を示します．入力電圧 V_1, V_2 と出力電圧 V_3 の関係は，図1(b)に示した真理値表に従っています．図1(b)の式は論理式で，V_1, V_2, V_3 とも値はH(1)かL(0)のどちらかになります．問題は，$V_1 =$ "H"，$V_2 =$ "L" のときの V_3 の値で，$V_1 =$ "L" のときよりもLレベルが V_F 分だけ高くなっていることです．

● テクニック…入力電圧が高いときのレベル変換に

論理回路の入力電圧が12 Vや24 Vと高いとき，図1の回路を次のように変更すると，レベル変換が簡単です．
● 入力電圧を抵抗内蔵トランジスタで受ける
● プルアップ抵抗を論理回路の電源(5 V以下)に接続
さらに，抵抗内蔵トランジスタの入力にコンデンサを並列に入れるか，ツェナー・ダイオードを直列に入れることで，耐ノイズ性が向上します．

● テクニック…あと1個入力がほしい…

図3(a)は，ORゲートまたはNORゲートで，入力数が不足したときの拡張方法です．CMOSゲートICを使用すると，順方向電圧 V_F 分のHレベル低下は問題ありませんが，信号をゲートに直接入力する場合に比べて，抵抗 R_1 かダイオード D_n を通過するため，寄生/浮遊容量の影響で応答時間が遅くなります．拡張した入力には低速信号を入れましょう．図3(b)は，ANDゲートまたはNANDゲートで，入力数が不足したときの拡張方法です．CMOSゲートICを使用する

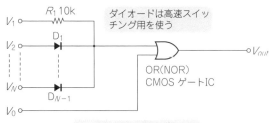

ダイオードは高速スイッチング用を使う

$$V_{out} = V_0 + V_1 + V_2 + \cdots + V_N$$

(a) ORゲートまたはNORゲートの場合

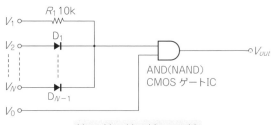

$$V_{out} = V_0 \times V_1 \times V_2 \times \cdots \times V_N$$

(b) ANDゲートまたはNANDゲートの場合

図3 入力数が不足したときの拡張方法
拡張した入力は，抵抗またはダイオードを通過するため，寄生／浮遊容量の影響で応答時間がおそくなる．低速信号を入力しよう

と，順方向電圧 V_F 分のLレベル上昇は問題ありませんが，信号を直接ゲートに入力する場合に比べて，応答時間が遅くなります．拡張した入力には低速信号を入れましょう．

5-4 温度が上がっても大丈夫な LED 回路

〈馬場 清太郎〉

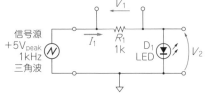

$I_1 = \dfrac{V_1}{R_1}$ より，1mA/1Vで換算可能

図1 LEDの順方向電圧と電流の関係を調べる
ゆっくりと変化する $+5\,V_{peak}$ の三角波を入力する

● 要点

図1は，LED点灯回路です．周波数1kHzで $+5\,V_{peak}$ の三角波を入力したときのLEDの電圧-電流特性を確認します．

図2にLEDの電圧・電流特性を示します．実験に使用したLED（橙色）はアノード-カソード間電圧が1.6Vに達すると電流が流れ出し，3mAのとき1.8Vになります．

● テクニック…LEDの電流制限抵抗は最高温度のときの電流が最大定格以下になるように選ぶ

実験結果を元に，図3に示した手順に従ってLED

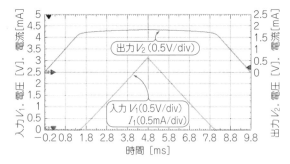

図2 実験…LEDの電圧-電流特性
アノード-カソード間電圧1.6Vから電流が流れ出す

点灯回路を設計します．注意すべき点は，LEDもダイオードなので，温度による順方向電圧 V_F の変動があることです．

順方向電圧 V_F の温度係数は概略 $-2\,mV/\℃$ です．抵抗 R_1 は，ジャンクション温度が最高のときにアノード電流 I_F が絶対最大定格に対し十分な余裕を持つ値にしましょう．

図3 LED点灯回路の設計方法
LEDもダイオードなので，温度による順方向電圧 V_F の変動があることに注意

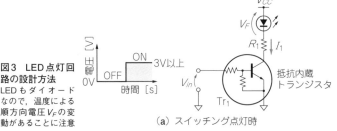

抵抗内蔵トランジスタ

(a) スイッチング点灯時

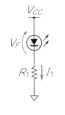

(b) 常時点灯時

・I_1 を決定する．
・I_1 を流したときの順方向電圧 V_F を次の式で求める

$$R_1 = \frac{V_{CC} - V_F}{I_1} \cdots\cdots(1)$$

(c) 抵抗 R_1 の求め方

5-5 大きい信号を入力しても大丈夫な クランプ回路

〈馬場 清太郎〉

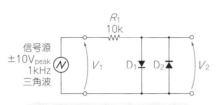

図1 過大な入力信号のレベルを クッと抑え込むクランプ回路
4種類のダイオードを使用し，クラ ンプ特性を確認する

D₁，D₂は，
① 1SS120（高速スイッチング用）
② 11EQS04（ショットキー・バリア）
の2種で実験

（a）小信号高速スイッチング用ダイオードと電 力用ショットキー・バリア・ダイオードを使用

ZD₁，ZD₂は，
① 2Vツェナー・ダイオード
② 5Vツェナー・ダイオード
の2種で実験

（b）2V/5Vツェナー・ダイオードを使用

● 要点

図1(a)は，小信号高速スイッチング用ダイオード と電力用ショットキー・バリア・ダイオードを使用し たクランプ回路です．図1(b)は2V/5Vツェナー・ダ イオードを使用したクランプ回路です．

小信号高速スイッチング用ダイオードのクランプ特

性を図2(a)，電力用ショットキー・バリア・ダイオ ードのクランプ特性を図2(b)に示します．

高速スイッチング用ダイオードのクランプ電圧は 0.61 V（= V_F），電力用ショットキー・バリア・ダイ オードのクランプ電圧は0.21 V（= V_F）です．

2Vツェナー・ダイオードのクランプ特性を図2(c)，

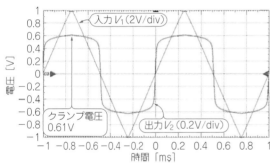

（a）小信号高速スイッチング用ダイオード（1SS120）

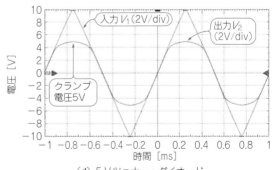

（b）電力用ショットキー・バリア・ダイオード（11EQS04）

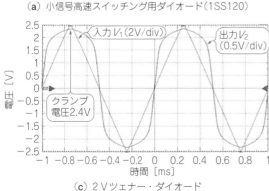

（c）2Vツェナー・ダイオード

（d）5Vツェナー・ダイオード

図2 実験…ダイオードのクランプ特性
クランプ電圧は，高速スイッチング用ダイオードが0.61 V，電力用ショットキー・バリア・ダイオードが0.21 V，2Vツェナー・ダイオードが2.4 V， 5Vツェナー・ダイオードが5Vである

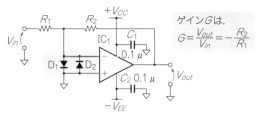

（a）反転アンプの入力部を保護する回路

$$G = \frac{V_{out}}{V_{in}} = -\frac{R_2}{R_1}$$

ゲインGは，

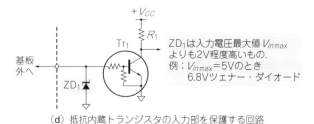

（c）ロジックICまたはマイコン入力ポートの入力部を保護する回路

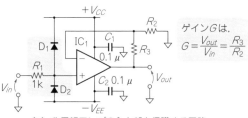

ゲインGは，

$$G = \frac{V_{out}}{V_{in}} = \frac{R_3}{R_2}$$

（b）非反転アンプの入力部を保護する回路

ZD_1は入力電圧最大値$V_{in max}$よりも2V程度高いもの.
例：$V_{in max}=5V$のとき
6.8Vツェナー・ダイオード

（d）抵抗内蔵トランジスタの入力部を保護する回路

図3 クランプ回路の実用例
抵抗内蔵トランジスタの内蔵抵抗は静電気に非常に弱く，保護回路がないと静電気放電試験で故障することが多い．D_1，D_2は高速スイッチング用ダイオード，IC_1はOPアンプ，IC_2はロジックICまたはマイコン

5Vツェナー・ダイオードのクランプ特性を**図2(d)**に示します．

● **テクニック…アナログICやロジックICをバッチリ保護する**

図3に，クランプ回路を入力保護回路として用いた応用例を示します．

図3(a)はOPアンプ反転増幅回路の入力保護回路です．高速スイッチング用ダイオード2個で簡単に保護できます．

図3(b)はOPアンプ非反転増幅回路の入力保護回路です．高速スイッチング用ダイオード2個と直列抵抗で保護します．

図3(c)はロジックICまたはマイコン入力ポートの入力保護回路です．ショットキー・バリア・ダイオードまたは高速スイッチング用ダイオード2個で保護します．

図3(d)は抵抗内蔵トランジスタ（デジトラと呼ぶことがある）の入力保護回路です．ツェナー・ダイオードを用いて保護します．抵抗内蔵トランジスタの内蔵抵抗は静電気に非常に弱く，保護回路がないと静電気放電試験で故障することが多いです．

図4にクランプ回路を出力保護回路として用いた応用例を示します．

図4(a)はOPアンプの出力保護回路です．高速スイッチング用ダイオード2個と直列抵抗で保護します．

図4(b)はロジックICの出力保護回路です．高速スイッチング用ダイオード2個と直列抵抗で保護します．直列抵抗の値は出力ケーブルの特性インピーダンスを考慮して，伝送波形の乱れが少なくなるように設定します．

ショットキー・バリア・ダイオードによるクランプ回路を入出力保護に使用すると，クランプ電圧が低くて安心です．しかし，アノード-カソード間容量（数百pF以上）と漏れ電流（150℃のとき10Vで約10mA）が大きいため，低インピーダンスの回路で使用しましょう．また，ツェナー・ダイオードは，切れが良くないので，保護回路以外では使いにくいです．

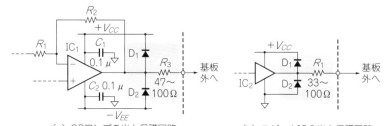

（a）OPアンプの出力保護回路　　　　（b）ロジックICの出力保護回路
D_1, D_2：高速スイッチング・ダイオード，IC_1：OPアンプ，IC_2：バス・バッファIC

図4 ICの出力部を保護する回路
直列抵抗の値は出力ケーブルの特性インピーダンスを考慮する

5-6 理想ダイオードを作る①…非反転

〈馬場 清太郎〉

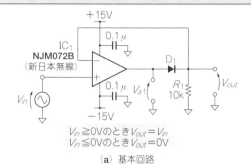

$V_{in} \geqq 0V$のとき$V_{out} = V_{in}$
$V_{in} \leqq 0V$のとき$V_{out} = 0V$

(a) 基本回路

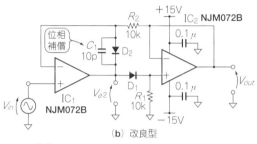

(b) 改良型

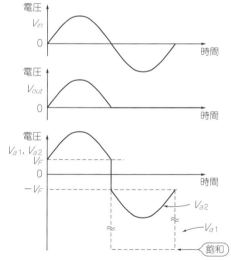

(c) 各部の波形

図1 非反転型理想ダイオード回路

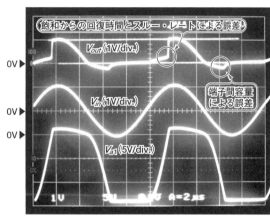

(a) 基本回路[1SS120使用, 図1(a)]

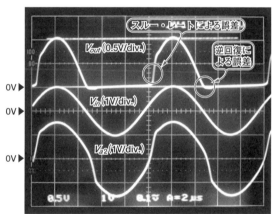

(b) 改良型[1SS120使用, 図1(b)]

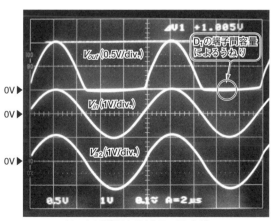

(c) 改良型[1SS108使用, 図1(b)]

写真1 非反転型理想ダイオード回路の動作波形($2\,\mu$s/div.)

● 理想ダイオード回路とは

　ダイオードを使った整流回路や検波回路は，順方向電圧の温度特性が約$-2\,$mV/℃と大きく，電圧-電流特性も直線的ではありません．

　そこで，ダイオードを負帰還回路に入れて理想的な特性に近づけたのが理想ダイオード回路です．ただし，逆回復特性は補償できないので，逆回復特性の優れた

ダイオードを使うことが高速化の鍵になっています.

● テクニック…非反転理想ダイオード回路

図1(a)に非反転理想ダイオード回路を示します.

非反転増幅回路の負帰還ループにダイオードを入れて,順方向電圧V_Fを補償しています.その程度は,$V_F = 0.6$ V,直流ループ・ゲインを100 dBとすると,出力直流電圧誤差は6 μVとなり,無視できる値です.

▶ OPアンプが飽和する

図1(a)に示す回路は,負の半サイクル期間に,OPアンプの出力が内部で飽和して,飽和からの回復時間の影響で大幅に応答が遅れます.しかも,飽和レベルから正の出力電圧までの応答時間がスルー・レートで制限されて,さらに遅れます.逆回復特性の影響と相まって出力波形の乱れが大きくなります.この回路は,直流から低周波にしか使用できません.

● テクニック…OPアンプが飽和しない回路

図1(b)に,OPアンプを飽和させない非反転理想ダイオード回路を示します.

図1(a)の回路にバッファ・アンプを追加して出力インピーダンスを下げ,OPアンプ IC$_1$に常に負帰還がかかるようにしたものです.

この回路は,ダイオードD$_2$によってIC$_1$の出力を入力電圧の$-V_F$にクランプしますから,SBDを使用すれば,逆漏れ電流の影響も低減されます.

この回路は「知らずに作る微分回路」の一種なので不安定です.したがって,必ず位相補償用コンデンサC_1を入れて,安定に動作することを確認しておきます.

非反転理想ダイオード回路の出力を逆極性にするには,ダイオードD$_1$とD$_2$の極性を反転させます.

● 実験で動作を見てみよう

図1(a)と図1(b)に示す回路を実際に試作して動作させてみました.結果を写真1に示します.

図1(a)の出力波形[写真1(a)]には前述の欠点がそのまま現れています.

図1(b)の出力波形[写真1(b)]を見ると,欠点がだいぶ解消されています.ゼロ・クロス点のV_F(約0.7 V)を高速に補償するために,OPアンプの能力(スルー・レート)をめいっぱい使っても補償しきれていません.このことから,OPアンプICには,必要周波数に応じた高速OPアンプが必要です.

ダイオードをSBDに代えた写真1(c)の波形はほぼ理想的ですが,$R_1 = 10$ kΩではD$_1$の端子間容量の影響によって,0Vラインが少しうねっています.

5-7 理想ダイオードを作る②…反転

〈馬場 清太郎〉

● テクニック…反転理想ダイオード回路

図1に反転型の理想ダイオード回路を示します。反転増幅回路の負帰還ループにダイオードを入れて順方向特性を補償しています。

この回路は，非反転理想ダイオード回路と異なり，同時に逆極性の出力も得られます。

● 動作

図1に示す回路を実際に試作して動作させてみました。結果を写真1に示します。

写真1(a)を見ると，OPアンプのスルー・レートの影響と逆回復特性の影響が出ています。ダイオードをSBDに代えると［写真1(b)］，端子間容量の影響を除きほぼ理想的な波形になっています。

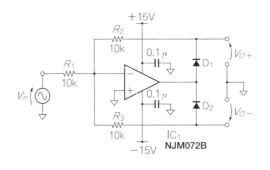

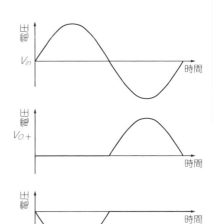

- $V_{in} \leqq 0V$のとき
  $V_{O+} = -V_{in}$
  $V_{O-} = 0V$
- $V_{in} \geqq 0V$のとき
  $V_{O+} = 0V$
  $V_{O-} = -V_{in}$

図1　反転理想ダイオード回路

(a) 回路

(b) 各部の波形

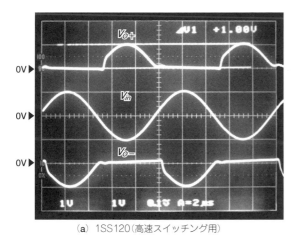
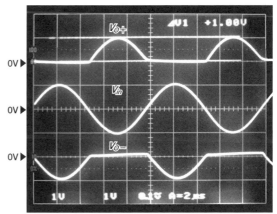

(a) 1SS120(高速スイッチング用)

(b) 1SS108(高速スイッチング用SBD)

写真1　反転型理想ダイオード回路の動作波形(1V/div., 2μs/div.)

理想ダイオードを応用した絶対値回路

〈馬場 清太郎〉

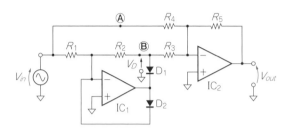

$R_1 = R_2$, $2R_3 = R_4 = R_5$とすると,

$V_{out} = |-V_{in}|$

(a) 回路

図1　絶対値回路

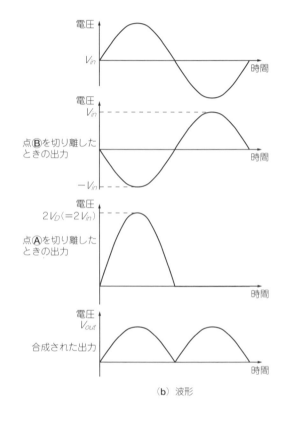

(b) 波形

● 絶対値回路とは…入力信号の絶対値を出力する回路

反転理想ダイオード回路と加算回路を組み合わせると，入力信号の絶対値を出力する回路になります．**図1(a)**によく使われる絶対値回路を示します．

入力電圧V_{in}と出力電圧V_{out}との間に次のような関係が成り立ちます．

$$V_{out} = |V_{in}|$$

● 回路の動作

図1(b)に各部の波形を示します．

入力電圧V_{in}が正，出力電圧V_{out}が負の期間は，R_4，R_5，IC_2で構成するゲイン−1倍の反転増幅器の出力に，R_1，R_2，D_1，IC_1で構成する反転理想ダイオード回路の出力V_Dを加えて，V_{out}を正にしています．

$2R_3 = R_4 = R_5$になるように抵抗値を設定して，点Ⓐの信号に対して点Ⓑの信号に対するIC_2のゲインが2倍になるようにします．絶対値回路の出力を逆極性にするには，D_1とD_2の極性を反転させます．

● テクニック…オフセット調整を可能にした絶対値回路

図2にオフセット調整回路を付加した絶対値回路を示します．

図2(b)と**図2(c)**に示すように，波形の接ぎ目が一致するようにVR_1を調整し，VR_2でゼロ点を合わせます．また，IC_1による遅れと，R_4とC_1による遅れが等しくなるように，C_1の定数を高周波で合わせ込みます．

▶実験による動作確認

図2の回路を実際に試作して動作させてみました．結果を**写真1**に示します．

ここでも，ダイオードをSBDに代えたときの出力波形[**写真1(b)**]は，ほぼ理想的な形になっています．

PN接合型のダイオードを使用しても，**写真1(c)**のように周波数を1kHzに下げれば，スルー・レートの影響と逆回復特性の影響は現れず，ほぼ理想的な波形になります．

● 絶対値回路のいろいろ

絶対値回路と後出の直線検波回路は，しばしば使われており，いろんな回路方式が考案されています．ここではそれらの一部を紹介しましょう．

▶同一抵抗値で作る高精度絶対値回路

図1に示した絶対値回路は，$2R_3 = R_4 = R_5$にする必要があります．抵抗値による出力誤差は，最大で抵抗値誤差の3倍になります．

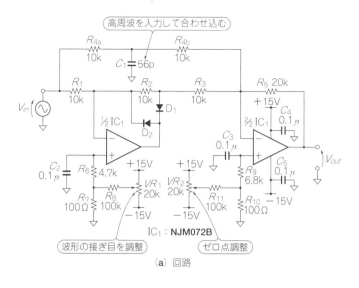

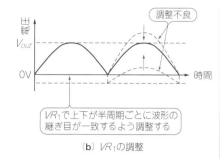

（b） VR_1 の調整

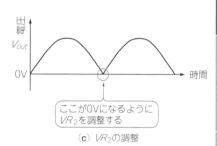

（c） VR_2 の調整

図2　オフセット調整が可能な絶対値回路

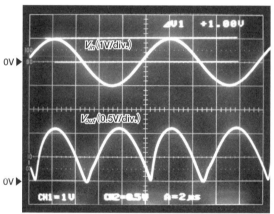

（a）高速スイッチング用 1SS120，100kHz（2μs/div.）

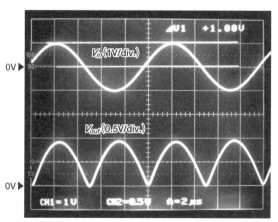

（b）高速スイッチング用SBD 1SS108，100kHz（2μs/div.）

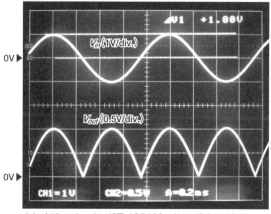

（c）高速スイッチング用 1SS120，1kHz（0.2ms/div.）

写真1　絶対値回路の動作波形

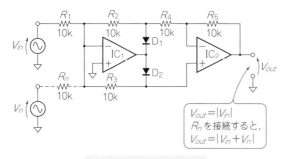

$$V_{out} = |V_{in}|$$
R_n を接続すると,
$$V_{out} = |V_{in} + V_n|$$

$$R_1 = R_2 = R_3 = R_4 = R_5 (= R_n)$$

図3 同じ値の抵抗値で構成した高精度の絶対値回路

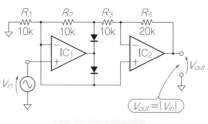

$$V_{out} = |V_{in}|$$

$$R_1 = R_2 = R_3 = R_4/2$$

図4 高入力インピーダンス絶対値回路

図3に示す回路は,すべて同一の抵抗値で構成されていますから,容易に高精度の抵抗値を選別できます. R_n にほかの信号を入力すれば,加算回路としても動作可能であり,加算絶対値回路を構成できます.

▶高入力インピーダンス絶対値回路

図4に示すのは,図3のIC$_1$を非反転増幅器にした絶対値回路で,入力インピーダンスが高くなります.

コラム　理想ダイオード回路の特性改善法

ここで理想ダイオード回路の特性改善法をまとめておきます.

● 高周波特性の改善
次に示すのは,高周波特性を改善する方法です.
- OPアンプICはスルー・レートとゲイン・バンド幅(GB)積のできるだけ大きなものを使用する
- ダイオードは小信号SBDを使用する
- 抵抗は,OPアンプとSBDの特性を考慮しながら,できるだけ値を小さくする
- ダイオードにはある程度電流を流す

これらの改善策は,直流特性を悪化させますから,設計では要求仕様に応じて妥協点を探ることになります.
ダイオードの等価抵抗R_D($= dV_F/dI_F$)は電流が小さくなると急増し,電流のゼロ近辺でとても大きくなります.このR_Dが負帰還ループに入りますから,ループ・ゲインは電流が小さくなると急減し,誤差が増えます.
SBDの場合,電流が大きくなりすぎても等価抵抗が増加します.したがって,ダイオードにはある程度の電流を流して使用するのが望ましいわけです.

● 直流特性の改善
理想ダイオード回路は,高速回路だけに使用するわけではありません.直流特性が問題にされる場合も多々あります.次に示すような,高精度増幅回路を設計するときの注意点を守ってください.
- 高精度のOPアンプICを使う
- 要求仕様に合わせて高精度の抵抗を使う
- 逆電流の少ないシリコンPN接合型のダイオードを使う

〈馬場 清太郎〉

第2部

基本回路
ずっと使えるテクニック

第6章

トランジスタ回路で使えるテクニック

6-0 パワエレ用トランジスタの基礎知識

〈梅前 尚〉

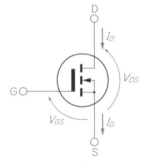

図1　MOSFETと基本パラメータ

● 大電力スイッチングの主力は「バイポーラ」から「パワーMOSFET」へ

　電力制御素子としてまず挙げられるのは，PNPまたはNPN形のバイポーラ・トランジスタです．しかし現在では，小型化や高効率化に向く，駆動電力が少なく高速スイッチングが可能なパワーMOSFETが，バイポーラ・トランジスタに代わり電力制御素子の主流となっています．

　FETは電圧駆動型の素子です．スイッチとして

ON/OFFさせるときは，ゲート-ソース間に加えるバイアス電圧を制御します．Nチャネル・パワーMOSFETでは，ソースに対してスレッショルド電圧よりも十分高い電圧をゲートに印加することでONし，ゲート-ソース電圧（V_{GS}）がスレッショルド電圧を下回るとOFFします（図1）．

　パワーMOSFETの代表的な特性を表1に示します．この中に「ゲートしきい値電圧」としてスレッショルド電圧が記されています．最大2.5Vとなっていますが，測定条件を見てみると，ドレイン-ソース電圧（V_{DS}）に10Vを印加しているときに，0.3mAのドレイン電流（I_D）を流すのに必要な電圧のことです．

　パワーMOSFETでは他に，図2のようにゲート電圧V_{GS}に対するI_DとV_{DS}の特性がデータシートに掲載されています．この図から大きなドレイン電流を流すにはゲート電圧はより大きな値が必要であることや，ON時のV_{DS}を小さくするにはV_{GS}が大きいほどよいことが読み取れます．

　しかし，ゲート電圧をあまり大きくするとターン・オフ時の損失が増えるため，一般に12V程度とすることが多いです．

表1　パワーMOSFETの静的特性
TK5R3A06PL（東芝）のデータシートから一部抜粋

項　目	記　号	測定条件	最小	標準	最大	単位
ゲート漏れ電流	I_{GSS}	$V_{GS} = \pm 20\,V$, $V_{DS} = 0\,V$	—	—	± 0.1	μA
ドレインしゃ断電流	I_{DSS}	$V_{DS} = 60\,V$, $V_{GS} = 0\,V$	—	—	10	
ドレイン-ソース間降伏電圧	$V_{(BR)DSS}$	$I_D = 10\,mA$, $V_{GS} = 0\,V$	60	—	—	V
ゲートしきい値電圧	V_{th}	$V_{DS} = 10\,V$, $I_D = 0.3\,mA$	1.5	—	2.5	
ドレイン-ソース間ON抵抗	$R_{DS(ON)}$	$V_{GS} = 4.5\,V$, $I_D = 14\,A$	—	6.2	9.3	mΩ
		$V_{GS} = 10\,V$, $I_D = 28\,A$	—	4.1	5.3	

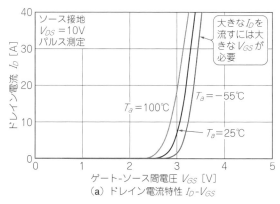

図2 パワーMOSFETのゲート電圧V_{GS}に対する特性
TK5R3A06PL（東芝）データシートより抜粋

（a）ドレイン電流特性I_D-V_{GS}

（b）ドレイン-ソース間電圧特性V_{DS}-V_{GS}

● パワーMOSFETでの電力損失

スイッチング動作をしているパワーMOSFETの損失は，図3に示すように，

- ターン・オン時の電圧・電流がクロスする部分の損失
- ON状態でMOSFETのON抵抗に起因する導通損
- ターン・オフ時に生じる損失

からなります．高速でパワーMOSFETをON/OFFさせて，リニア方式の電源よりも高効率で電圧変換をおこなうスイッチング電源でも，ミクロな視点で見るとこのような損失が発生しています．これがパワーMOSFETの温度を上げ，スイッチ回路の効率を低下させます．多くの場合，スイッチ動作時のパワーMOSFETの損失の中で，ターン・オフ時の損失が最も多くを占めます．

● パワーMOSFETの等価回路とスイッチング動作

MOSFETの等価回路を図4に示します．ここで注目したいのが，ゲート，ドレイン，ソースそれぞれの端子間に存在する容量成分です．MOSFETのデータシートには多くの場合，入力容量（C_{iss}），出力容量（C_{oss}），帰還容量（C_{rss}），そしてゲート・チャージ量（Q_g）が規定されています．これらのうち，特に注意するのがゲート・チャージ量（ゲート容量）です．

パワーMOSFETのゲートは容量成分をもっており，データシートには図5のゲート入力電荷量（Q_g）とゲート-ソース間電圧（V_{GS}）の特性が掲載されています．

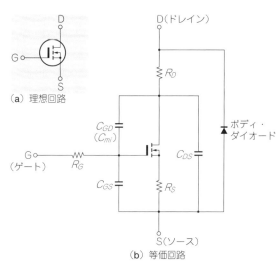

（a）理想回路

（b）等価回路

図4 パワーMOSFETの等価回路

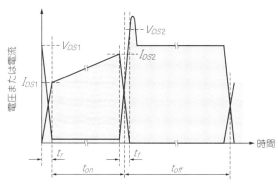

図3[2] パワーMOSFETのスイッチング損失

- ターン・オン遷移期間に生じるスイッチング損失P_{tr}［W］

$$P_{tr}=\frac{1}{6}(V_{DS1}I_{DS1}+2I_{DS1}{}^2R_{DS(on)}\alpha_1)\,t_r\,f_{SW}$$

- ON期間に生じる損失P_{ton}［W］

$$P_{ton}=D\left\{3I_{out}{}^2+\left(\frac{V_{in}-V_{SW}-V_{out}}{2Lf_{SW}}D\right)^2\right\}R_{DS(on)1}\,\alpha_1$$

- ターン・オフ時のスイッチング損失P_{tf}［W］

$$P_{tf}=\frac{1}{6}(V_{DS2}I_{DS2}+2I_{DS2}{}^2R_{DS(on)1}\alpha_1)\,t_f\,f_{SW}$$

- ハイ・サイドMOSFETの損失P_{DH}［W］

$$P_{DH}=P_{tr}+P_{ton}+P_{tf}$$

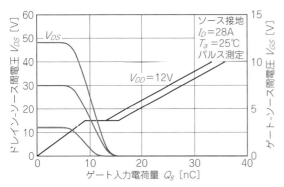

図5 パワーMOSFETのゲート特性…容量成分によるゲート入力電荷量Q_gとゲート-ソース電圧V_{GS}
TK5R3A06PL(東芝)データシートより抜粋

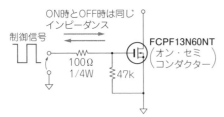

（a）制御ICでダイレクトに駆動する

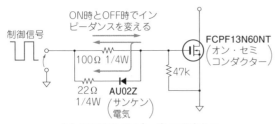

（b）OFF時のインピーダンスを変える

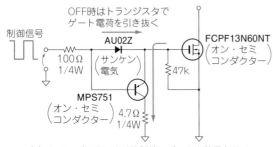

（c）トランジスタにより強制的にゲートを放電させる

図6 パワーMOSFETのスイッチング損失を減らす対策

パワーMOSFETをONさせるときには，ゲートに十分な電荷を供給する必要があり，OFFさせるときにはゲートに蓄積した電荷を放電させなければなりません．

バイポーラ・トランジスタのようにONしている期間中，ベース電流を供給し続ける必要はないため，パワーMOSFETのドライブ電力は低く抑えられますが，

スイッチング動作のたびにゲートの充放電が必要になるため，MHzオーダの高周波で駆動する場合にはドライブ損失が無視できない値になります．

少しでも導通損を減らしたい場合は，ゲート電圧をできるだけ高くしておくほうが有利になります．ところが，オン時のゲート電圧が高くなると，$Q = CV$からゲートにチャージされている電荷量も多くなります．このためターン・オフ時には，より多くの電荷をすばやく引き抜かなければならないということになります．

一般に，パワーMOSFETのゲート電荷量は，電流定格の大きなものほど大きくなる傾向があります．電流定格の大きなFETはオン抵抗がmΩオーダと低く，導通損を抑えるには都合がよいのですが，スイッチングロスの観点からは少々具合が悪いです．導通損とスイッチング損失をどのように折り合いをつけていくのかが，電源設計者の腕の見せどころといえるでしょう．

● スイッチング損失を減らす対策

パワーMOSFETのスイッチング損失を低減するには，ゲートの充放電をすばやくすることが重要となります．一般には，図6(a)のように制御信号をそのままゲートに印加しますが，特にスイッチング損失の大きなターン・オフ時の性能を改善するには，図6(b)のようにON時とOFF時のインピーダンスを変えてより早くゲート電荷を引き抜くようにします．制御信号回路の電流シンク能力が不足していて，短時間での放電が難しい場合には，図6(c)のトランジスタを用いた放電回路を設けることもあります．

これらの方法は，いずれも少ない部品で簡単にパワーMOSFETのターン・オフを向上させるものですが，基本的なドライブ能力は元の制御IC出力に依存します．ターン・オフだけでなくターン・オン時の電流供給能力を上げるには，より大きな電流を供給できるドライブ回路を設けます．

● バイポーラとパワーMOSFETのいいとこどり「IGBT」

IGBT(Isorated Gate Bipolar Transistor)は，スイッチング素子がバイポーラ構造，駆動部分はFETと同じ電圧駆動という，複合形のパワー・デバイスです．理想的な等価回路は，PNPトランジスタとパワーMOSFETを図7のように接続(ダーリントン接続)したものとなっています．

パワーMOSFETは高速動作が可能で，いまやスイッチング・デバイスの主流です．耐電圧が高いものほどON抵抗が大きくなり，600Vクラスのもので100mΩ近くになります．これに数十Aの電流を流すと導通損が膨大になり，バイポーラ・トランジスタの飽和電圧のほうが低い領域になります．しかし，バイ

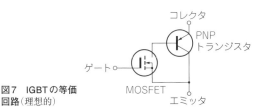

図7 IGBTの等価
回路（理想的）

構成されているため，あまり高速で駆動することができず，数kHz〜40kHz程度の比較的低いスイッチング周波数で駆動させますが，kWオーダの出力容量をもつインバータなどの電力変換装置には広く用いられています．

ポーラ・トランジスタは電流駆動素子であるため，ON状態では常にベース電流を供給する必要があり，こちらはドライブ損失が問題となります．そこで，それぞれのトランジスタのよいところを組み合わせたものがIGBTです．

IGBTは主回路部分がバイポーラ・トランジスタで

◆参考・引用＊文献◆
(1) 梅前 尚；eco時代のパワー部品図鑑 ①ディスクリート・パワー半導体，pp.51-57，トランジスタ技術，2010年9月号，CQ出版社．
(2) ＊花房 一義；第1章 オンボード電源半導体デバイス（1-10）項 MOSFETの損失計算式，特集 ［保存版］電源デバイス便利帳，pp.78-79，トランジスタ技術，2010年6月号，CQ出版社．
(3) TK5R3A06PLデータシート，東芝．

6-1 トランジスタに流れる電流を求める

〈石井 聡〉

● トランジスタの等価回路の基本的な考え方

トランジスタの動作を単純化したモデルを図1に示します．この回路の動作の基本的な考え方を次に示します．

- エミッタ電圧 V_E は，ベース電圧 V_B から0.6〜0.7 V程度（ダイオードの電圧降下量と同じ），低い状態で決まる
- ベースには微小な電流 I_B が流れるが，エミッタにはエミッタ電圧 V_E を維持できるだけ（抵抗 R_2 に V_E に相当する電圧降下を発生させられるだけ）

の電流 I_E が流れる

- I_E と I_C は，ほぼ等しい（ $I_E = I_C + I_B$ であり I_B が非常に小さいから）
- コレクタ端子には，コレクタ電圧が変化しても I_B に比例した一定の電流が流れる（ I_E を流すためにコレクタ端子に流れ込む電流 I_C ）．したがって，コレクタ端子は等価抵抗が非常に高いと考えられる

トランジスタ回路には各種の方式があります．それぞれ全く個別な視点で考える必要があるようにも思われますが，基本はすべて一緒です．上記の考え方を理解しておけば，ほとんど対応できます．

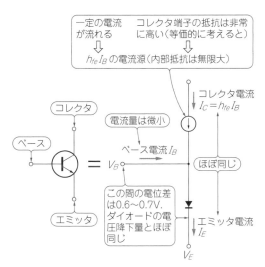

図1 トランジスタの動作は単純化できる

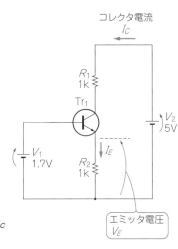

図2 コレクタ電流 I_C
を計算してみる

● テクニック…コレクタ電流I_Cを求める

　図2の回路のコレクタ電流I_Cは何mAかを求めてみます.

　図1に示すトランジスタの動作を単純化したモデルを使って計算します. ベースに加わる電圧はV_1で1.7 Vです. ベースに流れ込む電流I_Bは, とても小さいです($I_B = I_C / h_{fe}$).

● テクニック…エミッタ電圧V_Eを求める

　ベース電圧V_Bから0.6～0.7 V程度低い電圧としてエミッタ電圧V_Eが決まります. ベース-エミッタ間を0.7 Vと計算すると, $V_E = 1$ Vになります. これで,

$$I_E = \frac{V_E}{R_2} = 1 \text{ mA} \cdots\cdots\cdots\cdots\cdots (1)$$

と計算できます. 次に$I_E \fallingdotseq I_C$から$I_C = 1$ mAになります.

6-2 ダーリントン接続による2段階増幅

〈石井 聡〉

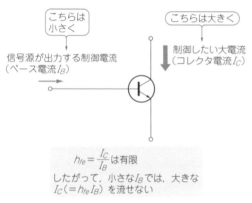

$h_{fe} = \dfrac{I_C}{I_B}$ は有限

したがって, 小さなI_Bでは, 大きな$I_C (= h_{fe} I_B)$を流せない

図1　1個のトランジスタで大電流を制御したい

● ダーリントン接続の考え方

　トランジスタの直流電流増幅率h_{fe}はそれほど大きくありません. 小信号と呼ばれるトランジスタで数百, 大電流用のトランジスタで数十程度です.

　図1のように大電流を制御したいとき, 制御する信号源の電流が小さいと目的のコレクタ電流量を制御で

きません. 大電流用のトランジスタであればなおさら駆動能力が足りません.

　そこで図2のようにトランジスタを2個接続し, 1段目のトランジスタTr_1の直流電流増幅率$h_{fe\text{Tr}1}$で入力電流をいったん「あるレベル」まで増幅します. 増幅した電流を使って, 2段目のトランジスタTr_2のベースにベース電流として加えます. 1段目トランジスタTr_1から増幅された電流が得られたことで, Tr_2のベース電流が大きくなるので, 2段目のトランジスタTr_2を問題なく駆動できます.

● テクニック…2段階の増幅

　図3のダーリントン接続トランジスタ回路において, 直流電流増幅率がそれぞれ$h_{fe\text{Tr}1} = 1000$, $h_{fe\text{Tr}2} = 100$のとき, 全体の直流電流増幅率h_{fe}はいくつになるかを計算してみます.

　ダーリントン接続の1段目のトランジスタTr_1では, 電流が$h_{fe\text{Tr}1}$倍に増幅されます. この電流がさらに2段目のトランジスタTr_2で$h_{fe\text{Tr}2}$倍に増幅されます. つまり電流増幅率の合計は, それぞれの掛け算となり,

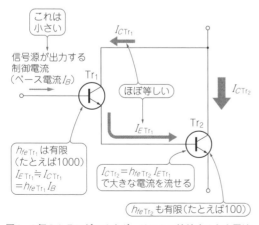

図2　2個のトランジスタをダーリントン接続すると大電流を制御できる

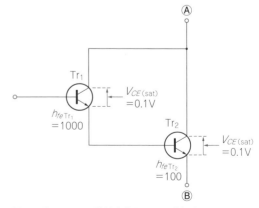

図3　ダーリントン接続全体としての増幅率h_{fe}や2つのトランジスタをONしたときの(A)-(B)端子間の電圧を求める

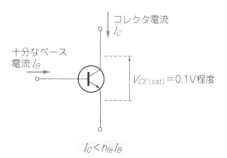

コレクタ電流 I_C

十分なベース
電流 I_B

$V_{CE(sat)}=0.1$V程度

$I_C < h_{fe}I_B$

図4 トランジスタがONしているときのコレクタ-エミッタ間の残留電圧(電圧降下)$V_{CE(sat)}$は0.1V程度

$h_{fe\text{Tr}1} h_{fe\text{Tr}2} = 1000 \times 100 = 100000$

となります.

▶いいことばかりではない

ダーリントン接続はよいことばかりではありません.

図3の2つのトランジスタをスイッチとして飽和状態で動作させた場合に，2つのトランジスタがONしたときのⒶ-Ⓑ端子間の電圧は何Vになるかを求めてみます．Tr_1，Tr_2ともベース-エミッタ間電圧 V_{BE} は0.7Vとします．

図4のようにトランジスタがONしているとき，コレクタ-エミッタ間の残留電圧(電圧降下)$V_{CE(sat)}$ は0.1V程度になります．一方で図2を書き直した図5に

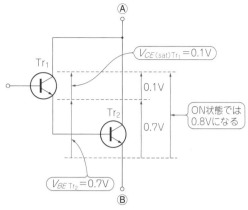

Ⓐ

Tr_1

$V_{CE(sat)\text{Tr}_1}=0.1$V

0.1V

Tr_2

0.7V

ON状態では0.8Vになる

$V_{BE\text{Tr}_2}=0.7$V

Ⓑ

図5 2つのトランジスタがONしたときの各端子間の電圧

おいて，トランジスタ Tr_1 のON時の $V_{CE(sat)\text{Tr}1}$ は0.1V程度で同じです．ところが，Tr_1 のエミッタがトランジスタ Tr_2 に接続されており，Tr_2(これもONしている)のベース-エミッタ間電圧 $V_{BE\text{Tr}2}$ は0.7Vです．トランジスタ Tr_2 の $V_{BE\text{Tr}2}$ は依然として必要になっています．コレクタ側から見ていくと $V_{CE(sat)\text{Tr}1} = 0.1$V，$V_{BE\text{Tr}12} = 0.7$V であり，2つのトランジスタがONしたときのⒶ-Ⓑ端子間の電圧はあわせて0.8Vになります．

6-3 バイポーラ・トランジスタのドライブ回路

〈馬場 清太郎〉

● 要点

図1は，駆動力の弱いマイコンで，トランジスタ(バイポーラ・トランジスタのこと)をドライブできる回路です．ここでは，スピードと電圧レベルを実験します．

● 実験

図2に示すトランジスタ Tr_1 のON時のコレクタ-エミッタ間電圧(飽和電圧)$V_{CE(ON)}$ は86.4mVでした．

トランジスタ Tr_1 の h_{FE} は100以上ですが，ここでは14($= I_C/I_B$)で動かしています．

図3(a)は立ち下がり特性です．遅れ時間は約50nsで，まずまず高速です．図3(b)は立ち上がり特性です．約0.36μsと大幅に遅れています．オン電圧を0.1V以下にするため，ベース領域に注入された余剰キャリアを引き抜くのに時間がかかることが遅れの原因です．これを「蓄積時間」と呼びます．トランジスタの高速

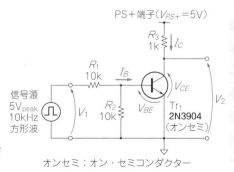

PS+端子($V_{PS+}=5$V)

R_3 1k $\downarrow I_C$

R_1 10k I_B

信号源
5V$_{peak}$
10kHz
方形波

V_1 R_2 10k V_{BE} V_{CE} V_2

Tr_1
2N3904
(オンセミ)

図1 バイポーラ・トランジスタをできるだけ速くON/OFFスイッチングさせるには？

オンセミ：オン・セミコンダクター

● h_{FE} の設定
Tr_1 がONしたとき

$$I_B = \frac{V_1 - V_{BE}}{R_1} - \frac{V_{BE}}{R_2} \cdots\cdots(1)$$

$$= \frac{5-0.7}{10k} - \frac{0.7}{10k} = 0.36\text{mA}$$

$$I_C = \frac{V_{PS+} - V_{CE}}{R_3} \cdots\cdots\cdots(2)$$

$$= \frac{5-0.0864}{1k}$$

$$\fallingdotseq 5\text{mA}$$

$$h_{FE} = I_C/I_B = 5/0.36 \fallingdotseq 14$$

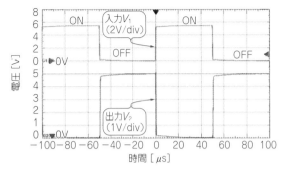

図2 実験…方形波信号をベースに入力してON/OFFさせてみた
トランジスタ Tr₁ が ON したときの飽和電圧 $V_{CE(ON)}$ は 86.4 mV

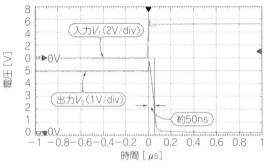

（a）立ち下がり特性(ON)

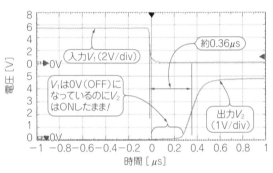

（b）立ち上がり特性(OFF)

図3 ベースに電荷を突っ込みすぎるとOFFしにくくなる

スイッチングでは，蓄積時間をいかに短くするのかが重要です．

● テクニック…コレクタ電流とベース電流の比は10～20にする

　トランジスタのスイッチングでは，ON時飽和電圧を0.1 V以下にするため，h_{FE} の値によらず I_C/I_B を10～20に設定するのが一般的です．このため，ベース領域にはオンさせるとき多量の余剰キャリアが注入され出力に遅れが発生します．

6-4 トランジスタ・ドライブ回路の高速化

〈馬場 清太郎〉

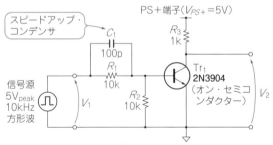

（a）スピードアップ・コンデンサによる高速化回路

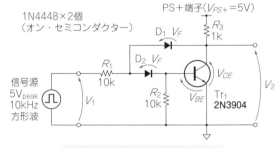

オン電圧 $V_{CE(ON)}$ の求め方

V_F：D₁，D₂の順方向電圧
$V_F \fallingdotseq V_{BE}$ とすると，
$$V_{CE(ON)} = (V_F + V_{BE}) - V_F = V_F$$

オン電圧 $V_{CE(ON)}$ はおよそ0.7V

（b）ベーカー・クランプ回路

図1 バイポーラ・トランジスタのスイッチングがもっと速くなるドライブ回路のいろいろ
2つの回路で効果を確認する

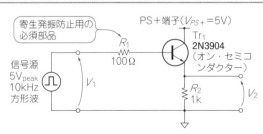

図2 エミッタ・フォロワによる高速化回路

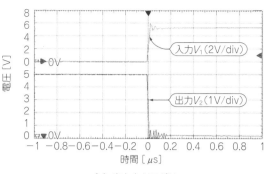

（a）出力立ち下がり

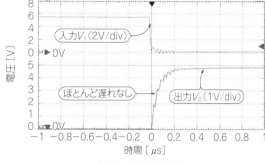

（b）出力立ち上がり

図3　実験 … スピードアップ・コンデンサによる高速化の効果
波形に少しのリンギングがみえるので，スピードアップ・コンデンサの容量を減らしたほうがよい

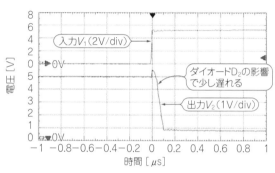

（a）出力立ち下がり

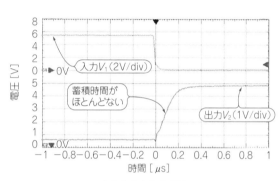

（b）出力立ち上がり

図4　実験 … ベーカー・クランプ回路による高速化の効果
立ち下がり時間は，ダイオードD_2の影響で少し遅れているが，出力立ち上がり特性をみると蓄積時間がほとんどない

● **要点**

図1は，トランジスタを高速でスイッチングさせる回路です．

図1(a)はベース抵抗R_1にスピードアップ・コンデンサC_1を付加して，ベース領域の余剰キャリアを高速に引き抜くことを意図した回路です．

図1(b)はON時に飽和させずに動作させる回路で，

考案者の名前からベーカー・クランプ回路と呼ばれています．V_{CE}は飽和しないので0.7 V程度になります．

飽和させずに動作させるなら，エミッタ・フォロワはどうかと考え図2の回路でも実験しました．ベースに入っている抵抗R_1は寄生発振防止用です．これがないと発振することがあるため，エミッタ・フォロワ単体の実験では必ず入れましょう．

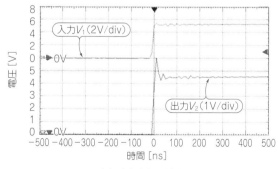

（a）出力立ち下がり

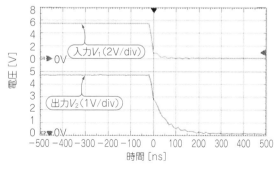

（b）出力立ち上がり

図5　実験 … エミッタ・フォロワによる高速化の効果
入出力が反転しない．オン電圧は出力が "H" のとき，約0.5 Vと小さくなっている

● 実験

　図1(a)の回路の出力立ち下がり特性を図3(a)に，出力立ち上がり特性を図3(b)に示します．ほとんど遅れなく応答しているのがわかります．波形に少しリンギングがみえることから，スピードアップ・コンデンサC_1の容量を減らしたほうがよいと思われます．

　図1(b)の回路の出力立ち下がり特性を図4(a)に，出力立ち上がり特性を図4(b)に示します．ダイオードD_2の影響で立ち下がり時間が前項図3(a)よりも遅

くなっていますが，ベース領域に余剰キャリアが注入されないので，出力立ち上がり特性をみると蓄積時間がほとんどありません．

　図2の回路の出力立ち上がり特性を図5(a)に，出力立ち下がり特性を図5(b)に示します．ほとんど遅れなく動作しています．

　エミッタ接地増幅回路と異なり，入出力が反転していません．また，オン電圧は出力が"H"のときで，約0.5 Vと小さくなっています．

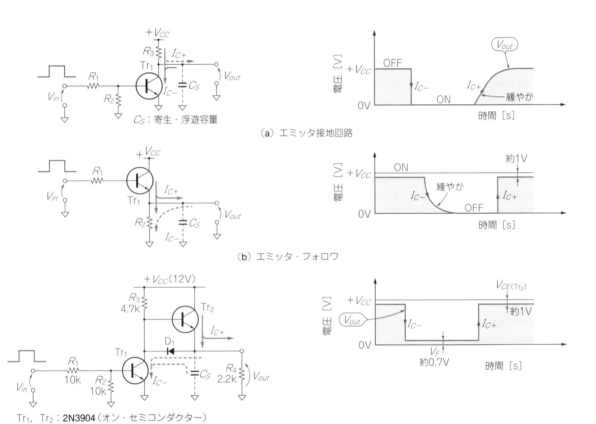

（a）エミッタ接地回路

（b）エミッタ・フォロワ

Tr$_1$，Tr$_2$：2N3904（オン・セミコンダクター）
D$_1$：1N4448（高速スイッチング用，オン・セミコンダクター）
（c）エミッタ接地＋エミッタ・フォロワ回路

Tr$_1$，Tr$_2$：2N3904（オン・セミコンダクター）
Tr$_3$　　：2N3906（オン・セミコンダクター）
（d）コンプリメンタリ・エミッタ・フォロワ回路

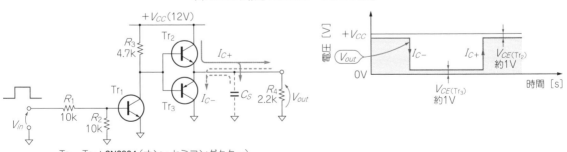

図6　出力立ち下がり時間が速く，出力立ち上がり時間が遅くなる原因
エミッタ接地増幅回路は，出力の立ち上がりが緩やか．エミッタ・フォロワは，出力の立ち下がりが緩やか．エミッタ接地＋エミッタ・フォロワ回路とコンプリメンタリ・エミッタ・フォロワ回路は，立ち上がり，立ち下がりとも速いが，振幅が2 V弱低下する

● **テクニック…立ち上がりも立ち下がりも速くなる「エミッタ接地＋エミッタ・フォロワ・ドライブ回路」**

前項（6-3項）の図1の回路では出力立ち下がり時間が短く，出力立ち上がり時間が長くなります．一方，図2の回路では出力立ち下がり時間が長く，出力立ち上がり時間が短くなっています．これらの理由を図6に示します．

図6(a)のエミッタ接地増幅回路では，立ち上がり時間が抵抗R_3，容量C_Sの時定数で決定されるため遅くなります．図6(b)のエミッタ・フォロワでは，立ち下がり時間が抵抗R_2，容量C_Sの時定数で決定されるため長くなります．

そこで，図6(c)のエミッタ接地＋エミッタ・フォロワ回路にすれば，立ち下がり，立ち上がりともに速くできます．あるいは，図6(d)のコンプリメンタリ・エミッタ・フォロワ回路にします．図6(c)と図6(d)の回路は出力振幅が電源電圧よりも約1～2V低下します．いません．また，オン電圧は出力が"H"のときで，約0.5Vと小さくなっています．

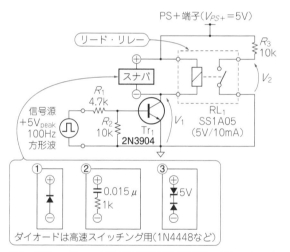

図1 実験 … リレー内接点のOFF時間を短縮し，リレー内コイルから出る逆起電力が駆動トランジスタに加わるのを軽減するスナバ回路の効果を見る
リード・リレーを使用する

● **要点**

リレーとLEDのドライブ回路には，トランジスタによる低速スイッチング回路が使用されることが多いです．LEDドライブ回路は抵抗負荷のスイッチング回路であるため，ベース電流を適当に与えれば問題なく動作します．ベース電流の計算は前々項（6-3項）の図1の式(1)で行います．

リレーはインダクタンスをもち誘導性があります．遮断時に非常に大きなサージ電圧が発生して，スイッチング素子がブレークダウンします．

図1はリレー・ドライブ回路です．扱いやすいリード・リレー（コイル定格5V・10mA）を使用しました．逆起電力によるサージ電圧を抑制する回路/素子をスナバ（snubber）と呼びます．図1に示す3種類のスナバをリレーのコイルに接続して，その効果を確認します．

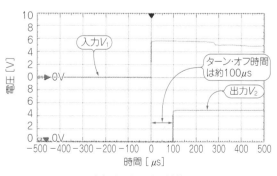

（a）ターン・オン特性　　（b）ターン・オフ特性

図2 ダイオード・スナバ（図1のスナバ①）のターン・オン/オフ特性

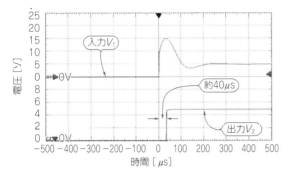

図3 実験 … RCスナバ(図1のスナバ②)のターン・オフ特性
Tr_1のV_{CE}が15Vで，ターン・オフ時間は約40 μs

● 実験

図2(a)に示すターン・オン特性はダイオード・スナバ(図1のスナバ①)の波形ですが，他のスナバのときもほとんど同じです．リレーのコイルに電圧が印加されてから，約150 μs後にリレー接点がONしだし，約50 μs間はチャタリング(接点が短時間にON/OFFを繰り返すこと)して，200 μs後には完全にONします．

図2(b)に示すターン・オフ特性から，ターン・オフには約100 μsかかり，リレーのコイルに電流が流れている期間は約280 μsです．その間のスナバ・ダイオードのアノード-カソード間電圧(V_F)は約0.7 Vです．

つまりターン・オン時間は約200 μs，ターン・オフ時間は約100 μsです．

ダイオード・スナバは回路が簡単で，サージ電圧を順方向電圧V_Fまで抑制できるため，最もよく使用されています．

図3はRCスナバ(図1のスナバ②)のターン・オフ特性です．トランジスタTr_1のV_{CE}が15Vと高くなっていますが，ターン・オフ時間は約40 μsと短くなり

ます．

図4はツェナー・ダイオードによるクランパ型スナバ(スナバ③)のターン・オフ特性です．トランジスタTr_1のV_{CE}は約10 Vでターン・オフ時間は約50 μsと短くなります．

図5はスナバがないときのターン・オフ特性です．トランジスタTr_1のコレクタ-エミッタ間が70 Vに達してブレークダウンしています．トランジスタTr_1のV_{CEO}最大定格は40 V，V_{CBO}最大定格は60 Vですから，仕様は満足しています．いったんブレークダウンしても電流の低下とともにV_{CE}が上昇し100 Vまで至ります．このときのターン・オフ時間は約8 μsと非常に短くなります．

● テクニック…RCスナバまたはクランパ型がいい

トランジスタをブレークダウンさせるような使用は信頼性に大きな影響を与えます．設計するときはV_{CEO}の80%以下で使用しましょう．

実際の設計で，ターン・オフ時間を短くしたいときには，RCスナバかクランパ型スナバとして，V_{CE}の最大電圧をV_{CEO}の80%以下に設定します．

ターン・オン/オフ時間はリレーで決まります．できるだけ高速動作のリレーを選択します．

● テクニック…フォトMOSリレーならチャタリングも出ない

チャタリング対策の必要があればチャタリングのないフォトMOSリレーか水銀リレーを選択します．

最近は水銀不使用が設計仕様に盛り込まれることが多いので，フォトMOSリレーを使用します．フォトMOSリレーのドライブ回路はLEDドライブ回路と同じです．

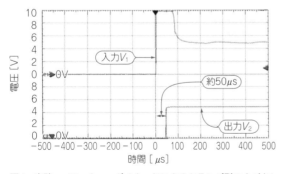

図4 実験 … ツェナー・ダイオードによるクランパ型スナバ(スナバ③)のターン・オフ特性
Tr_1のV_{CE}は約10 Vで，ターン・オフ時間は約50 μs

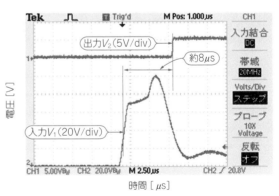

図5 実験 … スナバがないときのターン・オフ特性
Tr_1のコレクタ-エミッタ間がブレークダウンする

6-6 3.3～5VでONするパワーMOSFET スイッチング駆動

〈馬場 清太郎〉

● 要点

パワーMOSFETは多数キャリア素子であり，バイポーラ・トランジスタのような蓄積時間がありません．

最近の小/中電力パワー・スイッチング回路ではパワーMOSFET一色と言ってよいほど多く使用されています．

図1は，パワーMOSFETのドライブ回路です．抵抗R_1は寄生発振防止用です．実験するときには必ず入れましょう．抵抗R_2は入力側，ゲート側どちらに入れてもかまいませんが，バイポーラ・トランジスタと違って，パワーMOSFETの場合，入力が開放されると不十分にONする（ONとOFFの中途半端な状態）ので，必ず入れましょう．

● 実験

ターン・オン時の出力立ち下がり特性を**図2(a)**に示します．高速にターン・オンしています．

ターン・オフ時の出力立ち上がり特性を**図2(b)**に示します．遅延時間はほとんどありませんが，立ち上がりに時間がかかる理由は前前6-4項の**図6(a)**と同じです．波形に軽微なリンギングがありますが，これ

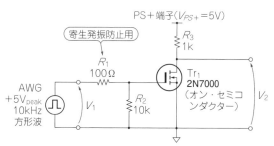

図1 パワーMOSFETのドライブ回路の基本形
R_2は不十分なONを防ぐための抵抗

はブレッドボードによる影響です．

● テクニック…ドライブ回路の電源電圧より低い電圧でオン抵抗を規定（測定）しているMOSFETがいい

高速大電流スイッチングの必要がなければ，**図1**の回路をほとんどのスイッチング回路に適用できます．その場合のパワーMOSFETは，データシートでオン抵抗がドライブ回路（マイコン回路）の電源電圧以下（ここでは4.5V）で規定されている品種を選択します．

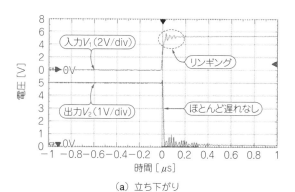

（a）立ち下がり

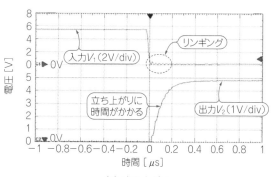

（b）立ち上がり

図2 実験 … パワーMOSFETのドライブ回路のスイッチング特性
ターン・オンは高速である．軽微なリンギングは，ブレッドボードによる影響である

コラム1　パルス信号の波形の読み方

図Aにパルス波形の各部名称を示します．オーバーシュート，アンダーシュート，リンギングはすぐ目につきます．

立ち上がり時間と立ち下がり時間は波形の10％⇔90％の移動時間ですが，100％がわかりにくいことがあり，そのときには10％と90％がわかりません．

100％がわかりにくいのは，図A(b)のサグが重畳している場合です．この場合，図A(b)に従い100％を決定します．遅延時間は，図A(c)に示すように，50％のところで測定します．〈馬場 清太郎〉

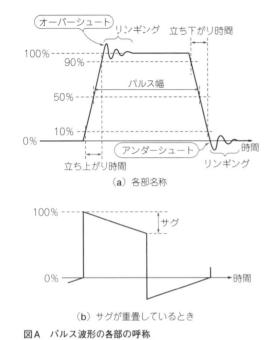

（a）各部名称

（b）サグが重畳しているとき

図A　パルス波形の各部の呼称

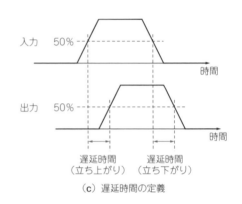

（c）遅延時間の定義

6-7　10A超パワーMOSFETの高速スイッチング駆動

〈馬場 清太郎〉

● 要点

図1は，Nチャネル・パワーMOSFETを使用した高速大電流スイッチング回路です．

6-4項の図6(c)と図6(d)の高速化の技を採用して，非反転型ドライブ回路を構成しています．ロジック・レベル（＋5 V_{peak}）の入力信号を電源電圧24 Vの回路で増幅し，Tr_6（終段のパワーMOSFET）をドライブします．

パワーMOSFETのゲート-ソース間電圧 V_{GS} の最大定格±20 Vを満足するように，容量 C_1, C_2, ツェナー・ダイオード ZD_1, ZD_2 によるレベル・シフト回路を付加しています．

反転型ドライブ回路が必要な場合は，トランジスタ Tr_1 周辺の部品を除去し，入力 V_2 にロジック・レベルの信号を入れます．

● 実験

スイッチング特性を図2に示します．出力 V_4 のサージ電圧は，R_9 の巻き線抵抗と，配線パターンによるものです．

ターン・オン時の立ち下がり特性を図3(a)に，ターン・オフ時の立ち上がり特性を図3(b)に示します．

出力では立ち上がりと立ち下がりとも約0.5 μs の遅れがあります．また，Tr_6 のゲートでの遅れは約0.3 μs です．Tr_6 の入力容量が大きいことが原因と思われます．レベル・シフト回路により V_{GS} は約±10 Vです．

● テクニック…ドライブ回路が出力できる電流を強化する

図1の回路をさらに高速にスイッチングするには，

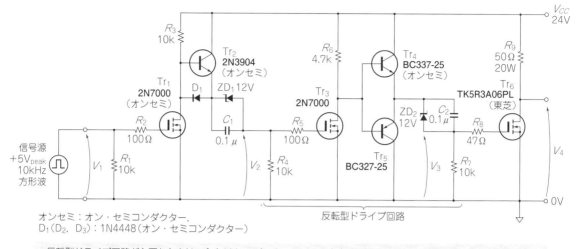

オンセミ：オン・セミコンダクター，
$D_1 (D_2, D_3)$：1N4448（オン・セミコンダクター）

- 反転型ドライブ回路が必要なときは，入力V_2にロジック・レベルを入力する
- $V_{CC} = 12V$のときはZD$_1$，ZD$_2$部分を，ここに図　とし，$R_6 = 2.2kΩ$にする

図1　大電力パワーMOSFETを高速にスイッチング駆動する
高速化技法を取り込んだ非反転型ドライブ回路である．Tr$_1$周辺の部品を除去し，入力V_2にロジック・レベルの信号を入力すると反転型ドライブ回路になる

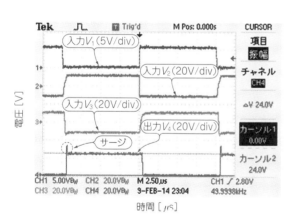

図2　実験 … 図1のドライブ回路が正常に動作することを確認
出力V_4のサージ電圧は，R_9の巻き線抵抗と配線パターンが原因

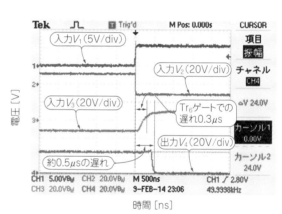

(a) 立ち下がり

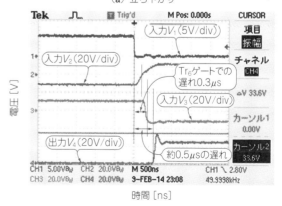

(b) 立ち上がり

図3　Nチャネル MOSFET による高速大電流スイッチング回路の出力特性
立ち上がり，立ち下がりともに約0.5 μsの遅れがある

後述する専用ICを使用することが一番簡単です．

このまま高速化するには，**図3(a)** と**図3(b)** から，Tr$_6$の入力容量が大きいのでドライブの強化が必要です．

ドライブを強化するためには，次のようにします．

- 抵抗R_6を半分以下にしてドライブ段の電流を大きくする
- Tr$_4$とTr$_5$をコレクタ電流定格の大きなものに変える
- Tr$_6$のゲート入力抵抗を半分以下にする

遅れがちPチャネルMOSFETの高速スイッチング

〈馬場 清太郎〉

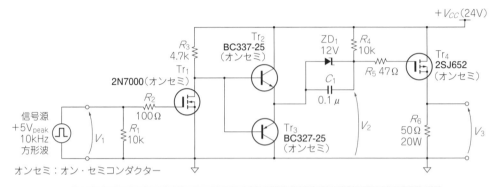

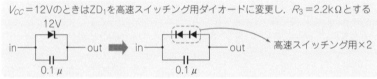

$V_{CC}=12V$のときはZD$_1$を高速スイッチング用ダイオードに変更し，$R_3=2.2k\Omega$とする

図1 ゲート容量がN型より大きいP型MOSFETを高速にスイッチングする
容量C_1とツェナー・ダイオードZD$_1$によるレベル・シフト回路でパワーMOSFETのゲート−ソース間電圧の最大定格を満足させる

● 要点

Pチャネル・パワーMOSFETはオン抵抗に影響するキャリア移動度がNチャネル・パワーMOSFETの1/2.5です．

オン抵抗を低くするには，チップ面積を増加することが必要となり，入力容量も必然的に大きくなります．このためスイッチング時間の遅れが，同一電流定格な

らば，Pチャネル・パワーMOSFETのほうが大きくなります．

これを高速にするには，ドライブ回路を強化して大電流でゲートを充放電することが必要です．

図1は，Pチャネル・パワーMOSFETを使用した高速大電流スイッチング回路です．

図1は6-7項の図1からTr$_1$周辺の部品を除去した反転型ドライブ回路です．この回路でもパワーMOSFETのゲート−ソース間電圧の最大定格±20Vを満足するように，容量C_1とツェナー・ダイオードZD$_1$によるレベル・シフト回路を付加しています．

● 実験

スイッチング特性を**図2**に示します．波形に見られる出力V_3のサージ電圧は，R_6の巻き線抵抗と配線パターンが原因です．

ターン・オン時の立ち上がり特性を**図3(a)**に示します．Tr$_5$のゲートまでの遅れはほとんどありません．

ターン・オフ時の立ち下がり特性を**図3(b)**に示します．Tr$_5$のゲートまでの遅れは約0.25μsです．Tr$_2$とTr$_3$をドライブするのにも，6-4項にある図6(c)の高速化技法が必要です．出力V_3ではさらに遅れて約0.66μsです．

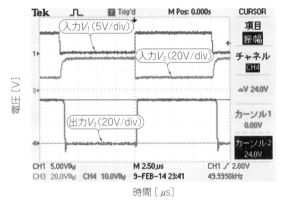

図2 実験 … 図1のドライブ回路が正常に動作することを確認
出力電圧V_3のサージ電圧は，R_4の巻き線抵抗と配線パターンによる

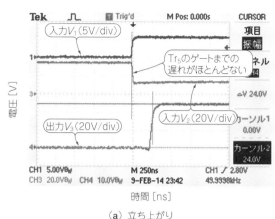
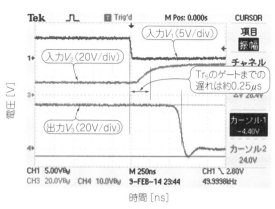

(a) 立ち上がり　　　　　　　　　　　　　　　　(b) 立ち下がり

図3　PチャネルMOSFETによる高速大電流スイッチング回路の出力特性
立ち上がりの遅れは0.25 μs，立ち下がりの遅れは0.66 μsである

● **テクニック…ドライブ回路が出力できる電流を強化する**

図1をさらに高速化したいときは，抵抗R_3とR_5を半分以下にすること，Tr_2とTr_3をコレクタ電流定格の大きなものに変えます．

前項の図1と本項目の図1の中でも触れていますが，電源電圧を12 Vにするには，指定の抵抗の値を半分以下にすること，ツェナー・ダイオードによるレベル・シフト回路を高速スイッチング・ダイオード2個で置き換えます．

6-9 マイコンからパワーMOSFETを高速駆動できる専用IC

〈馬場　清太郎〉

● **要点**

パワーMOSFETを高速にスイッチング駆動するには，専用ICを使うのが簡単です．

図1(a) はマイクロチップ・テクノロジーのTC1413（反転型）/TC1413N（非反転型）を使用したロー・サイド・ドライブ回路です．ゲート・ドライブ電流は±3 A_{peak}で，3.3 V動作のマイコンにも接続可能です．

図1(b) はマイクロチップ・テクノロジー社のMIC4101を使用したハーフ・ブリッジ・ドライブ回路です．ゲート・ドライブ電流は±2 A_{peak}で，3.3 V動作のマイコンにも接続可能です．降圧型同期整流コンバータへの応用を主目的に設計されたようです．

ロー・サイド・ドライブ回路に対して，ハイ・サイド・ドライブ回路用のICは低速スイッチング用以外では見かけません．

ハイ・サイド・ドライブの場合には，ハーフ・ブリッジ・ドライブ回路用ICを流用しますが，ハイ・サイド側のドライブ電源はブートストラップ回路で作っているため，**図1(b)** のTr_1のソースを1周期の内に短時間でもグラウンド電位にする必要があります．

それが可能ならば，ハイ・サイド・ドライブ回路にハーフ・ブリッジ・ドライブ回路用ICを使うことができます．

● **テクニック…ゲートに数Ω入れてノイズ対策**

スイッチ外付けの電源用ICやゲート・ドライブ用ICのデータシートに載っている応用回路例や評価基板の回路をみると，ゲート直列抵抗R_Gが入っていないことが多いです．

評価基板どおりにパターン設計したプリント基板に，指定されたパワーMOSFETを含む部品を実装すれば，ゲート直列抵抗R_Gがなくても，大きなスパイク・ノイズやリンギングは発生しないはずです．

ところが，独自設計のプリント基板に，独自に選定した部品を実装すると，ほぼ間違いなく大きなスパイク・ノイズやリンギングが発生します．そこで，ゲート直列抵抗R_Gを入れて対策します．このとき問題になるのがゲート直列抵抗R_Gの許容損失です．

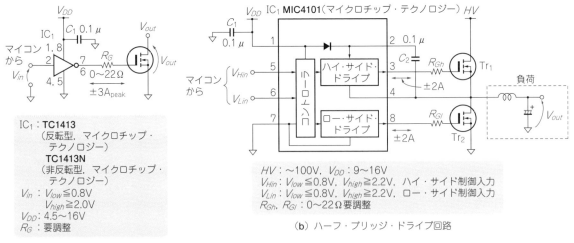

（a）ロー・サイド・ドライブ回路

IC₁：TC1413
（反転型，マイクロチップ・
テクノロジー）
TC1413N
（非反転型，マイクロチップ・
テクノロジー）
V_{in}：V_{low}≦0.8V，
V_{high}≧2.0V
V_{DD}：4.5～16V
R_G：要調整

（b）ハーフ・ブリッジ・ドライブ回路

HV：～100V，V_{DD}：9～16V
V_{Hin}：V_{low}≦0.8V，V_{high}≧2.2V，ハイ・サイド制御入力
V_{Lin}：V_{low}≦0.8V，V_{high}≧2.2V，ロー・サイド制御入力
R_{Gh}，R_{Gl}：0～22Ω要調整

図1　3.3VマイコンのON/OFF指令を受けてMOSFETを2Aで強力ドライブできるゲート・ドライブ専用IC回路
専用ICを使うのが簡単だが，ゲート直列抵抗R_Gを必ず配置すること

数Ωの低抵抗でもスパイク・ノイズやリンギングを抑制できますが，**図2**に示すドライブ回路の損失P_{DRV}が，すべてゲート直列抵抗R_Gで消費されると考えて，許容損失を決定すれば，十分な余裕を持たせることができます．

図2に，ゲート入力容量C_{iss}の見積もりかたとツェナー・ダイオードによるレベル・シフト回路の損失計算法も示します．

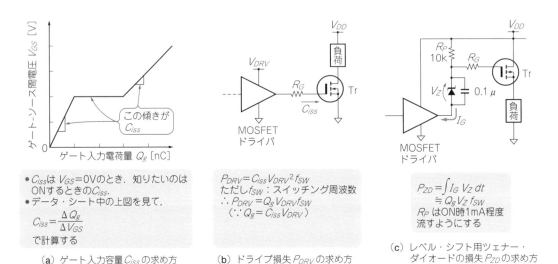

・C_{iss}はV_{GS}＝0Vのとき．知りたいのはONするときのC_{iss}.
・データ・シート中の上図を見て，
$$C_{iss}=\frac{\Delta Q_g}{\Delta V_{GS}}$$
で計算する

（a）ゲート入力容量C_{iss}の求め方

$P_{DRV}=C_{iss}V_{DRV}^2 f_{SW}$
ただしf_{SW}：スイッチング周波数
∴$P_{DRV}=Q_g V_{DRV} f_{SW}$
（∵$Q_g=C_{iss}V_{DRV}$）

（b）ドライブ損失P_{DRV}の求め方

$$P_{ZD}=\int I_G V_Z\,dt$$
≒$Q_g V_Z f_{SW}$
R_PはON時1mA程度流すようにする

（c）レベル・シフト用ツェナー・ダイオードの損失P_{ZD}の求め方

図2　ノイズ対策用のゲート抵抗を入れるときは必ず損失を計算する
ドライブ回路の損失P_{DRV}がすべてゲート直列抵抗R_Gで消費されると考えて，許容損失を決定する

コラム2　実験に便利なリード挿入型トランジスタ

ブレッドボードを使用した実験では，部品はリード挿入型が望ましいのですが，最近の日本製トランジスタではTO-92外形のリード挿入型の入手が困難です．

海外製のTO-92外形のリード挿入型は入手が可能です．表Aに実験で使用したトランジスタとパワーMOSFETの一覧を示します．このなかで2N3904（NPN）と2N3906（PNP）は，古くから製造されている米国の汎用トランジスタです．日本の汎用トランジスタは各社から独自の型名で販売されていますが，米国では各社から同一型名で販売されていました．実験に使用したパワーMOSFETの

2SK2385と2SJ349はすでに廃番になっていますが，手持ちにあったため使用しました．実際には，TK5R3A06PLや2SJ652などが選べます．

同一外形（TO-220F）のパワーMOSFETは，まだ新製品が出ている状況で入手は容易です．仕様にあったパワーMOSFETを選択して実験してください．

同じTO-92外形でも図Bに示すように，ピン接続が日本，米国，欧州では異なっています．実験で使うときは間違えないように注意してください．なお，TO-220（F），TO-3P（TO-247）外形では，ピン接続は日本，米国，欧州で同一です．

〈馬場　清太郎〉

表A　本章の実験に使用したトランジスタとパワーMOSFET

種　類		型名	最大定格		外形
			電圧	電流	
汎用 トランジスタ	NPN	2N3904	40 V	0.2 A	TO-92
	PNP	2N3906	− 40 V	− 0.2 A	TO-92
大電流 トランジスタ	NPN	BC337-25	45 V	0.8 A	TO-92
	PNP	BC327-25	− 45 V	− 0.8 A	TO-92
パワー MOSFET	Nch	2N7000	60 V	0.2 A	TO-92
	Nch	2SK2385	60 V	30 A	TO-220F
	Pch	2SJ349	− 60 V	20 A	TO-220F

型名表示

E C B …日本（2SC1815など）
E B C …米国（2N3904など）
C B E …欧州（BC337など）
S G D …2N7000（MOSFET）
　　　　など

（a）TO-92のピン接続

型名表示

B C E …バイポーラ・
　　　　トランジスタ
G D S …MOSFET

（b）TO-220/TO-3P
（TO-247）
のピン接続

図B　TO-92/TO-220外形のピン接続
TO-92外形は各国でピン接続が異なる

6-10 DC-DCコンバータ用パワーMOSFETの選び方

〈梅前　尚〉

図1に示すのは，マイコン・ボードなどを作るときに必ずお世話になるスイッチング電源「降圧型DC-DCコンバータ」のブロック図です．スイッチング電源は，その多くがMOSFETと呼ばれるパワー・トランジスタを使っています．MOSFETは，バイポーラ・トランジスタよりON/OFFのキレが良いため損失が少なく，また小さな電力で駆動できるからです．

● テクニック…降圧型DC-DCコンバータを作るならPチャネルの方が簡単

図2（a）に示すように，PチャネルMOSFETは，ゲートに加える電圧（V_G）をソース電圧（V_S）に対してゲ

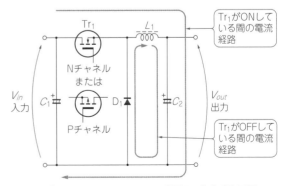

Tr₁がONしている間の電流経路

V_{in}
入力

Nチャネル
または

Pチャネル

V_{out}
出力

Tr₁がOFFしている間の電流経路

図1　必ずお世話になるスイッチング電源の代表「降圧型DC-DCコンバータ」のブロック図

表1 定格が同じくらいのPチャネルとNチャネルのMOSFETの特性

項　目	Pチャネル MOSFET FQB47P06	Nチャネル MOSFET FQB50N06
ドレイン-ソース間電圧 V_{DSS}	− 60 V	+ 60 V
ドレイン電流 I_D	− 47 A	+ 50 A
ゲートしきい値電圧 $V_{GS(th)}$	− 2.0 ～ −4.0 V	2.0 ～ 4.0 V
ドレイン-ソース間オン抵抗 $R_{DS(on)}$	26 mΩ	22 mΩ
最大入力容量 C_{iss}	3600 pF	1540 pF
最大出力容量 C_{oss}	1700 pF	580 pF
最大帰還容量 C_{rss}	420 pF	90 pF
最大ゲート電荷量 Q_G	110 nC	41 nC
最大ターン・オン遅れ時間 $t_{D(ON)}$	110 ns	40 ns
最大ターン・オン立ち上がり時間 t_R	910 ns	220 ns
最大ターン・オフ遅れ時間 $t_{D(OFF)}$	210 ns	130 ns
最大ターン・オフ立ち下がり時間 t_F	400 ns	140 ns

（a）特性

Nチャネルのほうがオン抵抗が15％小さい．ON時の導通損失が少ない

Nチャネルは半分以下．駆動に必要なエネルギーが少なくてすむ

Nチャネルのほうが小さい．スイッチング・ロスが少ない

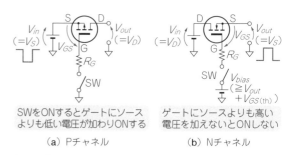

（b）測定条件

ートしきい値電圧（$V_{GS(th)}$）分低くしてやるとONします．ONすると，ドレイン-ソース間のインピーダンスが下がって大きなドレイン電流が流れます．V_Gが上がりゲート-ソース間電圧が$V_{GS(th)}$よりも低くなると，OFFしてドレイン-ソース間のインピーダンスが高くなり，ドレイン電流がゼロになります．

● テクニック…多くの面でPチャネルより高性能なNチャネルを使う方が得

▶ ONしている間のロスが小さく発熱が小さい

$R_{DS(ON)}$とは，MOSFETがONしたときのドレイン-ソース間の抵抗分です．ここにドレイン電流I_Dが流れると，$P_D = I_D{}^2 R_{DS(ON)}$の電力損失（導通損という）が発生します．オン抵抗$R_{DS(ON)}$が小さいほど発熱は小さいです．表1の例では，NチャネルはPチャネルより導通損が15％小さいです．オン抵抗は，電流定格が大きいほど，耐電圧が低いほど小さいです．

▶ キレがよく発熱が小さい

$t_{D(ON)}$，t_R，$t_{D(OFF)}$，t_Fは，ONからOFFまたはOFFからONになるとき，ドレイン-ソース間電圧（V_{DS}）が変化に要する時間です．短いほど，素早くONからOFF，OFFからONに切り替わるデバイスです．MOSFETは，ONしているときだけでなく，この切り替わる間にも損失（スイッチング損失）を生じます．NチャネルはPチャネルよりも切り替わる時間が短く，スイッチング損失が小さいです．

▶ 小さい電力でON/OFF駆動できる

入力容量，出力容量，帰還容量，ゲート電荷量が大きいものほど，MOSFETを駆動する電力が大きいです．これもNチャネルのほうが小さいです．

▶ 手に入れやすい

図2 図1のDC-DCコンバータのMOSFETはPチャネルを使うほうがON/OFF駆動回路が簡単

SWをONするとゲートにソースよりも低い電圧が加わりONする

（a）Pチャネル

ゲートにソースよりも高い電圧を加えないとONしない

（b）Nチャネル

どのメーカも，Nチャネルの取り扱い数が多いです．パッケージの選択肢が多く，入手性もよいです．

● 駆動回路がちょっと面倒だけど解決できる

図2（b）に示すように，NチャネルをONするときは，ゲートにソース端子の電圧（V_S）よりも，ゲート-ソース間しきい値電圧（$V_{GS(th)}$）以上高い電圧を加えます．

図2（a）のSWと抵抗R_Gだけの単純な回路で駆動するとどうなるでしょうか．SWがOFFしているとき，V_Sはほぼグラウンド・レベルです．ONするときはゲートにバイアス電圧を加えます．MOSFETがONすると，ドレイン-ソース間は低インピーダンスとなって，V_Sは上昇してドレイン電圧V_Dと等しくなろうとします．V_GはV_Dと等しいので，MOSFETのゲート-ソース間電圧V_{GS}が$V_{GS(th)}$以下まで低下して，OFFします．

実際にはMOSFETはOFFするのではなく，V_Sが上昇してV_{GS}が$V_{GS(th)}$まで低下して安定し，MOSFETが完全にONしないでV_{DS}が残った状態となり，ドレ

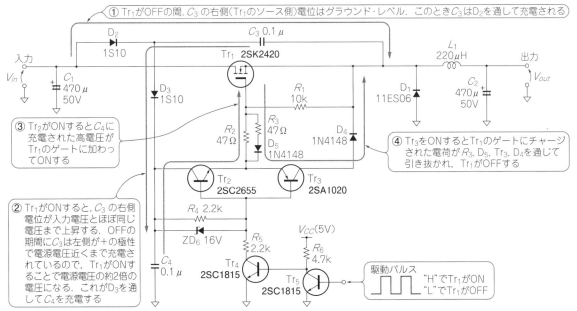

① Tr₁がOFFの間. C_3 の右側(Tr₁のソース側)電位はグラウンド・レベル. このときC_3はD_2を通して充電される

③ Tr₂がONするとC_4に充電された高電圧がTr₁のゲートに加わってONする

④ Tr₃をONするとTr₁のゲートにチャージされた電荷がR_3, D_5, Tr₃, D_4を通じて引き抜かれ, Tr₁がOFFする

② Tr₁がONすると, C_3 の右側電位が入力電圧とほぼ同じ電圧まで上昇する. OFFの期間にC_3は左側が+の極性で電源電圧近くまで充電されているので, Tr₁がONすることで電源電圧の約2倍の電圧になる. これがD_3を通してC_4を充電する

駆動パルス
"H"でTr₁がON
"L"でTr₁がOFF

図4 特別な外部電源を用意せず, シンプルな回路でゲートを駆動するNチャネルMOSFETを使ったDC-DCコンバータ
動作：MOSFETがOFFしている間に, D_2を通じてコンデンサC_3が入力電圧で充電される. ONするとソース電圧が入力電圧付近まで上昇するが, C_3が充電されたままなので, グラウンドに対するC_3のD_2側の電圧はほぼ入力電圧の2倍になる. この電圧でD_3を通してC_4が充電され, ゲートに加わってON状態が続く. MOSFETがOFFすると, V_Sはグラウンド・レベルまで下がるので, 再びC_3が充電される. C_4はD_3によって放電されずに電圧を維持している. 前回の駆動で消費されたエネルギーをC_3が補い, スイッチングが持続される

イン電流によって大きな損失を発生します（**図3**）.

▶シンプルな駆動回路

　NチャネルMOSFETをONするには, 入力電圧よりも高いゲート駆動電圧が必要ですが, 外部電源を用意したくはありません. **図4**は, チャージポンプと呼ばれるシンプルな駆動回路です.

◆参考文献◆
(1) Power MOSFET アプリケーションノート, 富士電機.
(2) 2SK4080 データシート, ルネサス エレクトロニクス.
(3) FQB47P06 データシート, オン・セミコンダクター.
(4) FQB50N06 データシート, オン・セミコンダクター.

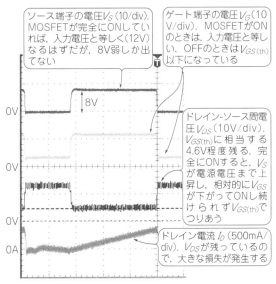

ソース端子の電圧V_S (10/div). MOSFETが完全にONしていれば, 入力電圧と等しく(12V)なるはずだが, 8V弱しか出てない

ゲート端子の電圧V_G(10V/div). MOSFETがONのときは, 入力電圧と等しい. OFFのときは$V_{GS(th)}$以下になっている

ドレイン-ソース間電圧V_{DS}(10V/div). $V_{GS(th)}$に相当する4.6V程度残る. 完全にONすると, V_Sが電源電圧まで上昇し, 相対的にV_{GS}が下がってONし続けられず$V_{GS(th)}$でつりあう

ドレイン電流I_D (500mA/div). V_{DS}が残っているので, 大きな損失が発生する

図3 図1のDC-DCコンバータにNチャネルMOSFETを使い, Pチャネルのシンプルな回路[図2(a)]で駆動したときの波形

第7章

OPアンプ増幅回路で使える基本テクニック

7-0 OPアンプの種類と使い分け

〈馬場 清太郎〉

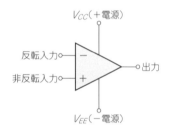

図1　OPアンプの外部接続端子

● OPアンプの種類

OPアンプの外部接続端子を**図1**に示します.

理想のOPアンプを考えてみると,**表1**の「理想特性」の項に示すような特性が上げられます.理想に近い現実のOPアンプを分類すると,**表1**の「現実の特性」の項のようになります.比較のため載せたNJM4558はNJM4580の元になったOPアンプで,交流特性と直流特性のバランスがよく大量に使用されている代表的

な汎用OPアンプです.世の中では「あちら立てればこちらが立たず」と言われていますが,OPアンプでもこのすべての項目を同時に満足することはできません.用途に応じて,おのおのの項目が優れている高性能OPアンプが作られています.表に上げた以外にも,出力電力の大きなパワーOPアンプなどがあります.

汎用OPアンプとは,おのおのの項目は取り立てて高性能ではありませんが,気軽に使用できる安価なOPアンプを意味しています.一般的な使用では汎用OPアンプで十分な場合が多く,大量に生産/使用されているため安価になっています.トランジスタ数個で増幅回路を組む場合と比較すれば,安く,簡単に,十分な特性をもつ増幅回路が実現できます.

● 汎用OPアンプとは

汎用OPアンプとは,上述のような実用的特性のOPアンプです.**表2**に代表的な2個入り汎用OPアンプを示します.表には上げていませんが2個入りのほ

表1　OPアンプ特性の理想と現実

項目	理想特性	理想に近いOPアンプの種類	現実の特性	NJM4558の特性
入力オフセット電圧	0 V	高精度OPアンプ	$25\ \mu V$以下	0.5 mV
入力バイアス電流	0 A	CMOS OPアンプ	1 pA以下	25 nA
入力抵抗	∞	CMOS OPアンプ	1T(テラ)Ω以上	5 MΩ
電圧利得	∞	高精度OPアンプ	130 dB以上	100 dB
最大出力電圧	∞	レール・ツー・レール出力OPアンプ	電源電圧まで	± 14 V
同相入力電圧範囲	∞	レール・ツー・レール入力OPアンプ	電源電圧まで	± 14 V
スルー・レート	∞	高速OPアンプ	$1000\ V/\mu s$以上	$1\ V/\mu s$
利得帯域幅積	∞	広帯域OPアンプ	1 GHz以上	3 MHz

(注)理想に近いOPアンプの種類は,超高性能品は除き,入手容易な品種を参考にした.
　　NJM4558は代表的な汎用OPアンプで,特性は± 15 V電源で周囲温度25℃のときの標準値.

表2　代表的な2個入り汎用OPアンプ

JRC	ルネサス(NEC)	TI(NS)	TI	オリジナル
NJM4558	μPC4558	–	RC4558	レイセオン(RC4558)
NJM4580	μPC4572 ＊	LM833 ＊	RC4580	–
NJM072B	μPC4072	LF412 ＊	TL072	TI
NJM082B	μPC4082	TL082	TL082	TI
NJM2904	μPC358	LM2904	LM2904	NS(LM358)

(注)JRC：新日本無線，NEC：NECエレクトロニクス，NS：ナショナル セミコンダクター，TI：テキサス・インスツルメンツ，＊印はほぼ同特性を示す．

かに同特性の1個入り，4個入りなどがあるものもあります．NJM082はNJM072よりも仕様上特性が落ちますが，ほぼ同特性です．

　型名の一部が共通な同等品が多くてわかりやすくなっているのは，オリジナル・メーカの製品が業界標準になっているためです．NJM4580のタイプには業界標準がありません．アナログICの場合，他社同等品に載せ換えるときは動作の確認が必要です．

　ここで取り上げたのは，日米の代表的なメーカです．そのほかのメーカにも同等品があります．世界市場でOPアンプICのトップ・メーカと言えばアナログ・デバイセズ社ですが，表3に載せた安価な汎用OPアンプのようなロー・エンドというよりは，ミッド・レンジからハイ・エンドの高性能OPアンプが主です．

● OPアンプの使い分け

　OPアンプの使い分けを一般的にいえば，要求仕様を満足するOPアンプを選択し，周辺部品と実装技術も要求仕様を満足するようにします．とはいっても，最初から高性能OPアンプを使用した設計は初心者には荷が重いので，最初は汎用OPアンプを使うことを薦めます．高性能を目的としない回路に，高性能OPアンプを使用することはトラブルの元です．特に，高速/広帯域OPアンプは，高度な実装技術を要求します．汎用OPアンプの感覚で組み立てると，発振して手が付けられない場合もあります．

　最初は汎用OPアンプを使って，OPアンプの使いこなしを習得しましょう．

● バイポーラとCMOSの使い分け

　現在の電子機器は，省電力化のため低電圧動作が増えています．汎用OPアンプにも省電力で，低電圧動作に最適なCMOS OPアンプが増えています．

　汎用CMOS OPアンプの長所は，ほとんどの品種で出力電圧が電源電圧までのフル・スイング(レール・ツー・レール出力)が可能となっていることです．な

表3　安価なタイプの2個入り汎用CMOS OPアンプ

JRC	TI(NS)	TI	ST
NJU7002	–	TLC27L2C	TS27L2C
NJU7022	LMC662C ＊	TLC27M2C	TS27M2C
NJU7032	LMC662C ＊	TLC272C	TS272C

(注)ST：STマイクロエレクトロニクス，＊印はほぼ同特性を示す．

表4　2個入り汎用CMOS OPアンプの特性

品名	推奨 電源電圧	電源電流	利得 帯域幅積	スルー・ レート
NJU7002	$1 \sim 16$ V	15μA	0.1 MHz	0.05 V/μs
NJU7022	$3 \sim 16$ V	150μA	0.4 MHz	0.4 V/μs
NJU7032	$3 \sim 16$ V	1000μA	1.5 MHz	3.5 V/μs

(注)3品種とも，最大電源電圧：18V，入力オフセット電圧：10 mV$_{MAX}$，入力バイアス電流：1 pA$_{TYP}$，出力振幅はレール・ツー・レール．

かには入力電圧がレール・ツー・レールとなっているものもあります．汎用バイポーラOPアンプでは，プロセス上の問題[文献(1)参照]でPNPトランジスタの特性が悪くてレール・ツー・レール出力は難しくなっています．

　汎用CMOS OPアンプの欠点は，$1/f$ノイズがバイポーラOPアンプに比べて大きいことです．この欠点は入力段MOSFETのゲート面積を大きくすれば改善されます[文献(2)参照]が，チップ・サイズが大きくなってコストの上昇を招きます．汎用的な用途では，$1/f$ノイズが問題になることはほとんどありませんから，低電圧/小電力動作では汎用CMOS OPアンプの採用も考慮します．

　表3に2個入り汎用CMOS OPアンプ，表4にその概略特性を示します．細かい特性は各社で異なりますから，使用するときは確認が必要です．

　汎用CMOS OPアンプの場合は未だに新製品が発表され続けていて，業界標準が確立していないため，型名から各社同等品の類推ができにくくなっています．

　基本的な使い分けは，電源電圧が±12V～±15Vの高圧動作のときはバイポーラ，±5V(+10V)以下の低電圧動作で省電力やレール・ツー・レール出力が要求されるときはCMOS，+3.3V以下の電源電圧ではCMOSを使用します．

◆参考・引用＊文献◆
(1)＊ 黒田 徹：解析OPアンプ＆トランジスタ活用，2002年9月，CQ出版社．
(2) P. R. グレイ，P. J. フルスト，S. H. レビス，R. G. メイヤー，浅田邦博，永田 穣監訳：システムLSIのための アナログ集積回路設計技術(上)，2003年7月，培風館．

7-1 OPアンプの「仮想ショート」をつかむ

〈石井 聡〉

● OPアンプ単体の動作

図1に示すのはOPアンプの基本動作です。ここではOPアンプは理想的なものとしています。入力端子は反転入力（−）と非反転入力（＋）があり、ここに加わる電圧をV_P，V_Nとすると，出力電圧V_{out}は，

$$V_{out} = A(V_P - V_N) \quad\cdots\cdots\cdots\cdots\cdots\cdots (1)$$

となります。ここでAはOPアンプ単体の増幅率で，理想OPアンプの場合は$A = \infty$として考えます。実際のOPアンプでも低い周波数であれば，$A =$ 数万〜数百万倍ととても大きいです。

● ショートしていないけどショートしているとする「仮想ショート」の考え方

OPアンプ増幅回路では図2のように，出力電圧を抵抗により入力に戻す（帰還する）ことで増幅動作を実現しています。実際は「増幅」動作というより，「帰還」という制御で出力電圧が入力電圧に比例するよう動作しているという方が正しいでしょう。

通常の増幅回路として動作している状態では，出力の電圧は数Vという有限の大きさです。先の式(1)はOPアンプ単体の入出力関係を表しています。たとえば，ここで出力電圧$V_{out} = 1$ Vとして帰還により出力電圧が得られているとして考えます。$A = \infty$なので，式(1)を変形していくと，次のようになります。

$$V_P - V_N = \frac{V_{out}}{A} = \frac{1}{\infty} = 0$$

反転入力（−）と非反転入力（＋）の間の電圧はゼロとなります。これが「仮想ショート」の基本的な考え方です。端子間の電圧はゼロになりますが，お互いにショートしているわけではありません。帰還によりこのような端子間の電圧になるように制御されているのです。

● テクニック…仮想ショートによる計算

図2ではOPアンプ単体の増幅率$A = \infty$として考えてきました。これは理想OPアンプと仮定したためです。しかし，現実のOPアンプは増幅率$A = \infty$ではなく，$A =$ 数万〜数百万倍という有限の値です。ここでは$A = 1000$として考えます。

図3の回路で出力電圧3Vが得られているとして，実際に反転入力端子と非反転入力端子間の電圧は何V

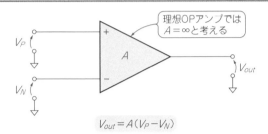

$$V_{out} = A(V_P - V_N)$$

図1　OPアンプの基本動作

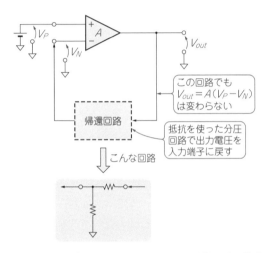

図2　OPアンプは帰還回路と組み合わせて増幅回路を構成するもの

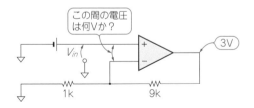

図3　OPアンプの開放ゲインが1000のとき反転入力端子と非反転入力端子間の電圧は何Vになるか

になるかを求めてみます。

式(1)より，$A = 1000$なので，

$$V_P - V_N = \frac{V_{out}}{A} = \frac{3}{1000} = 0.003 \text{ V}$$

となります。

7-2 OPアンプの同相入力電圧範囲

〈石井 聡〉

● OPアンプの同相入力電圧範囲とは

図1のようにOPアンプに加えられる入力電圧は電源電圧いっぱい(これを「電源レール」という)までではありません．OPアンプの種類にもよりますが，電源電圧から約2V内側の範囲(この電圧範囲は電源電圧を変えても変わらない)が正しく動作する入力電圧になります．これを「同相入力電圧範囲」と呼びます．

OPアンプの通常の動作では，反転入力($-$)と非反転入力($+$)の間の電圧が「仮想ショート」としてゼロになります．しかし，電圧レベル自体は同相入力電圧範囲に収まっている必要があります．

なお電源電圧いっぱいまで入力電圧を加えられるレール・ツー・レールOPアンプというものもあります．

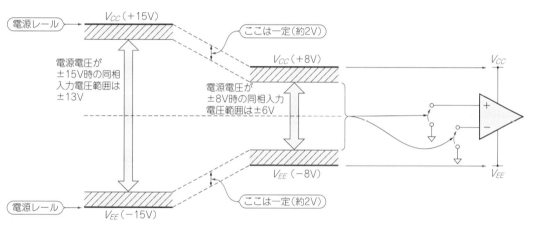

図1 OPアンプの同相入力電圧範囲の考え方

● テクニック…同相入力電圧範囲を求める

図2のOPアンプ非反転増幅器の電源を±15Vで駆動したときの同相入力電圧範囲が，データシート上では±13Vとなっているとき，この回路の電源を±8Vとしたときの同相入力電圧範囲は何Vになるかを求めてみます．

図2でOPアンプの電源が±15Vのとき，同相入力電圧範囲は±13Vなので，電源レールから2V内側になります．次にこのOPアンプの電源を±8Vとしたとき，ここでも「電源レールから2V内側」という条件は同じです．つまり±8V電源だと，同相入力電圧範囲は±6Vとなります．

また，図2のOPアンプを+10Vと0Vの単電源仕様として設計したときの同相入力電圧範囲も求めてみます．

OPアンプを単電源仕様で動作させても「電源レー

ルから2V以下」という同相入力電圧範囲の条件は同じです．+10Vの電源側は+8Vまで，グラウンド側は+2Vまでです．つまり+2～+8Vが同相入力電圧範囲となります．

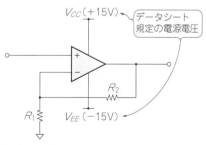

図2 電源を±8Vとしたとき，または+10Vと0Vの単電源仕様としたときの同相入力電圧範囲は何Vになるかを求める

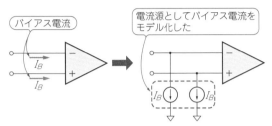

図1 OPアンプの入力端子に流れるバイアス電流は電流源に置き換えられる

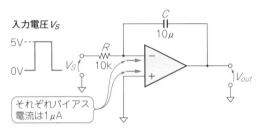

図2 バイアス電流による積分誤差や,出力電圧の変化速度を求める

● OPアンプのバイアス電流の基本的な考え方

OPアンプの反転入力端子と非反転入力端子にはバイアス電流が流れます.これが回路の動作に誤差を生じさせます.バイアス電流は図1のように電流源としてモデル化できます.この電流が信号源V_Sからの電流に足し算されます.

● テクニック…バイアス電流による積分誤差を確認

図2のOPアンプによる積分回路で,それぞれの入力端子に1μAのバイアス電流が流れているとき,積分誤差は何%になるかを求めます.回路動作前(V_S = 0V)のときのCは完全に放電しているものとし,オフセット電圧はないものとします.

OPアンプのバイアス電流以外は理想的とし,反転入力と非反転入力の間は仮想ショートとして考えます

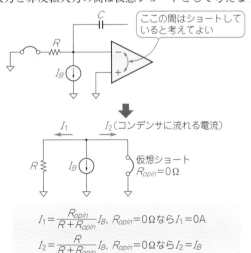

図3 反転入力と非反転入力端子は仮想ショートとして考える

(図3).全電流はコンデンサCに流れ込むので,入力電圧V_Sから抵抗Rを経由して流れる電流Iは,0.5mAです.

$$I = \frac{V_S}{R} = \frac{5}{10\mathrm{k}\Omega}$$

一方,バイアス電流は1μAなので,積分誤差量としては1/500 = 0.2%として計算できます.非反転入力端子に流れ込むバイアス電流は,この回路の動作には影響を与えません.

● テクニック…バイアス電流による出力電圧の変化速度を確認

先ほどの図2のOPアンプによる積分回路で,入力端子をグラウンドに接続したときの出力電圧の変化速度[V/s]はいくつになるかも求めてみます.

V_S = 0Vなので,バイアス電流だけを考えます.反転入力と非反転入力の間は仮想ショートとして考えます(図3).バイアス電流から見ると,Rと仮想ショートのどちらにも電流が流れていくように思われますが,等価的に仮想ショート(0Ωとなる)の部分に流れ込むように「見える」と考えられます.これを式で表すと,

$$I_2 = \frac{R}{R + R_{opin}} I \cdots\cdots\cdots\cdots\cdots\cdots (1)$$

となります.ここでR_{opin} = 0Ω(仮想ショート)なのでI_2 = Iとなりますが,実際は全ての電流はOPアンプ側には流れ込まず,コンデンサCに流れ込みます.するとこの回路は,1μAの電流で10μFのコンデンサを充電します.コンデンサの端子電圧は,

$$V_C(t) = \frac{1}{C} \int I(t)dt + V_0 \cdots\cdots\cdots\cdots (2)$$

となります．電流$I(t) = 1\,\mu A$（ここではバイアス電流として一定）で充電されるので，OPアンプの出力の変化速度は，次のようになります．

$$\frac{1\,\mu A}{10\,\mu F} = 0.1\,V/s$$

7-4 OPアンプ各特性を正しく測る

〈馬場 清太郎〉

● リニア増幅するならOPアンプ

マイコンに接続して使用する増幅素子として，トランジスタはスイッチング用途ならともかく，リニアな増幅用途ではバイアスの設定や直流増幅の難しさから非常に使いにくいです．

その点OPアンプは簡単にマイコンに接続して使用

できます．ここでは使いやすい2回路入りの汎用OPアンプで単電源用のNJM2904と両電源用のNJM4580（いずれも新日本無線）を使って実験します．

OPアンプの測定方法はJEITA規格のED-5103A「リニア集積回路測定方法（演算増幅器及びコンパレータ）」で規定されていますが，ここでは，ED-5103Aとアナログ・デバイセズの技術資料AN-356「オペアンプの仕様を適用・測定するためのユーザーズ・ガイド」を参考に測定します．

■ テクニック…帰還をかけない状態の小信号に対するゲインの周波数応答を測る

● 要点

OPアンプを使用した増幅回路の安定度や周波数特性に最も影響するのが，オープン・ループ・ゲインです．図1の回路で測定します．

OPアンプには低周波用のNJM2904を使用します．R_5は定格負荷を与えるための抵抗です．単電源用OPアンプではマイナス電源に接続し，両電源用OPアンプではグラウンドに接続します．

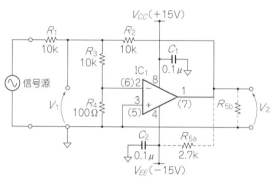

オープン・ループ・ゲインの求め方
IC_1：NJM2904のときは，R_{5a}：2.7k，R_{5b}：なし．
IC_1のオープン・ループ・ゲイン$A_{(j\omega)}$は，

$$A_{(j\omega)} = \frac{V_2}{V_1}\frac{R_3 + R_4}{R_4} \fallingdotseq 100\frac{V_2}{V_1} \quad\cdots\cdots\cdots (1)$$

図1　小信号入力に対するゲイン「オープン・ループ・ゲイン」の周波数特性を測る
出力抵抗R_5で定格負荷を与える

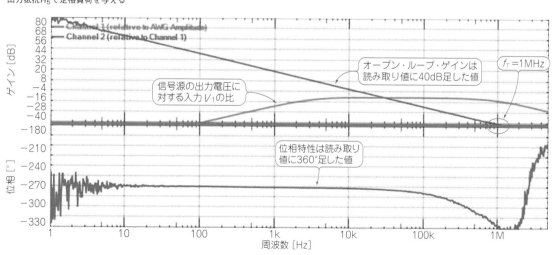

図2　実験…小信号入力に対するゲインの周波数応答（アンプの不具合「発振」が起きそうかどうかがわかる）
オープン・ループ・ゲインが1倍（＝0dB）になる周波数f_Tは約1MHz

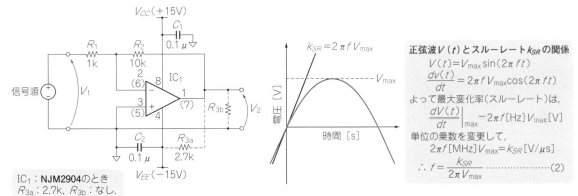

（a）大振幅帯域幅（PBW）とスルーレートを測定する回路

$$k_{SR} = 2\pi f V_{max}$$

正弦波$V(t)$とスルーレートk_{SR}の関係

$$V(t) = V_{max}\sin(2\pi ft)$$

$$\frac{dV(t)}{dt} = 2\pi f V_{max}\cos(2\pi ft)$$

よって最大変化率（スルーレート）は，

$$\left.\frac{dV(t)}{dt}\right|_{max} = 2\pi f[Hz]V_{max}[V]$$

単位の乗数を変更して，

$$2\pi f[MHz]V_{max} = k_{SR}[V/\mu s]$$

$$\therefore f = \frac{k_{SR}}{2\pi V_{max}} \quad\cdots\cdots\cdots\cdots(2)$$

IC$_1$：NJM2904のとき
R_{3a}：2.7k, R_{3b}：なし.

（b）スルーレートとPBWの関係

図3　10 Vを出力させて大振幅帯域幅PBWとスルーレートを測る

● 実験

　図2にオープン・ループ・ゲインの測定結果を示します．1.2 Hz以下のオープン・ループ・ゲインは約80 + 40 = 120 dB，−20 dB/decの傾斜域で位相は90°遅れとなっています．

　使用したネットワーク・アナライザは，位相表示が360°遅れているため，図2の−270°は−270 + 360 = +90°です．進みではなく遅れなのは，反転アンプのため，+90 − 180 = −90°が真の特性だからです．オープン・ループ・ゲインが1倍（= 0 dB）になる周波数f_Tは約1 MHzでNJM2904の仕様どおりです．

■ テクニック…何Hzまで大振幅のまま減衰しないで出力されるか調べる

● 要点

　オープン・ループ・ゲインは100 mV$_{peak}$程度の小信号周波数特性に影響を与えますが，大振幅の周波数特性は大振幅帯域幅（PBW）とスルーレートが影響します．

　図3（a）の回路で大振幅帯域幅（PBW）と最大変化率スルーレートを測定します．

● 実験

　± 1 V$_{peak}$の正弦波を入力したときの応答特性を図4に示します．出力振幅± 10 V$_{peak}$を維持できる最高周波数は，約6.3 kHzでした．

　これを確認するため周波数1 k〜10 kHzまでスイープしたのが図5です．これを見ると6.2 k〜6.4 kHzの間に振幅が± 10 V$_{peak}$を維持できなくなる周波数があります．

　± 1 V$_{peak}$で5 kHzの方形波を入力したときの応答特性を図6に示します．スルーレートを求めると0.4 V/μsです．図3（b）の式(2)に従い，出力振幅± 10 V$_{peak}$のPBWを求めると6.37 kHzになります．図4と図6から求めた約6.3 kHzと，ほぼ正しい値です．

■ テクニック…入力信号がないときに出てほしくない電圧と電流を測る

● 要点

　OPアンプを使用した直流増幅回路の誤差に影響するのが，入力オフセット電圧，オフセット電流，バイアス電流です．

　図7の回路で，スイッチS$_1$とS$_2$をON/OFFしなが

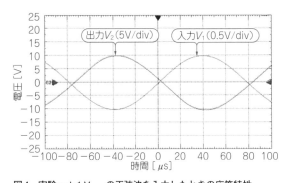

図4　実験…± 1 V$_{peak}$の正弦波を入力したときの応答特性
出力振幅± 10 V$_{peak}$を維持できる最高周波数は，約6.3 kHz

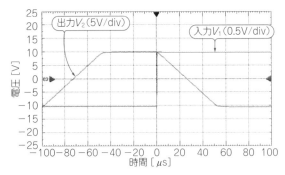

図6　実験…± 1 V$_{peak}$で5 kHzの方形波を入力したときの応答特性
スルーレートは，約0.4 V/μs

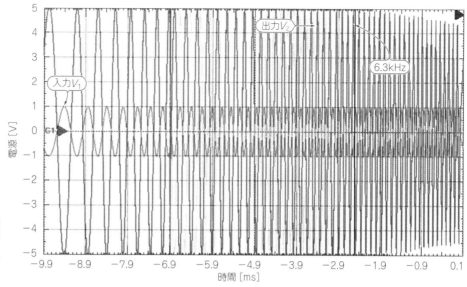

図5　実験…図3の回路の±10 V_peak 出力振幅の周波数応答
約6.3 kHzから，振幅±10 V_peakを維持できなくなる

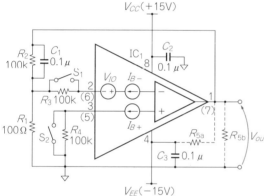

IC_1：**NJM2904**のとき R_{5a}：2.7k, R_{5b}：なし

(1) 入力オフセット電圧V_{IO}の求め方（S_1：ON，S_2：ON）

$$V_{out} \fallingdotseq \frac{R_2}{R_1} V_{IO} \qquad \therefore V_{IO} = \frac{V_{out}}{1000} \quad\cdots\cdots\cdots\cdots (3)$$

(2) 入力バイアス電流I_{B+}の求め方（S_1：OFF，S_2：ON）

$$V_{out} \fallingdotseq (V_{IO} + R_3 I_{B+})\frac{R_2}{R_1} \qquad \therefore I_{B+} = \frac{1}{10^5}\left(\frac{V_{out}}{1000} - V_{IO}\right) \cdots (4)$$

(3) 入力バイアス電流I_{B-}の求め方（S_1：ON，S_2：OFF）

$$V_{out} \fallingdotseq (V_{IO} + R_4 I_{B-})\frac{R_2}{R_1} \qquad \therefore I_{B-} = \frac{1}{10^5}\left(\frac{V_{out}}{1000} - V_{IO}\right) \cdots (5)$$

(4) 入力オフセット電流I_{IO}の求め方（S_1：OFF，S_2：OFF）

$I_{IO} = |I_{B+} - I_{B-}|, \ R_3 = R_4$として，

$$V_{out} \fallingdotseq (V_{IO} + R_3 I_{IO})\frac{R_2}{R_1} \qquad \therefore I_{IO+} = \frac{1}{10^5}\left(\frac{V_{out}}{1000} - V_{IO}\right) \cdots (6)$$

図7　入力信号がないのに出力されてしまう誤差信号（入力オフセット電圧，オフセット電流，バイアス電流）**を測る**
スイッチS_1とS_2を同時にONすると入力オフセット電圧，スイッチS1をOFFするとオフセット電流，スイッチS_1とS_2を同時にOFFするとバイアス電流を測定できる

ら入力オフセット電圧V_{IO}，入力オフセット電流I_{IO}，入力バイアス電流I_Bを測定します．

スイッチS_1とS_2を同時にONすると入力オフセット電圧V_{IO}が測定できます．スイッチS_1だけをOFFすると高抵抗$R_3 = 100\,\mathrm{k}\Omega$が入力と直列に挿入されるため，電圧降下から反転入力のバイアス電流I_{B-}が測定できます．スイッチS_2だけをOFFすると同様に非反転入力のバイアス電流I_{B+}が測定できます．スイッチS_1とS_2を同時にOFFすると入力オフセット電流I_{IO}が測定できます．

測定するのは，すべて出力電圧であるため，**図7**の式に従って，入力オフセット電圧，入力バイアス電流，入力オフセット電流を計算します．

● **実験**

表1に結果をまとめました．仕様標準／最大値に比べ非常によい値です．これは，偶然このような結果になっただけです．必ず仕様の最大値を採用して設計します．

個別に作るときは，1つずつ測定し，その値で設計してもかまいませんが，故障時の交換作業を考えると，仕様の標準値を採用するのがよいでしょう．

表1　入力オフセット電圧，入力バイアス電流，入力オフセット電流の計算結果

項　目	計算値	仕様値		V_{out}の測定値
		標準	最大	
入力オフセット電圧V_{IO}	0.151 mV	2 mV	7 mV	0.151 V
入力バイアス電流I_{B-}	− 18.69 nA	25 nA	250 nA	− 1.718 V
入力バイアス電流I_{B+}	18.42 nA	25 nA	250 nA	1.993 V
入力オフセット電流I_{IO}	− 0.22 nA	5 nA	50 nA	0.129 V

コラム　初めてでも使いやすいOPアンプ

● 電源を供給しないと動かない

OPアンプの基本端子接続を図Aに示します.

OPアンプの端子は、反転入力、非反転入力、出力、＋電源(V_{CC})、－電源(V_{EE}またはGND)の5つが基本です. 回路図では電源端子が省略されることがよくあります. ディジタル回路で、ゲートなどのロジックICの電源が回路図で省略されているのと同じことです. OPアンプを動作させるために、電源の供給は必要不可欠ですから、回路図に書かれていなくても、実験するときには必ず電源を供給しましょう.

両電源のときは図A(a)、単電源のときは図A(b)に示すように電源端子(V_{CC}, V_{EE})とグラウンド間には必ずパスコンを入れます.

● テクニック…架空のIC「理想OPアンプ」で動作を考えると都合がいい場合も

OPアンプは非常に大きなゲインを持つ差動アンプです. 図Bの式(A)に示したように、反転入力端子と非反転入力端子間の差電圧 $\Delta V_{in} = V_{in+} - V_{in-}$ をオープン・ループ・ゲインA倍して出力します. 図Bの式(B)に示したように、オープン・ループ・ゲインAが無限大に近く、出力電圧が有限であることから、ΔV_{in}はほぼゼロになります. これを理想化したのが「理想OPアンプ」で、次の特性を持ちます.

- オープン・ループ・ゲイン$A = \infty$
- 入力インピーダンス$Z_{in} = \infty$
- 出力インピーダンス$Z_{out} = 0$

以上から、$\Delta V_{in} = 0$となり、両入力端子間の差電圧がゼロなら短絡していることと同じです. 両入力端子は仮想的に短絡しているとし、この状態を仮想(バーチャル)ショートと呼びます.

現実のOPアンプは、低周波での特性を理想OPアンプと仮定しても、それほど大きな誤差にはなりません. 低周波でのOPアンプ回路の解析にバーチャル・ショートを適用すると、回路解析は非常に簡単になります.

もちろん、回路解析のときには「バーチャル・ショート」＝「両入力端子間の差電圧がゼロになる」という条件を入れた式を立てるだけで、両入力端子を短絡した式を立ててはいけません.

● 本章のOPアンプ回路の実験を試したい場合

本章の実験では2回路入りのOPアンプを使用して

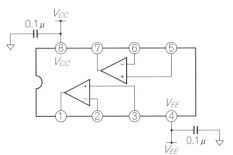

（a）両電源で使用するとき

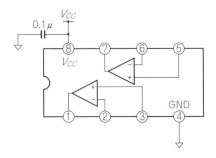

（b）単電源で使用するとき

（c）未使用端子の処理

図A　回路図では省略される電源を必ず接続する

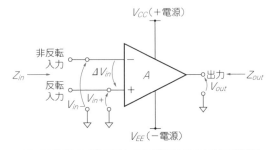

A ：オープン・ループ・ゲイン（非常に大きい）
Z_{in} ：入力インピーダンス（非常に大きい）
Z_{out} ：出力インピーダンス
$$V_{out} = A(V_{in+} - V_{in-}) = A\Delta V_{in} \quad\cdots\cdots\cdots\cdots(A)$$
$$\therefore \Delta V_{in} = V_{out}/A$$
$$\lim_{A \to \infty} \Delta V_{in} = \lim_{A \to \infty} \frac{V_{out}}{A} = 0 \quad\cdots\cdots\cdots\cdots(B)$$

$\Delta V_{in} = 0$より反転入力と非反転入力はショートなのと同じ
→バーチャル・ショートと呼ぶ. グラウンド(▽)電位はV_{CC}とV_{EE}の間に設定する. グラウンドとV_{EE}を同電位にできるOPアンプを単電源用OPアンプと呼ぶ

図B　回路の動作は「理想OPアンプ」で考える

います. OPアンプを1個だけ使用する場合, 未使用端子は, **図A(c)**のようにボルテージ・フォロワ接続して非反転入力端子をグラウンドに接続します.

NJM2904とNJM4580が手元になく, 他のOPアンプがある場合は, まずデータシートで最大電源電圧を確認します. NJM2904, NJM4580と同様に使用できるOPアンプを次に示します.

- NJM2904：LM358またはLM2904(オリジナルだが, 電源電圧は±12Vまでとする)
- NJM4580：RC4580(オリジナル). RC4558や

NJM4558など, バイポーラ両電源用OPアンプであれば, ほとんど使用できる

高速・広帯域OPアンプの使用は安定度に問題が起きる可能性があります. CMOS構造のOPアンプであれば, 電源電圧は単電源で+5V, 両電源で±5Vのものが入手可能です. 外部電源(±15V)は不要ですが, データシートで仕様を満足する最小負荷抵抗を確認してから使用しましょう.

〈馬場 清太郎〉

7-5 OPアンプ増幅回路の代表「反転アンプ」

〈馬場 清太郎〉

● 要点

OPアンプは通常負帰還をかけて使用します. OPアンプを理想的な増幅素子と仮定すれば, ゲインを簡単に求めることができます.

図1に示すのは, 反転アンプです. **図1**の式(1)は, 理想OPアンプとして計算した式です.

● 実験

図2に, 容量C_3とC_4を接続しない基本的な反転アンプの入出力特性を示します. ±2V_{peak}で1kHzの正弦波を入力したとき, 出力は計算どおり-5倍されて±10V_{peak}となっています.

● テクニック…ネットアナがなくても方形波を入力すれば, 作った増幅回路が安心して使えるかどうかがわかる

図3(a)に, 容量$C_3 = 220$ pFを接続し, ±1V_{peak}で10kHzの方形波を入力したときの特性を示します. 出力波形にはオーバーシュートとリンギングが表れて, 不安定になっていることがわかります.

実際の回路では, 意識して付けない限りこのように大きな容量が反転入力端子に付くことはあり得ません. しかし, アプリケーションによってはこれ以上の容量が付くことも考えられます.

特に問題なのは, フォト・ダイオードなどが接続される電流-電圧変換回路(トランス・インピーダン

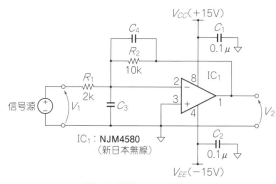

IC₁：NJM4580
（新日本無線）

ゲインGと容量C₄の求め方

$$ゲイン G = \frac{V_2}{V_1} = -\frac{R_2}{R_1} = -5 \cdots\cdots(1)$$

$C_3 = 220$pFを付加したとき,

$$C_4 = C_3 \frac{R_1}{R_2} = 44\text{pF} ≒ 68\text{pF} \cdots\cdots(2)$$

◀**図1 OPアンプを使ったもっとも基本的な増幅回路「反転アンプ」を動かしてみる**
式(7)は, 理想OPアンプとして計算した

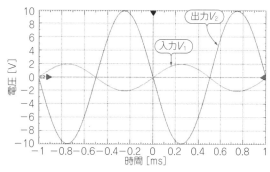

図2 実験…±2V_{peak}で1kHzの正弦波を入力したときの入出力特性
容量C_3とC_4を接続しない

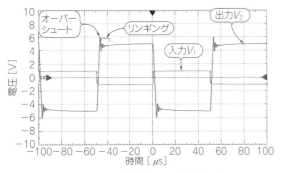

(a) $C_3 = 220$ pF を接続し，C_4 を接続しない

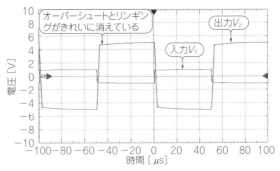

(b) $C_3 = 220$ pF，$C_4 = 68$ pF を接続する

図3 実験！±1 V_{peak} で10 kHzの方形波を入力したときの入出力特性

ス・アンプ）です．

容量 C_4 の値を図1の式(2)に従って計算すると，44 pF になります．少し余裕を見て容量 $C_4 = 68$ pF を付けたときの入出力特性を図3(b)に示します．オーバーシュートとリンギングがきれいに消えています．また，出力波形の立ち上がりと立ち下がりが緩やかになり，コンデンサ C_4 を計算結果よりも大きくした効果が出ています．

● テクニック…マイコンや電池との組み合わせが急増中の単電源で動かすには

図4は単電源反転アンプです．図1のグラウンドに接続していた非反転入力をバイアスして V_{CC} 〜グラウンド間の電位 V_B に接続するだけです．

入力電圧 V_{in} と出力電圧 V_{out} の基準を V_B とすると，簡単に入出力の関係が求められます．V_{in} が常にマイナスであるならば，$V_B = 0$ V としても動作します．

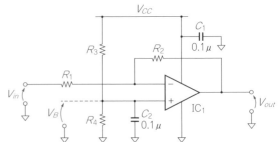

V_{CC} 〜グラウンド間電位 V_B と出力 V_{out} の関係式

$$V_B = \frac{R_4}{R_3 + R_4} V_{CC} \quad \cdots\cdots\cdots(9)$$

$$V_{out} = -(V_{in} - V_B)\frac{R_2}{R_1} \quad \cdots\cdots(10)$$

図4 負電源がないときの使い方（単電源で動かす方法）
V_{in} が常にマイナスであるならば，$V_B = 0$ V としても動作する

7-6 元の信号をそのまま伝える「ボルテージ・フォロワ」

〈馬場 清太郎〉

PS＋端子（$V_{PS+} = +5$V）

C_1 0.1μ

2 8 IC$_1$
3 1
4

信号源 V_1

C_2 0.1μ

R_1 10k

$V_2 (= V_1)$

PS−端子（$V_{PS-} = -5$V）

IC$_1$：NJM2904（R_1 あり）
NJM4580（R_1 なし） （いずれも新日本無線）

図1 ボルテージ・フォロワを動かしてみる
入力インピーダンスが，ほぼ無限大である

図1のボルテージ・フォロワは，ゲイン1倍の非反転アンプです．非常に有用な回路でよく使われています．

なぜゲイン1倍でも有用なのかと言うと，入力インピーダンスが，ほとんど無限大と言ってもよいほど高いからです．インピーダンスの高い回路に接続すると，接続点の電圧を誤差なく検出できます．

他の回路と異なり電源が ±5 V になっているのは，信号源の最大出力振幅を ±5 V_{peak} に設定したためです．

● 実験

IC$_1$ を NJM2904 としたときの入出力特性を図2(a)に示します．入力 V_1 が3.7 V以上になると出力がクリップしますが，入力 V_1 が−5 V になっても出力波形

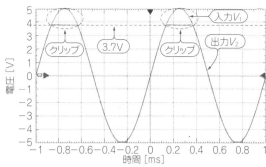

(a) IC$_1$：NJM2904のとき

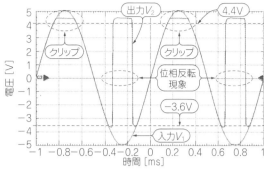

(b) IC$_1$：NJM4580のとき

図2 入出力特性（NJM4580を単電源で使用すると，出力位相が反転する「位相反転現象」が起きる）

は乱れず，入力に追随しています．

　このOPアンプを単電源で使用しても，入出力とも グラウンド電位まで動作します．抵抗$R_1 = 10\,\text{k}\Omega$を付 加しないと出力波形がクロスオーバひずみで乱れます．

　IC$_1$がNJM4580のときの入出力特性が**図2(b)**です． 入力V_1が4.4 V以上になると出力がクリップします．

● **テクニック…入力信号のレベルが$V_{EE}+1.4\,\text{V}$以下 にならないようにする**

　問題は入力V_1がマイナス電源(V_{EE})に近づいたと きです．入力V_1が－3.6V以下になると出力V_2がマイ ナス側にクリップせず，プラス側にクリップする位相 反転現象を起こします．このOPアンプを単電源で使 用すると，入力が1.4 V($= -3.6 - (-5)$)以下になる と出力位相が反転して，問題を引き起こします．

　位相反転現象を起こす両電源用OPアンプは，少な からず存在します．これを避けるためには，データシ ートに「位相反転現象なし」と書いてあるOPアンプ を使用しましょう．

　図3に応用例を示します．本書にも入力インピーダ ンスの低い回路がたくさんありますが，内部インピー ダンスがゼロの電圧源で駆動されることを想定してい ます．実際の回路では，駆動源のインピーダンスがゼ ロでない場合が多々あり，その場合は駆動源と駆動さ れる回路の間に，ボルテージ・フォロワを挿入します．

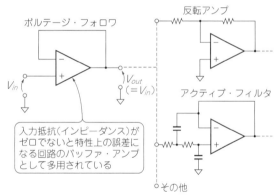

図3 ボルテージ・フォロワの応用例
駆動源インピーダンスがゼロでない場合，駆動源-駆動される回路間に挿入

信号を伝えるついでに増幅「非反転アンプ」

〈馬場 清太郎〉

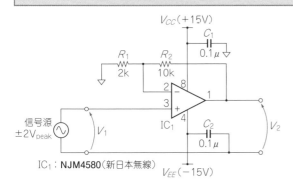

IC$_1$：NJM4580（新日本無線）

ゲインGの求め方

$$\text{ゲイン}G = \frac{V_2}{V_1} = \frac{R_1 + R_2}{R_1} = 6 \quad \cdots\cdots(1)$$

図1　ボルテージ・フォロワに抵抗を追加して1倍以上のゲインを持たせて動かす
ボルテージ・フォロワにゲインを持たせた回路

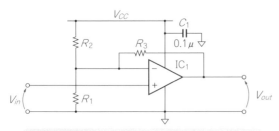

入出力の関係式

$$V_{out} = \frac{R_1 R_2 + R_2 R_3 + R_3 R_1}{R_1 R_2} V_{in} - \frac{R_3}{R_2} V_{CC} \quad \cdots\cdots(2)$$

図3　単電源非反転アンプ
電源ノイズに弱く、電圧設定とゲイン設定の式が分離されていないので作りにくい

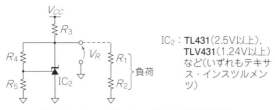

IC$_2$：TL431（2.5V以上）、TLV431（1.24V以上）など（いずれもテキサス・インスツルメンツ）

（a）シャント・レギュレータによる基準電圧源

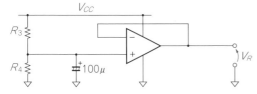

（b）分圧回路とボルテージ・フォロワによる基準電圧源

図5　基準電圧V_Rの置き換え回路
シャント・レギュレータまたはフィルタ・コンデンサでノイズを低減している

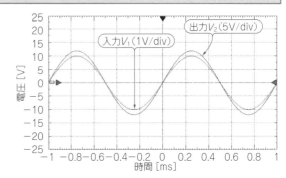

図2　実験…図1の回路は6倍のゲインをもっていることがわかる
入力$V_1 = \pm 2\,V_{peak}$のとき出力$V_2 = \pm 12\,V_{peak}$であり、ゲインは6倍

● 要点

　図1の非反転アンプはボルテージ・フォロワにゲインを持たせた回路です。

　ゲインは、図1の式(1)によって求めます。抵抗R_1を∞、または抵抗R_2をゼロにすると、ゲインが1倍となってボルテージ・フォロワになります。

● 実験

　図2に非反転アンプの入出力特性を示します。入力$V_1 = \pm 2\,V_{peak}$のとき出力$V_2 = \pm 12\,V_{peak}$となっていて、ゲインは6倍となり、式(1)のとおりです。

図5(a)または図5(b)で置き換えできる

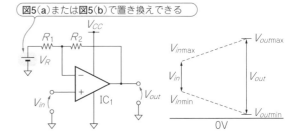

ゲインGと基準電圧V_Rの求め方

$G = \dfrac{R_1 + R_2}{R_1}$とすると、$V_{in}$と$V_{out}$の変化範囲から、

$$\begin{cases} V_{out\,max} = G V_{in\,max} + (1-G) V_R \\ V_{out\,min} = G V_{in\,min} + (1-G) V_R \end{cases}$$

これを解くと、

$$G = \frac{R_1 + R_2}{R_1} = \frac{V_{out\,max} - V_{out\,min}}{V_{in\,max} - V_{in\,min}} \quad \cdots\cdots(3)$$

$$V_R = \frac{V_{out\,max} \cdot V_{in\,min} - V_{out\,min} \cdot V_{in\,max}}{(V_{out\,max} - V_{out\,min}) - (V_{in\,max} - V_{in\,min})} \quad \cdots\cdots(4)$$

ただし、$G > 1$、$V_R \geqq 0V$とする。この条件が満足できないときは、単電源反転アンプを採用する

図4　基準電圧V_Rを接続した単電源非反転アンプ
電圧設定とゲイン設定の式が分離されているので作りやすい

● テクニック…単電源で動かすには

図3は単電源非反転アンプです．入力V_{in}の変化の中心電圧になるよう抵抗R_1とR_2の分圧回路を設定し，図3の式(2)に従って抵抗R_3を決定します．

式(2)が複雑な理由は，電圧設定とゲイン設定が分離されていないためです．

● テクニック…単電源非反転アンプを電源の雑音に強くする

図3の単電源非反転アンプで，電源ノイズが無視できないときは次の回路で設計します．

図4は，基準電圧V_Rを接続したときの回路です．ゲインGと基準電圧V_Rは式(3)と式(4)で求めます．

基準電圧V_Rは，図5(a)と図5(b)の回路で置き換えできます．

図5(a)は，入力V_{in}の変化の中心電圧と出力電圧が等しくなるように設定したシャント・レギュレータを使用した回路です．

図5(b)は，電源から入力V_{in}の変化の中心電圧に等しい電圧を発生する分圧回路に，フィルタ・コンデンサを入れてノイズを低減し，ボルテージ・フォロワで受ける回路です．

図5(a)と図5(b)の回路は，図4と同様に，電圧設定とゲイン設定が分離されます．さらに，ゲインの設定式が簡単になるので，図3より設計しやすくなります．

7-8 抵抗値の精度による OPアンプの増幅率誤差

〈石井 聡〉

● 抵抗値の精度によって増幅率に誤差が生じる

特に精度の高い回路を設計するとき，抵抗の精度（誤差）を考慮する必要があります．抵抗値の精度は5％や1％として規定されています．

設計現場の「品質管理」の視点では，最大誤差を正規分布でのばらつきとして考えます．個々の抵抗素子は個別に（お互いに関係なく）ばらつくので，2乗和平方根として全体の誤差量を見積もります．

たとえば，抵抗R_1，R_2ともに誤差の標準偏差がσ％だったとすると，R_2はそのまま，R_1も$\sigma \ll 1$であればそのまま（厳密にはテーラー展開したものから求められるが）増幅率Aに対する誤差になります．このとき全体での誤差のばらつきの標準偏差は，次のようになります．

$$\sqrt{\sigma^2 + \sigma^2} = \sqrt{2}\,\sigma \cdots\cdots\cdots\cdots\cdots (1)$$

● 誤差の計算

図1のOPアンプ反転増幅回路で，抵抗R_1，R_2が誤差によりそれぞれ±5％ばらつくとき，増幅率誤差は最大約何％になるかを求めます．OPアンプは理想OPアンプとします．この回路の増幅率Aは，

$$A = \frac{R_2}{R_1} \cdots\cdots\cdots\cdots\cdots\cdots\cdots\cdots (2)$$

となります．抵抗R_1，R_2の誤差±5％は，逆方向に振れたときの影響が一番大きいので，

$$A = R_2 \times \frac{1.05}{R_1} \times 0.95 = \frac{R_2}{R_1} \times \frac{1.05}{0.95}$$
$$= \frac{R_2}{R_1} \times 1.105$$

となり，増幅率誤差は約10％となります．

逆に，図1の回路で増幅率の精度ばらつき誤差を最大2％以下にしたい場合かつ抵抗R_1のばらつきが±1％ばらつくとき，抵抗R_2のばらつきはいくつまで許容されるかを求めます．抵抗R_1のばらつき量をx，抵抗R_2のばらつきも含んだ誤差による変化率をwとしてみると，

- 増幅率Aの誤差が+2％のとき
$$A = \frac{R_2}{R_1} w \times (1 + x) = \frac{R_2}{R_1} \times 1.02$$
- 増幅率Aの誤差が-2％のとき
$$A = \frac{R_2}{R_1} w \times (1 + x) = \frac{R_2}{R_1} \times 0.98$$

となります．それぞれを簡単化すると，

$$\frac{w_{max}}{1 + x} = 1.02, \quad \frac{w_{min}}{1 + x} = 0.98$$

となります．$x = +0.01$のとき，$w_{max} = 1.0099$，$w_{min} = 0.9703$となり，$x = -0.01$のとき，$w_{max} = 1.0303$，$w_{min} = 0.9899$となります．したがって，-2％のとき条件が一番厳しいことがわかり，R_2の許容誤差は約3％になります．

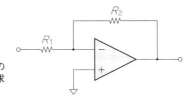

図1　増幅率誤差のばらつきを実際に求める

開放ゲインが有限のときのOPアンプ非反転増幅回路の増幅率誤差

〈石井 聡〉

● 開放ゲインが有限のときの帰還増幅の基本的な考え方

OPアンプを使った増幅回路は，抵抗を経由して出力電圧を入力に戻す（帰還する）ことで増幅動作を実現します．OPアンプ単体の増幅率をA，帰還率をβとすると，信号増幅率（閉ループ・ゲイン）A_{sig}は次の式で表せます．

$$A_{sig} = \frac{A}{1+A\beta} \cdots\cdots\cdots\cdots\cdots (1)$$

帰還率βは次の式で表せます．

$$\beta = \frac{R_1}{R_1+R_2} \cdots\cdots\cdots\cdots\cdots (2)$$

ここで，増幅率$A = \infty$の理想OPアンプを使うと式(1)は，

$$\begin{aligned} A_{sig} &= \frac{1}{\beta} \\ &= \frac{R_1+R_2}{R_1} = 1 + \frac{R_2}{R_1} \cdots\cdots\cdots (3) \end{aligned}$$

となり，よく見かけるOPアンプの信号増幅率の式になります．

● テクニック…増幅率誤差の計算と確認

図1の非反転増幅回路でOPアンプの開放ゲインが100のとき，理想OPアンプと比較して増幅率の誤差は何％になるかを計算します．

図1よりOPアンプ単体の増幅率Aは100，式(2)より帰還率βは1/10です．これらを式(1)に代入すると，

$$A_{sig} = \frac{100}{1 + 100 \times \frac{1}{10}} = 9.09$$

となります．元々ゲインが10倍だったものが約10％も低下します．

● テクニック…見かけ上の出力抵抗の計算と確認

図2の回路には，OPアンプの出力抵抗500Ωが含まれています．OPアンプの開放ゲインが100のとき出力抵抗は見かけ上何Ωになるかを求めます．

見かけ上の抵抗R_{out}は，次の式で表せます．

$$R_{out} = \frac{1}{1+A\beta}R_O \cdots\cdots\cdots\cdots\cdots (4)$$

$A = \infty$のとき，$R_{out} = 0$となります．

図2よりOPアンプ単体の増幅率Aは100，OPアンプ自体の出力抵抗R_Oは500Ω，式(2)より帰還率βは1/10です．これらを式(4)に代入すると，

$$R_{out} = \frac{1}{1 + 100 \times \frac{1}{10}} \times 500 \fallingdotseq 45.5\ \Omega$$

となります．OPアンプなど帰還回路の出力に含まれる誤差要因は帰還により低減されます．これは帰還の大きなメリットです．しかし開放ゲインが低下するとこの効果が低下してくることがわかります．

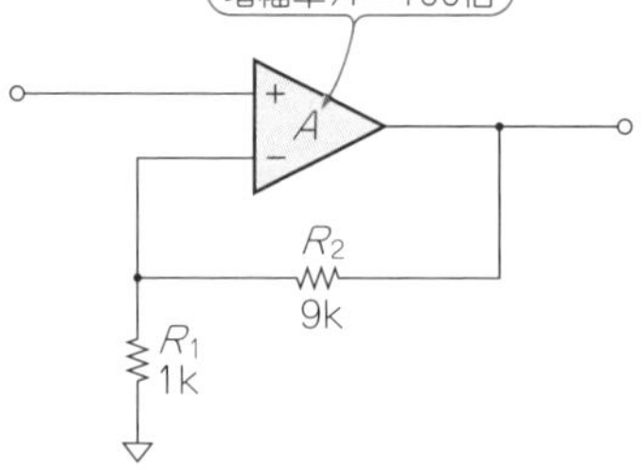

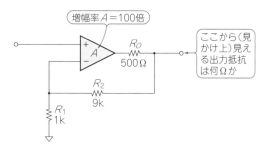

図1 この回路で理想OPアンプを使ったときと比較して増幅率の誤差は約何％になるか

図2 出力抵抗は見かけ上何Ωになるかを求める

7-10 OPアンプを使った発振回路と発振周波数

〈石井 聡〉

● 発振回路の基本動作

発振は「正帰還」というしくみで動作します．正帰還は，帰還回路で出力を入力にフィードバックするとき，変化をおさえる方向とは逆に極性を設定します．

図1に示すのは正帰還のしくみです．増幅回路の増幅率がA倍で，反転入力から出力にかけて位相が180°（$-A$倍）だと想定しています．帰還回路βが帰還信号の位相を変化させなければ，回路は出力を安定化させる「負帰還」として動作します．正帰還は帰還回路でも位相を180°遅らせて，$A\beta$で位相を0°もしくは360°（つまり0°）にします．これにより帰還動作が変化を増長する極性となり，出力が入力へ，入力が出力へと変化が繰り返され回路が発振します．この位相関係を式で表すと，

$$\phi_A + \phi_\beta = 0° \text{（または} n \times 360°\text{）} \cdots\cdots (1)$$

となります．ϕ_A，ϕ_βは増幅回路と帰還回路のそれぞれの位相です．**図1**では，周波数にかかわらず位相が360°（0°）になっていますが，実際は帰還回路で周波数によって位相の遅れ量が変化するため，特定の周波数で位相が360°（0°）となる関係が得られ，その周波数で発振します．これが位相条件です．

▶ 発振が安定して継続するためにはゲイン条件も必要

位相が0°であること以外にも発振波形が振幅の変化なく継続して発振する必要があることから，ゲイン条件も必要です．これは，次のようになります．

$$|A\beta| = 1 \cdots\cdots\cdots\cdots\cdots\cdots\cdots (2)$$

発振起動時には$|A\beta| > 1$である必要があります．

● テクニック…発振周波数を求める

図2に示すように増幅率が-1倍の増幅器と3つの理想的な遅延要素があり．各位相遅れは周波数に比例し，1個の遅延要素で$\theta(f) = 2\pi f/1000$となっているとします．このときこの発振回路の発振周波数は何Hzかを求めてみます．発振の起動条件は無視します．

回路全体で位相を360°遅らせる必要があります．増幅率$A = -1$なので，ここで位相が180°遅れています．そこで帰還回路βで位相を180°遅らせます．3個の遅延要素の位相遅れが同じとすると，3個で180°，つまり遅延要素1個当たり60°（$= \pi/3$rad）位相を遅らせます．それにより，

$$\frac{\pi}{3} = \frac{2\pi f}{1000}$$

となります．したがって，$f = 166.7$ Hzと計算できます．

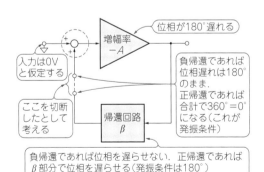

図1　正帰還のしくみ

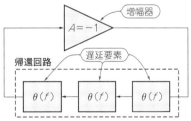

図2　OPアンプ発振回路の発振周波数を求める

便利なゲイン調節付きOPアンプ増幅回路

〈馬場 清太郎〉

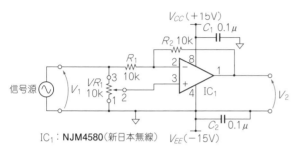

IC$_1$：NJM4580（新日本無線）

図1　ゲインを調節できるOPアンプ増幅回路

スライダの位置とゲインGの関係

- VR_1 のスライダ2を3の方向に回し切ったとき

  ゲイン $G = \dfrac{V_2}{V_1} = 1.0$倍（実測値）

- VR_1 のスライダを中間付近にしたとき

  $G = 0$倍（実測値）

- VR_1 のスライダ2を1の方向に回し切ったとき

  $G = -1$倍（実測値）

● **要点**

　OPアンプの出力と反転入力の間に接続された帰還抵抗の一部を半固定抵抗にすると，ゲインの調整が簡単にできます．

　図1は，可変抵抗によるレベル調整回路です．煩雑になるので結果の波形は示しませんが，図1に示したように，出力 V_2 は，可変抵抗の回転角に従います．入力 V_1，何も出力されないゼロ，入力電圧の反転（$-V_1$）の3つの状態を連続的に変化します．

● **テクニック…可変抵抗の回転角とレベルを比例させる**

　その他のレベル調整回路を図2に示します．

　図2(a)は，非反転アンプのレベル調整です．可変抵抗の回転角にほぼ比例してレベルが変化します．

　図2(b)は，反転アンプのレベル調整です．抵抗 R_1 が可変抵抗 VR_1 の負荷になるため，図2(b)の式に従って抵抗 R_1 と可変抵抗 VR_1 の値を選択しないと，可変抵抗 VR_1 の回転角にレベルが比例しません．

　ここで，可変抵抗 VR_1 の変化特性はBカーブを想定しています．

　可変抵抗や半固定抵抗を使うときは，全抵抗値の公称許容差が ±20% のものが多いという点と，振動などによって設定した抵抗値が変動する場合があるという点に注意しましょう．

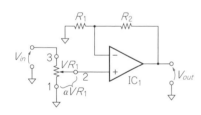

入出力の関係式

$$V_{out} = \frac{\alpha VR_1}{VR_1} \frac{R_1 + R_2}{R_1} V_{in}$$

$$= \alpha \frac{R_1 + R_2}{R_1} V_{in} \cdots (1)$$

（a）非反転アンプのレベル調整

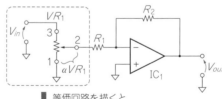

↓ 等価回路を描くと

入出力の関係式

$$V_{out} \fallingdotseq -\alpha \frac{R_2}{R_1} V_{in} \cdots (2)$$

ただし $R_1 \gg \dfrac{VR_1}{4}$ とする

抵抗 R_S の求め方

$R_S = (\alpha - \alpha^2) VR_1$

R_S の値は α（回転角の比）によって変わる．

(1) スライダ2を1または3の方向に回し切ったとき

$R_S = 0$

(2) スライダ2を中点にしたとき

$$R_S = \frac{VR_1}{4} \text{（最大）}$$

となり，$R_{S\max} = \dfrac{VR_1}{4} \ll R_1$ にしないと，回転角とレベルが比例しない

図2　レベル調整回路の応用例
可変抵抗 VR_1 の変化特性はBカーブを想定している

（b）反転アンプのレベル調整

7-12 OPアンプによる加減算回路

〈馬場 清太郎〉

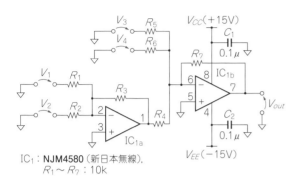

IC$_1$：NJM4580（新日本無線），
$R_1 \sim R_7$：10k

入力と出力の関係式

$V_{out} = V_1 + V_2 - (V_3 + V_4)$ ……(1)

図1 加減算回路に正弦波と三角波を入れてみる（加算は反転されて出力，減算は非反転で出力される）

● **要点**

図1の回路は，加減算回路です．波形を見やすくするため，$\pm 5\,V_{peak}$の三角波と正弦波を入力しました．

● **実験結果**

入力$V_1 = 0\,V$，入力$V_2 = 0\,V$としたとき，図1の回路は，式(1)から反転型加算回路になります．入力V_3に正弦波，入力V_4に三角波を加えたときの出力V_{out}を図2に示します．理論どおりの波形が得られています．

入力$V_2 = 0\,V$，入力$V_4 = 0\,V$としたとき，図1の回路は，式(1)から減算回路になります．入力V_1に正弦波，入力V_3に三角波を加えたときの出力V_{out}を図3に示します．理論どおりの波形が得られています．

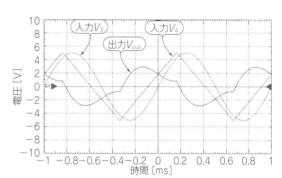

図2 実験…加算回路の出力V_{out}
入力$V_1 = 0\,V$，入力$V_2 = 0\,V$より$V_{out} = -(V_3 + V_4)$

● **テクニック…減算回路が出力する微小信号を測る**

図4は，図3と同じ条件で，入力V_1と入力V_3に同じ正弦波を加えたときの出力V_{out}です．減算回路のため，回路定数が理想的であれば，出力V_{out}は0Vになるはずですが，$V_{out} = 22\,mV_{P-P}(\pm 11\,mV_{peak})$です．$V_{in} = 10V_{P-P}(\pm 5\,V_{peak})$に対し$\pm 0.22\%$です．

図4の測定に使用した回路は，2アンプ型差動アンプの反転型と呼ばれます．測定条件は，2アンプ型反転差動アンプの同相ゲイン測定回路そのものです．

2アンプ型反転差動アンプの特徴は，入力同相電圧が高いとき（数百V以上可）でもOPアンプ単体の入力同相電圧が低いこと（グラウンド・レベル）と，高精度の抵抗が2アンプ型非反転差動アンプよりも必要なことです．

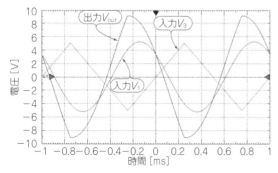

図3 実験…減算回路の出力V_{out}
入力$V_2 = 0\,V$，入力$V_4 = 0\,V$より$V_{out} = V_1 - V_3$

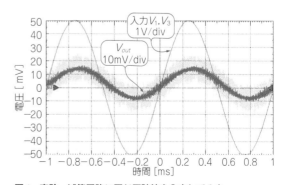

図4 実験…減算回路に同じ正弦波を入力してみた
入力$V_2 = 0\,V$，入力$V_4 = 0\,V$とし，入力V_1と入力V_3に同じ正弦波を加えた

第8章

OPアンプ増幅回路で使える実用テクニック

8-1 雑音に埋もれた信号を取り出す差動アンプの基本形

〈馬場 清太郎〉

● 要点

差動アンプは，外来ノイズに埋もれた信号からノイズを除去して増幅できる回路です．

信号自体に含まれるノイズは除去できませんが，外来ノイズは同相(コモン・モード)で入ってくることが多いため，除去すればノイズの中から信号を取り出すことができます．差動アンプに要求される特性は，信号成分を希望のゲインで増幅し，同相ノイズは増幅しないで減衰させることです．

図1は，差動ゲイン10倍の基本差動アンプです．図2に差動アンプの，差動ゲインG_{DM}と同相ゲインG_{CM}の測定方法を示します．

差動アンプの重要な特性である同相除去比$CMRR$は，次の式で定義されます．

$$k_{CMRR} = 20 \log \left| \frac{G_{DM}}{G_{CM}} \right| \quad \cdots\cdots\cdots\cdots\cdots (2)$$

つまり，差動ゲインG_{DM}と同相ゲインG_{CM}を測定すれば，$CMRR$を簡単に求めることができます．

● 実験

図3に基本差動アンプの入出力特性を示します．差動ゲイン$G_{DM} = 20$ dB$(= 10$倍$)$になっています．

図4に同相ゲイン周波数特性を示します．100 kHzまでは同相ゲインG_{CM}は-45 dBです．

以上の結果から，同相除去比$CMRR$は，

$$k_{CMRR} = 20 - (-45) = 65 \text{ dB} \ (\sim 100 \text{ kHz})$$

となります．

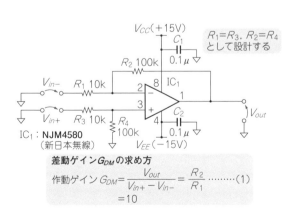

$R_1 = R_3, R_2 = R_4$として設計する

IC$_1$：NJM4580（新日本無線）

差動ゲインG_{DM}の求め方

$$\text{作動ゲイン } G_{DM} = \frac{V_{out}}{V_{in+} - V_{in-}} = \frac{R_2}{R_1} \quad \cdots\cdots (1)$$
$$= 10$$

図1 差動アンプに同相信号と差動信号を入力してそれぞれのゲインを測る
信号成分を10倍に増幅し，同相ノイズは減衰させる

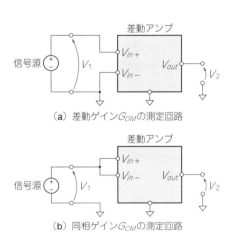

（a）差動ゲインG_{DM}の測定回路

（b）同相ゲインG_{CM}の測定回路

図2 差動アンプの基本性能「差動ゲイン」と「同相ゲイン」の測定方法

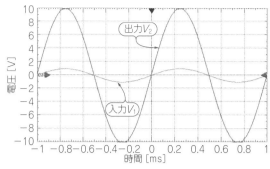

図3 差動ゲインが設計どおり10倍になっていることを確認

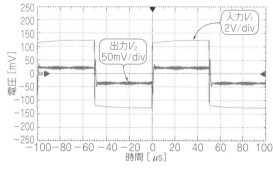

図5 同相ゲインG_{CM}の周波数特性は方形波でも測定できる

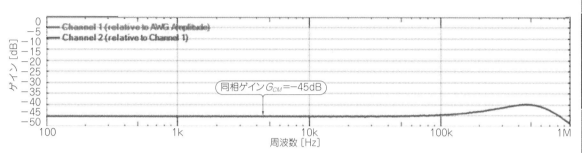

図4 実験…同相ゲインの周波数特性
100kHzまで同相ゲイン$G_{CM}=-45$dB

● テクニック…オシロスコープで同相ゲインの周波数特性を測る

　図5は同相ゲインG_{CM}の測定を方形波で行ったものです．ネットワーク・アナライザがない場合，簡易的に同相ゲインの周波数特性が類推でき，回路形式の比較ができます．

コラム　抵抗/コンデンサ/コイルの値とばらつきの決まり

　市販されている抵抗，コンデンサ，コイル（インダクタ）の値は，飛び飛びになっています．この値のことをE系列と呼びます．表Aに示すのは，E系列定数表です．En系列は1～10の間をn分割した等比数列になっています．E24系列までは，一部の値が等比数列から外れています（下線つきの値）．

　表Bに示すのは許容差記号です．抵抗の許容差はF（±1％）とJ（±5％）が多く，精密な用途にはB（±0.1％）も使われています．アルミ電解コンデンサはM（±20％），セラミック・コンデンサはK（±10％）かM（±20％）が多いです．ダストコアのコイルは，電流によって許容差が大幅に変動することが多いです．データシートで詳しい特性を確認しましょう．

〈馬場 清太郎〉

表A　部品の値はE系列定数表に従って飛び飛びになっている

E6	E12	E24	E6	E12	E24
10	10	10	33	33	33
		11			36
	12	12		39	39
		13			43
15	15	15	47	47	47
		16			51
	18	18		56	56
		20			62
22	22	22	68	68	68
		24			75
	27	27		82	82
		30			91

表B　部品の値のバラツキは，許容差記号によって管理されている

記号	許容差
E	± 0.025 %
A	± 0.05 %
B	± 0.1 %
C	± 0.25 %
D	± 0.5 %
F	± 1 %
G	± 2 %
J	± 5 %
K	± 10 %
M	± 20 %
Z	+ 80 % - 20 %

2コ入りで構成できる 低周波向き程よし差動アンプ

〈馬場 清太郎〉

● テクニック…数百Hz以下を高CMRRに

図1は，差動ゲイン10倍の2アンプ型差動アンプです．次に紹介する3アンプ型差動アンプより部品点数が少なく低コストです．直流かそれに近い超低周波でロードセル・アンプとして使われます．

図2に2アンプ型差動アンプの入出力特性を示します．差動ゲインG_{DM}は20 dBよりも少し大きくなっていますが，同相除去比$CMRR$は，差動ゲイン$G_{DM}=$20 dBとして計算します．

図3に示す同相ゲイン周波数特性から，1 kHzまでは同相ゲイン$G_{CM}=-50$ dBであり，

$$k_{CMRR} = 20 - (-50) = 70 \text{ dB} (\sim 1 \text{ kHz})$$

となります．1 kHz近傍から同相ゲインG_{CM}が悪化し，400 kHzでは0 dBになります．

図4は同相ゲインG_{CM}の測定を方形波で行ったものです．前項(8-1項)の基本差動アンプの図5と比べると，より大きなオーバーシュートやアンダーシュートが発生しています．同相ゲインG_{CM}で言い換えると，同相除去比$CMRR$が悪化しています．2アンプ型差動アンプにおいて，非反転入力信号はOPアンプ1個，反転入力信号はOPアンプ2個をとおり，2つの信号経路がバランスしていないためと思われます．2アンプ型差動アンプは数百Hz以下の低周波用で使いましょう．

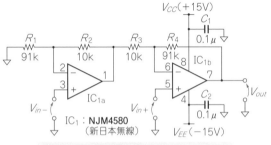

差動ゲインG_{DM}の求め方
$R_1 = R_4, R_2 = R_3$とすると，
$$G_{DM} = \frac{V_{out}}{V_{in+} - V_{in-}} = \frac{R_1 + R_2}{R_1} \cdots\cdots (1)$$
$$= 10.1$$

図1 2個のOPアンプで構成した差動アンプのCMRRを測る
非反転入力信号はOPアンプ1個，反転入力信号はOPアンプ2個をとおる

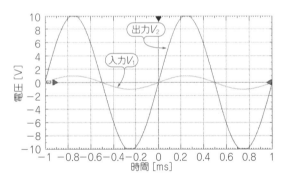

図2 実験…2アンプ型差動アンプの入出力特性
差動ゲインG_{DM}は20 dBよりも少し大きい

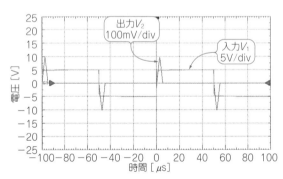

図4 実験…同相ゲインG_{CM}の周波数特性
大きなオーバーシュートやアンダーシュートが発生している

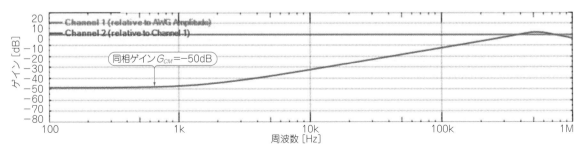

図3 実験…2アンプ型差動アンプの同相ゲイン周波数特性
同相ゲインが高域で大きくなり，数百Hz以下でしか使えないことがわかる．1 kHz近傍から同相ゲインG_{CM}が悪化し，400 kHzでは0 dBになる

8-3 優れた特性の3コ使い差動アンプ「計装アンプ」

〈馬場 清太郎〉

● テクニック…よく使われる高性能計装アンプ

図1は，差動ゲイン10倍の3アンプ型差動アンプです．3アンプ型差動アンプはプラント計装用に多用されているため，インスツルメンテーション（計装）アンプと呼ばれています．3アンプ型差動アンプは，本章で紹介する3種類の差動アンプの中で，最も優れた特性を有しています．

図2に3アンプ型差動アンプの入出力特性を示します．差動ゲインG_{DM}は20dBよりも少し大きくなっていますが，同相除去比$CMRR$は，差動ゲインG_{DM} = 20dBとして計算しました．

図3に示す同相ゲイン周波数特性から，100kHzまでは同相ゲインG_{CM} = − 60dBであることがわかり，

$$k_{CMRR} = 20 − (− 60) = 80 \text{ dB} \ (\sim 100 \text{ kHz})$$

となります．

図4は同相ゲインG_{CM}の測定を方形波で行ったものです．前々項（8-1項）の基本差動アンプの図1，前項（8-2項）の2アンプ型差動アンプの図1と比べて，3アンプ型差動アンプ図1は応答特性が優れています．

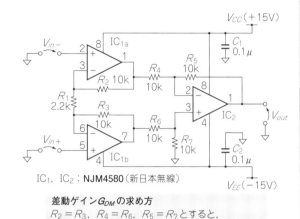

差動ゲインG_{DM}の求め方
$R_2 = R_3$, $R_4 = R_6$, $R_5 = R_7$とすると，

$$G_{DM} = \frac{V_{out}}{V_{in+} − V_{in−}} = \frac{1 + 2R_2}{R_1} \cdot \frac{R_5}{R_4} \cdots (1)$$
$$= 10.1$$

図1　3アンプ型差動アンプの$CMRR$を測る
プラント計装用に多用されている

IC$_1$, IC$_2$：NJM4580（新日本無線）

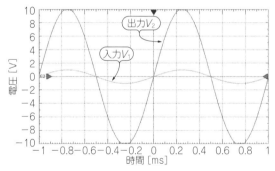

図2　実験…3アンプ型差動アンプの差動ゲイン
差動ゲインG_{DM}は20dBよりも少し大きくなっている

図4　実験…3アンプ型差動アンプの同相ゲインの周波数特性をオシロスコープでも確認
基本差動アンプと2アンプ差動アンプより応答特性が優れている

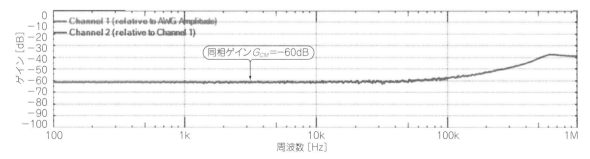

図3　実験…3アンプ型差動アンプの同相ゲインの周波数特性
100kHzまで同相ゲインG_{CM} = − 60dB

8-4 差動入力とインターフェースする差動出力回路

〈馬場 清太郎〉

● テクニック…単一信号から差動信号に変換する

A-Dコンバータをはじめ，様々な回路で差動入力が必要です．図1の差動出力回路は，単一信号を位相差180°の2信号に変換して差動入力回路に信号を供給します．

図2は差動出力回路の出力波形です．同一振幅で位相が反転しています．

周波数特性を図3に示します．電圧比（＝1），位相差（−180°）とも100 kHzまでは十分な特性を示します．

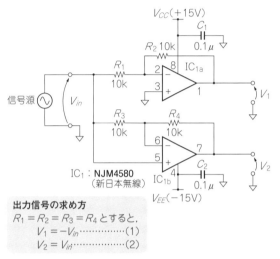

IC₁：NJM4580
（新日本無線）

出力信号の求め方
$R_1 = R_2 = R_3 = R_4$ とすると，
$$V_1 = -V_{in} \cdots\cdots\cdots\cdots (1)$$
$$V_2 = V_{in} \cdots\cdots\cdots\cdots (2)$$

図1 位相差180°の2信号を生成する差動出力回路に正弦波を入れる
単一信号を位相差180°の2信号に変換して差動入力回路に信号を供給する

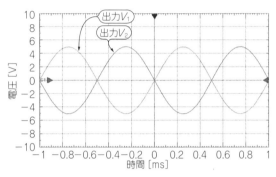

図2 実験…差動出力回路の出力信号を観測（位相差180°の2信号が出力される）
同一振幅で位相が反転している

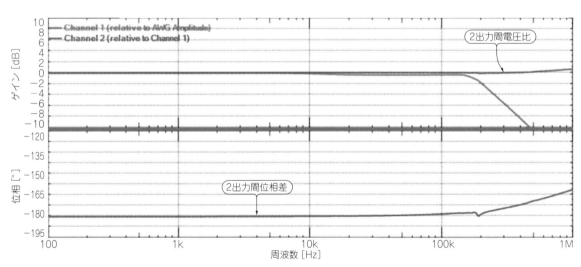

図3 実験… 差動出力回路のゲインと位相の周波数特性を測定
100 kHzまで十分な特性をもつ

8-5 増幅回路が発振してしまう条件

〈馬場 清太郎〉

OPアンプ増幅回路は，実際に作ってみると，動作が不安定になり，発振に見舞われることがあります．

そこでここからは，OPアンプ回路はなぜ不安定になるのか，安定に動作させるためにはどうしたらよいのかについて考えてみることにしましょう．どのようなタイプのOPアンプ増幅回路が発振しやすいのかについても説明します．

● OPアンプが発振しているときの出力波形

OPアンプ増幅回路の出力波形を観測したとき，図1に示すような波形が観測されたら，OPアンプが発振している可能性があります．

図1(a)に示すように，信号出力に一様に高周波の発振波形が重畳されていたり，図1(b)に示すように，出力波形の一部分に発振波形が重畳されていたり，入力をグラウンドに短絡しても，大振幅の発振波形が現

れる場合もあります［図1(c)］．

● 発振の条件「$A\beta = -1$」

OPアンプ増幅回路が負帰還をかけたことによって発振するのは，図2に示すように帰還ループを一巡した出力信号V_{out}が，元の信号V_{out1}とレベルが等しく位相が同じときです．

元の信号は帰還回路で分圧され，OPアンプの反転入力端子に戻されていますから，正常であれば出力信号は元の信号に対して，位相が180°回っているはずです．

ところが，出力信号の位相がさらに180°余分に回り，元の信号と同じ位相，同じレベルになると発振します．このとき，帰還回路を切り離して外部からV_{out1}を加えると，V_{out}が出力されます．両者はレベルと位相が等しいので，切り離した帰還回路を再接続すれば，外部からV_{out1}を注入しなくてもV_{out}は出力され続けて，

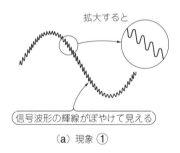

（a）現象①

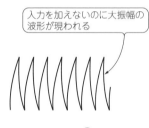

（b）現象②

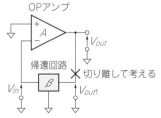

（c）現象③

拡大すると

信号波形の輝線がぼやけて見える

信号波形

部分的に高い周波数の
信号が重畳している

入力を加えないのに大振幅の
波形が現われる

図1[(1)]　OPアンプが発振しているときの出力波形

$$V_{out} = -AV_{in} \quad\cdots\cdots\cdots\cdots (1)$$
$$V_{in} = \beta V_{out1} \quad\cdots\cdots\cdots\cdots (2)$$
ここで，$V_{out} = V_{out1}$になると，
$$A\beta = -1 \quad\cdots\cdots\cdots\cdots (3)$$
が成り立つ．つまり，
$$\cdot |A\beta| = 1 \quad\cdots\cdots\cdots\cdots (4)$$
$$\cdot \angle A\beta = -180° \pm (n\times360°) \; (\because n=0, \pm1, \pm2, \cdots) \cdots\cdots (5)$$

図2　OPアンプ増幅回路の発振の条件　　が成り立つ．この条件で上記の増幅回路は発振する．

OPアンプ

帰還回路

切り離して考える

発振するというわけです.

式で表すと,

$$A\beta = -1 \cdots\cdots\cdots\cdots\cdots\cdots\cdots (3)$$

ただし, A：OPアンプのオープン・ループ・ゲイン, β：帰還率

となります. この $A\beta$ をループ・ゲインと呼びます.

式(3)は, ループ・ゲインの大きさ $A\beta$ が1で, 位相が $-180°$ 回転したときに発振することを意味しています.

図2の発振の条件を示す式(5)では, $-180°$ を基準にしていますが, これは位相が高周波で遅れるためです. $+180°(=-180+360)$ としても間違いではありませんが, 一般にはこのようにします.

● 位相が180°回っても $|A\beta| < 1$ では発振しない

負帰還とは, $A\beta$ の位相の回転が $-180°$ よりも小さいときの動作モードのことで, この状態では発振はしません.

位相が $-180°$ 回っているときの動作モードは負帰還とはいいません. 正帰還と呼びます. このとき $|A\beta| < 1$ なら, 正帰還された信号は徐々に減衰しますから, オーバーシュートなど, 一時的に変な出力が出ても発振状態にはなりません.

● 位相が180°回り, かつ $|A\beta| \geqq 1$ のとき発振する

位相が $-180°$ 回って, $|A\beta| = 1$ になるとOPアンプは発振します.

$|A\beta| > 1$ の場合, OPアンプ内部では, クリップなどが起きてゲイン A が低下します. その結果, 実効的に $|A\beta| = 1$ となって発振が持続します.

図1(c)に示す波形が, このときの典型的な波形です.

◆8-5～8-9項の参考・引用＊文献◆

(1)＊ 谷本 茂；電子展望別冊 OPアンプ実戦技術, 1980年2月, 誠文堂新光社.

(2)＊ 遠坂 俊昭；計測のためのアナログ回路設計, 1997年11月, CQ出版社.

(3)＊ JRC汎用リニアIC半導体データ・ブック2000-2001, 2000年8月, 新日本無線.

8-6 発振しないOPアンプ増幅回路を設計するには

〈馬場 清太郎〉

● ボーデ線図を使って発振しそうかどうかを判別する

OPアンプが発振の条件に対して，どのくらいの余裕があるかを判別するには，図1に示すように負帰還ループの一巡ゲイン，つまりループ・ゲインの伝達関数$A\beta$のボーデ線図を利用します．

負帰還安定度の判別には，次に示すゲイン余裕と位相余裕が現場で利用されています．

▶ゲイン余裕

図1において，位相が$-180°$になる周波数におけるループ・ゲイン$|A\beta|$が，0 dB（1倍）よりもどのくらい負になっているのかを見ます．この負の値をゲイン余裕といいます．ゲイン余裕が正の場合は発振します．

▶位相余裕

ループ・ゲイン$|A\beta|$が0 dB（1倍）になる周波数における位相が，$-180°$に対してどのくらい内輪になっているのかを見ます．この位相と$-180°$との差を位相余裕といいます．$-180°$以上回っていれば発振します．

● テクニック…ゲイン余裕と位相余裕の最適値

ゲイン余裕と位相余裕はどの程度とったらよいのでしょうか．

表1に示すのは，ゲイン余裕と位相余裕の目安です．

表1[(2)] 位相余裕およびゲイン余裕とステップ応答

ゲイン余裕	位相余裕	特 徴
3 dB	20°	ひどいリンギング
5 dB	30°	多少のリンギング
7 dB	45°	応答時間が短い
10 dB	60°	一般的に適切な値
12 dB	72°	周波数特性にピークが出ない

一般の増幅回路では位相余裕60°以上，定電圧電源では45°以上が望ましいといわれています．詳しいことは，文献(1)と(2)にわかりやすく説明されています．

▶大きすぎても小さすぎてもだめ…「応答速度とのトレードオフ」

余裕が小さすぎると回路の安定度が悪くなります．逆に大きすぎると，種々の理由からループ・ゲインが小さくなってゲイン誤差が大きくなり，応答速度が遅くなります．

● 実際のOPアンプの多くは2次遅れ回路で発振しやすい

これまで，OPアンプIC単体のオープン・ループ・ゲインの周波数特性は，近似的に1次遅れ特性を示すと説

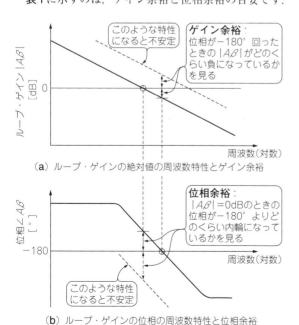

（a）ループ・ゲインの絶対値の周波数特性とゲイン余裕

（b）ループ・ゲインの位相の周波数特性と位相余裕

図1 OPアンプ増幅回路の位相余裕とゲイン余裕

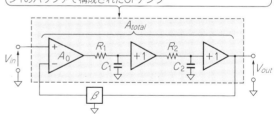

$$A_{total}=\frac{A_0}{(1+j\omega C_1 R_1)(1+j\omega C_2 R_2)}$$
$$=\frac{A_0}{1+2j\zeta_0\omega T_0-\omega^2 T_0^2} \quad \cdots\cdots(1)$$

ただし，$\zeta_0=\dfrac{1}{2}\left(\sqrt{\dfrac{C_2 R_2}{C_1 R_1}}+\sqrt{\dfrac{C_1 R_1}{C_2 R_2}}\right)$ $\cdots\cdots(2)$

$T_0^2=C_1 C_2 R_1 R_2$ $\cdots\cdots\cdots\cdots\cdots(3)$

伝達関数は，次のとおり．

$$G=\frac{V_{out}}{V_{in}}=G_0\frac{1}{1+2j\zeta\omega T-\omega^2 T^2} \quad \cdots\cdots(4)$$

ただし，$G_0=\dfrac{A_0}{1+A_0\beta}$，$\zeta=\dfrac{\zeta_0}{\sqrt{1+A_0\beta}}$，$T=\dfrac{T_0}{\sqrt{1+A_0\beta}}$

図2 2次遅れ特性を示す増幅回路と負帰還時の伝達関数

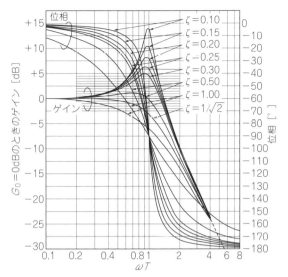

図3 ループ・ゲインが1になる周波数付近の伝達特性

$$G = G_0 \frac{1}{1 + 2i\,\zeta\omega T - \omega^2 T^2} \cdots\cdots\cdots\cdots\cdots (4)$$

と表されます.

図2を見ると，ζもTも，負帰還をかけると無帰還時の$1/\sqrt{1 + A_0\beta}$に減少することがわかります．このことから，負帰還をかけると次のようなことが言えます．

- ζが小さくなると，出力が制動されにくくなり不安定になる可能性が高くなる
- Tが小さくなると，$2\pi T$の逆数，つまり周波数帯域が広くなる

▶ ζとステップ応答

図3に，ζをパラメータとして，ループ・ゲインが1となる周波数fC付近の伝達特性を示します．

図4に，ステップ応答とζをパラメータとしたオーバーシュートの比率を示します．式(4)に示す伝達関数の$j\omega$をsとおいてラプラス変換して求めます．

$\zeta = 1$のときを臨界制動といい，オーバーシュートが出ない限界の値です．

$\zeta > 1$のときを過制動といい，オーバーシュートは出ませんが，応答速度が遅くなります．

$\zeta < 1$のときを不足制動といい，オーバーシュートが出ます．

$\zeta = 1/\sqrt{2}$のとき，オーバーシュートは出ますが，ゲイン周波数特性が最も平たんになります．この周波数特性をフィルタ回路ではバターワース特性といいます．

$\zeta = \sqrt{3}/2$のとき，フィルタ回路ではベッセル特性といい，伝送波形ひずみが最も小さい周波数特性です．

明してきました．しかし，実際のOPアンプICの多くは，オープン・ループ・ゲインが1になる周波数f_Tで2次遅れ特性を示します．f_T以下の周波数においても，寄生インピーダンスによる遅れにより2次遅れ特性を示します．

1次遅れ回路の位相回転は最大で$-90°$です．この1次遅れ回路を2個接続すると，2次遅れ回路が構成されて，位相回転は無限大の周波数で$-180°$に増えます．

有限周波数帯域で動作する2次遅れ回路は，理論的には負帰還をかけても安定なはずですが，実際には寄生インピーダンスによる遅れがあって不安定になり，発振する可能性があります．

● **2次遅れ回路の負帰還時の応答**

図2に示すのは，2次遅れ特性を示す増幅回路の負帰還時の伝達関数です．ζは制動係数と呼ばれ，とても重要なパラメータなので覚えてください．

図中の式から，伝達関数Gは，

● **テクニック…ステップ応答から周波数特性がわかる**

増幅回路の周波数特性を評価するとき，方形波を利用することがあります．

これは，図3と図4の相関性に理由があります．ステップ信号では$t < 0$で電圧はゼロになりますが，方形波では連続しているので，後述の実験で示すように，$t < 0$の影響が無視できるような周波数で観測します．

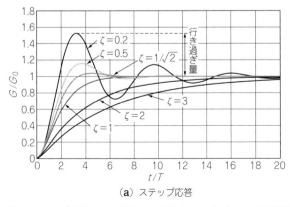

（a）ステップ応答

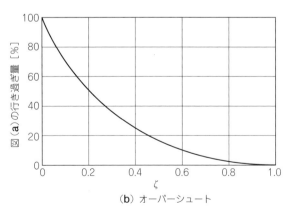

（b）オーバーシュート

図4 ステップ応答とζをパラメータとしたオーバーシュートの比率

8-7 発振しないOPアンプ増幅回路の設計

〈馬場 清太郎〉

■ テクニック…
入力容量による不安定動作の解消

● 入力容量は位相を遅らせ安定度を減らす

図1(a)に示すように，OPアンプの入力に容量C_1を

付加すると位相遅れが生じます．

図1(b)と(c)に示すβと$A\beta$のボーデ線図からも，C_1の追加によって2次遅れ特性になり，不安定になります．

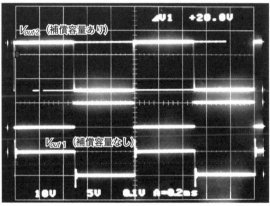

(a) 補償容量47pF

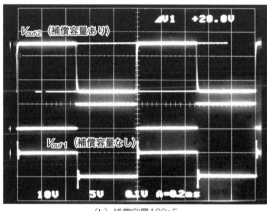

(b) 補償容量100pF

写真1　ステップ応答に見る入力容量の補償のようす(0.2 ms/div., 上：5 V/div., 中：1 V/div., 下：10 V/div.)

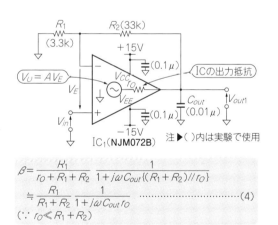

$$\beta = \frac{R_1}{r_O + R_1 + R_2} \cdot \frac{1}{1 + j\omega C_{out}\{(R_1 + R_2)//r_O\}}$$
$$\doteqdot \frac{R_1}{R_1 + R_2} \cdot \frac{1}{1 + j\omega C_{out} r_O} \quad \cdots\cdots\cdots\cdots(4)$$
$$(\because r_O \ll R_1 + R_2)$$

(a) 負荷容量の影響

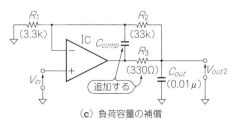

(c) 負荷容量の補償

図3　負荷容量の補償法とループ・ゲインの周波数特性

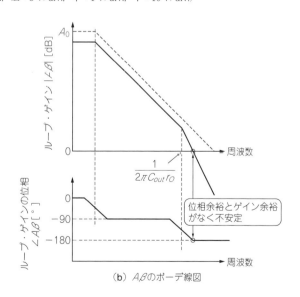

(b) $A\beta$のボーデ線図

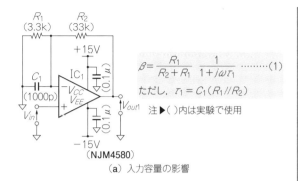

$$\beta = \frac{R_1}{R_2 + R_1} \cdot \frac{1}{1 + j\omega\tau_1} \quad\cdots(1)$$

ただし，$\tau_1 = C_1(R_1 /\!/ R_2)$

注▶（ ）内は実験で使用

（a）入力容量の影響

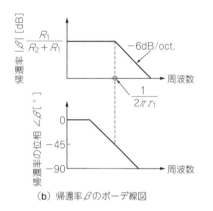

（b）帰還率 β のボーデ線図

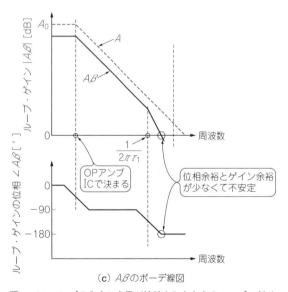

（c）$A\beta$ のボーデ線図

図1　OPアンプの入力に容量が接続されたときのループ・ゲインの周波数特性

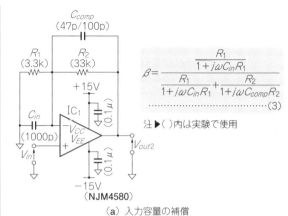

$$\beta = \frac{\dfrac{R_1}{1 + j\omega C_{in}R_1}}{\dfrac{R_1}{1 + j\omega C_{in}R_1} + \dfrac{R_2}{1 + j\omega C_{comp}R_2}} \quad\cdots(3)$$

注▶（ ）内は実験で使用

（a）入力容量の補償

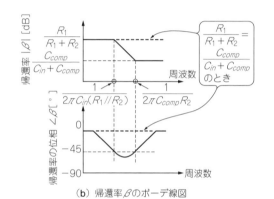

（b）帰還率 β のボーデ線図

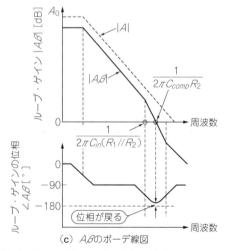

（c）$A\beta$ のボーデ線図

図2　入力容量の補償法とループ・ゲインの周波数特性

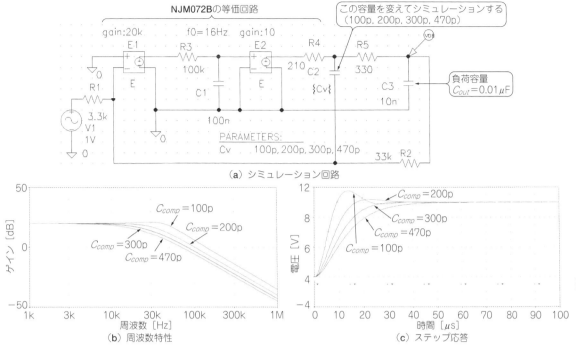

図4 負荷容量による補償のようすをシミュレーション解析する

(a) シミュレーション回路

(b) 周波数特性

(c) ステップ応答

● 同容量のコンデンサを付加して補償する

図2(a)に示すのは，位相遅れの補償方法です．

$$R_1 : R_2 = C_{comp} : C_{in} \quad\cdots\cdots\cdots\cdots\cdots\cdots (2)$$

とすると完璧に補償されます．

図1(a)と図2(a)の回路を実際に動作させ，補償の効果を確認してみましょう．電源にはパスコン(0.1 μF)を入れて実験します．

写真1に，方形波入力時の応答波形を示します．

補償されていないV_{out1}の波形に対し，補償されたV_{out2}では，オーバーシュートがなくなっています．$C_{comp} = 100$ pFにすると波形がなまっています．この波形のなまりはOPアンプの特性によるものです．

その約半分の47 pFでは，OPアンプの特性による波形のなまりをオーバーシュートが打ち消して，出力ではほとんどなまりがなくなっていますが，少しリンギングが出ます．

■ テクニック…
負荷容量による不安定動作の解消

● 抵抗とコンデンサを追加して補償する

図3(a)(p.119)に示すのは，OPアンプの出力に付加された容量C_{out}により位相遅れが生じる例です．図3(c)に示すように，抵抗とコンデンサを追加して補償

します．

▶ シミュレーションで容量を求める

図4(a)に示すのは，OPアンプにNJM072B(新日本無線)を使用し，図4(c)中の定数を入れたシミュレーション回路です．

NJM072Bのデータシート[3]から，f_0を16 Hz，オープン・ループ・ゲインを20万倍(106 dB)とし，等価出力抵抗は文献(2)を参照して210 Ωとしました．

図4(b)に周波数特性の解析結果を示します．C_{out} = 0.01 μFの場合，補償容量C_{comp} = 200 pFでは周波数特性にピークは出ていません．図4(c)にステップ応答の解析結果を示します．C_{comp} = 300 pF以上でオーバーシュートが出なくなります．

▶ 手計算しなかった理由

OPアンプ回路の文献を何冊か読まれている人も，最適補償容量C_{comp}の値を求める式について書かれている文献は見たことがないはずです．これは，図3(c)の回路の伝達関数を求めてみるとわかりますが，無意味に複雑な式になるからです．これを手計算で解くのは時間のむだですから，シミュレーションを使いました．

▶ 実験で確認

図3(a)と図3(c)の回路を実際に動作させ，補償の

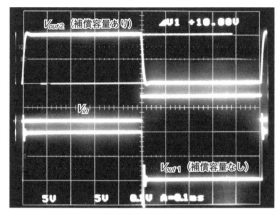

（a）補償容量220pF

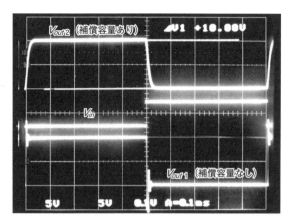

（b）補償容量330pF

写真2　ステップ応答に見る負荷容量の補償のようす（0.2 ms/div., 上：5 V/div., 中：1 V/div., 下：10 V/div.）

効果を確認しましょう．電源にはパスコン（0.1 μF）を入れて実験します．

　写真2に方形波入力時の応答波形を示します．

　図3（a）の補償容量C_{comp} = 220 pFでは，オーバーシュートが出ます．シミュレーションよりもオーバー

シュートが大きくなっています．これは，図4に示す等価回路が簡略化されていて，実際のOPアンプICのすべての寄生容量が考慮されていないからでしょう．C_{comp} = 330 pFでは，寄生容量が完全に補償され，オーバーシュートが出なくなっています．

8-8 うっかり作ってしまう 微分回路への対応

〈馬場 清太郎〉

● 微分回路は発振しやすい

微分回路は発振しやすくて不安定です.

これは,微分回路の帰還率 β が1次遅れ特性になっていて,オープン・ループ・ゲイン A の1次遅れ特性と合成され, $A\beta$ が2次遅れ特性になるからです.

● 典型的な失敗例

図1(a)に,知らず知らずのうちに作ってしまう微分回路の典型を示します.

コンデンサが入っている場合は,明らかに微分回路とわかりますが,帰還回路にOPアンプ IC_2 のクローズド・ループ・ゲイン G_2 の1次遅れ特性があると,これは立派な微分回路になります.この回路は,発振させてから気がつくことが多いので要注意です.

この回路が一番使用されるのは可変ゲイン回路です.図の R_3 と R_4 を1個の可変抵抗器にすると,回転角に対してゲインを直線的に可変できます.

OPアンプ IC_2 を取り去ると,T型帰還回路になります.T型帰還回路のさまざまな欠点がOPアンプ IC_2 の追加で解消されますからよく使われています.差動増幅器の可変ゲイン,オフセット調整回路としてもこの回路は「発振に注意!」です.いずれにしろ,帰還回路にOPアンプICを入れる場合は注意が必要です.

なお,前項の図1(a)も微分回路の一種です.

● テクニック…微分回路対策の C_1 を入れる

図1(a)に示す β と,図1(c)の点線で示すOPアンプ IC_1 のオープン・ループ・ゲイン A_1 の積 $A_1\beta$ は,図1(c)の実線で示されます.これは,図のように2次遅れ特性となり位相余裕がありません.

そこで, C_1 を付加してOPアンプ IC_1 の実効的なオープン・ループ・ゲイン A_1 を下げ,ループ・ゲイン $A_1\beta$ を図の1点鎖線のようにすれば,位相余裕を確保できます.定量的に示すと,次のようになります.

$$f_{C1} < f_{C2} \cdots\cdots\cdots\cdots\cdots\cdots\cdots (3)$$

ただし, f_{C1} :OPアンプ IC_1 のループ・ゲインが1（0 dB）となる周波数, f_{C2} :OPアンプ IC_2 のクローズド・ループ・ゲインが−3 dBとなる周波数

つまり, f_{C2} で決定される帰還率の遅れをループ・ゲインが1になる周波数よりも高い周波数で起こるように C_1 と R_5 を入れて, $|A_1\beta| = 1$ では帰還率の遅れが影響しないようにします.

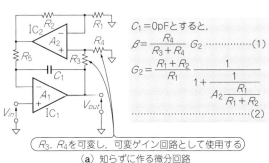

$C_1 = 0$ pFとすると,

$$\beta = \frac{R_4}{R_3 + R_4} G_2 \cdots\cdots\cdots (1)$$

$$G_2 = \frac{R_1 + R_2}{R_1} \cdot \frac{1}{1 + \cfrac{1}{A_2 \cfrac{R_1}{R_1 + R_2}}} \cdots\cdots (2)$$

R_3, R_4 を可変し,可変ゲイン回路として使用する

（a）知らずに作る微分回路

（b） β のボーデ線図

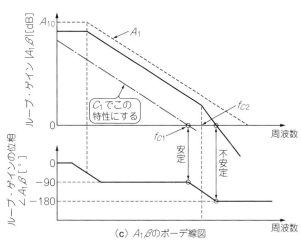

（c） $A_1\beta$ のボーデ線図

図1 可変ゲイン回路を作ったつもりが微分回路に・・・

8-9 OPアンプIC以外の発振要因への対応

〈馬場 清太郎〉

● テクニック…エミッタ・フォロワを追加するときは抵抗を忘れずに

電源のパスコンさえ入れておけば，汎用のOPアンプを利用したシンプルな増幅回路では，多少の入力容量や負荷容量があっても発振にはいたらず，とても安定に動作します．

しかし実際には，OPアンプICとトランジスタやFETなどと組み合わせることも多く，OPアンプIC以外の能動素子の安定度への影響を考慮する必要があります．たとえば，出力電圧を±100 Vにしたい場合には，出力段の時定数がOPアンプICの時定数に近づきますから，きちんとボーデ線図を書いて検討する必要があります．

出力電流だけ増加させたい場合には，エミッタ・フォロワを接続することが多くなりますが，これは要注意です．エミッタ・フォロワの時定数はOPアンプICの時定数よりもはるかに小さく，帰還ループの安定度に影響することはほとんどありませんが，ベースに直列抵抗を入れないと発振する場合があります．この発振は帰還ループの発振ではなく，トランジスタ単体の寄生発振です．

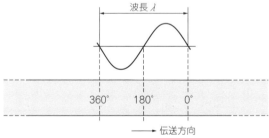

1m当たりの位相回転 ϕ_{norm} は，

$$\phi_{norm} = \frac{f}{c} \times 360° = 1.2°/\text{MHz/m} \quad \cdots\cdots\cdots(1)$$

ただし，c：光速（2.9979×10^8[m/s]），f：周波数 [MHz]

図1 帯域が数十MHz以上の増幅回路では伝送線路による位相の回転を考慮する

● テクニック…配線による位相の回転に注意する

増幅回路の帯域によっては，プリント基板に実装するときの配線の影響なども配慮しなければなりません．

一般に，ゲインと位相の周波数特性は独立した関係ではなく，ゲインの周波数特性を見れば，位相の周波数特性がわかります．ゲインが一定ならば位相は回転せず（0°），減衰傾度が−6 dB/oct.ならば位相は−90°まで回転し，−12 dB/oct.ならば−180°まで回転するというぐあいです．

ところが，ゲインは減衰せず位相だけ回転する回路があります．この回路の1つが伝送線路です．低周波では信号の波長を考慮しませんが，周波数が高くなるとその影響が出てきます．

▶帯域数十MHz以上の増幅回路で影響が出る

図1に示す無損失伝送線路を考えると，信号が伝わっていく時間に相当するぶん位相が回ります．1波長λに相当する長さでは減衰がなくても位相は360°回転します．

負帰還ループの配線長が半波長λ/2あると，位相が180°回転しますから，負帰還をかけることができません．

位相の回転量は，空気中で1.2°/MHz/m，つまり配線長1 mのとき，周波数1 MHz当たり，1.2°回ります．配線長1 mのとき，周波数が100 MHzだと，120°回ります．プリント基板などの絶縁物があると，その誘電率の影響で波長が短縮されて，さらに回転します．たとえば，ガラス・エポキシ基板では波長は約55 %になります．

このように，数十MHz以上の帯域幅をもつ増幅回路を設計する場合は考慮が必要です．

第3部

機能回路
ずっと使えるテクニック

第9章

アクティブ・フィルタで使えるテクニック

9-0 アクティブ・フィルタの基礎知識

〈梅前 尚〉

OPアンプを使った アクティブ・フィルタのメリット

● アクティブ・フィルタとは

　フィルタとは，不要なものを取り除き，必要なものだけを取り出して活用する「ふるい」のことです．電気の世界でも多くのフィルタが使われています．選別する要素には電圧，位相，時間などさまざまなものがありますが，代表的なフィルタといえば周波数領域のアナログ・フィルタでしょう．

　周波数領域のアナログ・フィルタのうち，抵抗とコンデンサ，コイルの受動部品だけを使ったものはパッシブ・フィルタと呼ばれます．これに対して能動素子であるOPアンプと，抵抗，コンデンサを使ったフィルタがアクティブ・フィルタです．

● アクティブ・フィルタでは不便なコイルが不要

　両者の違いの1つは，コイルの有無です．コイルは，周波数が低くなると形状が大きくなり，フィルタを構成する部品の中では高価です．

　パッシブ・フィルタでは，急峻な遮断特性を実現するため，コイルとコンデンサによる共振現象を利用します．そのため，コイルは必須部品となります．アクティブ・フィルタではOPアンプに負帰還を施すことで遮断特性を得ているのでコイルは不要となります．

　近年，表面実装タイプのコイルが多くなり，インダクタンス値や定格電流の選択肢が増えていますが，それでも抵抗やコンデンサと比較するとまだ自由度は低いです．また，容量の大きなコイルはコアを使用するため，遮断周波数付近で発生するひずみが大きくなります．アクティブ・フィルタではこのようなコイルを使わないので，小型で高確度の特性が実現できます．

● 他のメリットとデメリット

　アクティブ・フィルタは負荷インピーダンスの影響をほぼ受けないので，設計が容易になるという利点もあります．

　パッシブ・フィルタでは，負荷インピーダンスによって利得-周波数特性に大きな影響を及ぼすことがあります．OPアンプの出力から信号を取り出すアクティブ・フィルタは，出力インピーダンスが低いため，OPアンプ自体が出力できる範囲内であれば負荷が変動してもフィルタ性能に与える影響は僅かです．

　逆にアクティブ・フィルタには，「OPアンプを動作させるための電源を必要とする」や「OPアンプによって取り扱える周波数の上限が制限される」など，パ

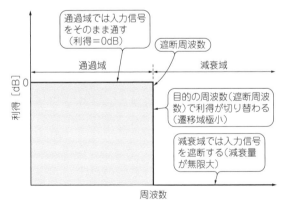

図1　理想的なフィルタの特性
ローパス・フィルタの場合

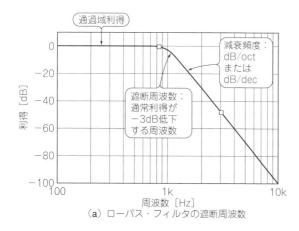

（a）ローパス・フィルタの遮断周波数

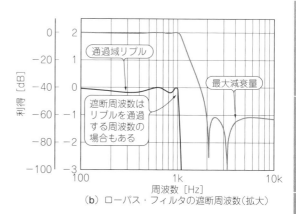

（b）ローパス・フィルタの遮断周波数（拡大）

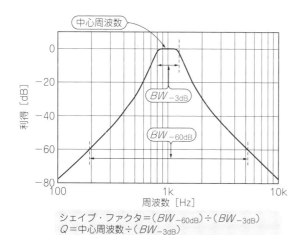

シェイプ・ファクタ＝$(BW_{-60dB}) \div (BW_{-3dB})$
Q＝中心周波数÷(BW_{-3dB})
（c）バンドパス・フィルタの中心周波数

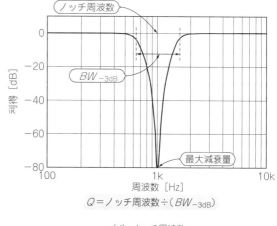

Q＝ノッチ周波数÷(BW_{-3dB})

（d）ノッチ周波数

図2　フィルタで用いられるパラメータ

ッシブ・フィルタにはないデメリットがあります.

フィルタ特性の基礎知識

● フィルタ特性の種類と特徴

　理想的なフィルタは，通過域での利得が遮断周波数に近いところまで平たんで，元の信号をできるだけ忠実に通過させ，減衰域では急峻に信号を減衰させるものということができます（図1）.

　フィルタで用いられる基本パラメータを図2に示します．実際のフィルタでは，遮断領域を設けると通過域に位相遅れを生じ，出力波形の時間応答にも遅れが発生します.

　「利得」，「位相」，「時間応答」には相関があります．遮断特性を急峻にすると位相や時間応答の遅れが大きくなり，位相や時間応答を短くすると遮断特性が悪く

なります．そのため，用途に応じてそれぞれの特性に優れたアナログ・フィルタの特性が考案されています.

代表的なフィルタ特性

　現在は主に4つの特性のフィルタが使用されています．図3は5次のローパス・フィルタにおける利得-周波数特性，図4はステップ応答，図5は位相-周波数特性です.

● タイプ1：ベッセル特性

　通過域の平たん部が小さく，なだらかに減衰域に推移するため遮断特性は他のフィルタ特性と比べて劣りますが，時間応答に優れ通過域での遅延特性が平たんなので，伝送波形のひずみは最小になります．通過域における波形の再現性を重視する場合に選択します.

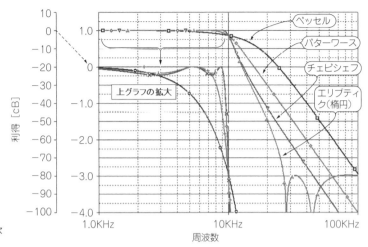

図3　各種フィルタの利得-周波数特性
フィルタは種類によって特性が微妙に異なる．5次
ローパス・フィルタの場合

● **タイプ2：バターワース特性**

　通過域利得の平たん性が最も優れたフィルタ特性です．ステップ応答波形を見ると，オーバーシュートとリンギングが生じており，フィルタ後の波形をA-D変換する場合はサンプリングのタイミングに注意が必要ですが，遮断特性と波形品質のバランスがとれた使用頻度の高いフィルタ特性です．

● **タイプ3：チェビシェフ特性**

　遮断周波数付近での急峻な減衰特性が特徴です．通過域の利得にリプルを生じますが，この通過域リプルをより大きく許容すると，さらに急峻な遮断特性を得ることができます．ただし，ステップ応答でのリンギングはバターワースよりさらに大きく，伝送波形のひ

ずみも大きいです．

● **タイプ4：エリプティック特性**

　楕円フィルタや連立エリプティック特性とも呼ばれます．通過域での特性はチェビシェフ特性と同様ですが，さらに減衰域にも利得にリプルが生じ，ノッチ特性をもちます．減衰域の利得低下率は最も大きく，遷移域（通過域から減衰域に移行する帯域）は最小になります．

◆**参考文献**◆
(1)馬場　清太郎：OPアンプによる実用回路設計，2004年5月1日，CQ出版社．
(2)CQ出版社エレクトロニクス・セミナ「実習：アナログ・フィルタ回路設計」テキスト，CQ出版社．

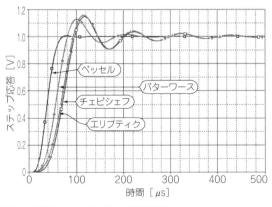

図4　各種フィルタのステップ応答波形
フィルタは種類によって特性が微妙に異なる．5次ローパス・フィルタの場合

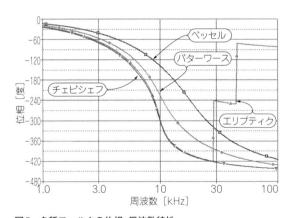

図5　各種フィルタの位相-周波数特性
フィルタは種類によって特性が微妙に異なる．5次ローパス・フィルタの場合

9-1 直流オフセットを抑えるアクティブ積分回路

〈馬場 清太郎〉

● 要点

図1の積分回路はアクティブ・フィルタそのものではありませんが，バイカッド型と状態変数型フィルタの構成要素です．一般的にはPID（Proportional Integral Differential）制御のI要素で使用されることが多いです．積分回路は，負帰還制御で誤差を積分する目的で必ず使用されています．誤差に対して，その都度応答すると，出力は応答しきれず，変動が大きくなります．誤差を積分して直流誤差がゼロになるように応答すると，安定な制御出力が得られます．しかし，急激な変動で誤差が大きくなったときは応答しきれません．応答を速くしたいときは，微分回路を入れます．

図1の式(2)が積分回路本来の式(伝達関数と呼ぶ)です．単体での実験で抵抗R_2がないと，式(2)から直流ゲインが無限大に近いため，入力信号に直流分がなくてもOPアンプのオフセット電圧やバイアス電流で出力が飽和します．

そこで抵抗R_2により直流ゲインを抑えて飽和を防ぎ実験しやすくしています．実際にある制御回路中の積分回路は，直流的な負帰還がかかっているため抵抗R_2は不要です．

● 実験

図2は，積分回路に2 V_{P-P}で100 Hzの入力V_1を加えたときの入出力特性です．

ゲインは式(2)から1.59倍です．出力V_2は約3.2 V_{P-P}となっているため計算のとおりです．位相差は式(2)から$-1/j = j (\because j^2 = -1)$となります．"$j$"は90°を意味するので，入力$V_1$と出力$V_2$の位相差は90°です．

図3は積分回路の周波数特性です．式(2)からゲインが1倍(= 0 dB)になるときの周波数は約160 Hzで，測定結果と一致しています．積分回路として使用可能な位相が$-90°$遅れている周波数範囲は，10 Hz～100 kHzと広帯域です．

$-90°$遅れているというのは変な表現ですが，「積分回路は位相が90°遅れる」という原則に従って，反転型積分回路を強調するためにこうしています．

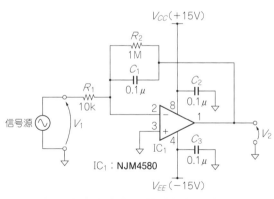
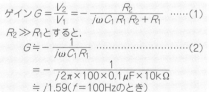

$$\text{ゲイン } G = \frac{V_2}{V_1} = -\frac{R_2}{j\omega C_1 R_1 R_2 + R_1} \quad \cdots\cdots(1)$$

$R_2 \gg R_1$とすると，

$$G \fallingdotseq -\frac{1}{j\omega C_1 R_1} \quad \cdots\cdots\cdots\cdots\cdots\cdots\cdots(2)$$

$$= -\frac{1}{j2\pi \times 100 \times 0.1\mu F \times 10k\Omega}$$

$$\fallingdotseq j1.59 (f = 100 Hz のとき)$$

図1 入出力波形とゲインの周波数特性を測る
実験では抵抗R_2により直流ゲインを抑えて飽和を防ぐ

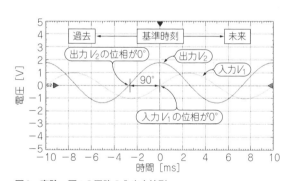

図2 実験…図1の回路の入出力波形
位相差を求めるときは次のようにする．水平軸の中央の時刻(0 ms)を基準とすると，左側はそれよりも過去，右側はそれよりも未来である．基準のところに比較の基準信号V_1の0°をおくと，比較対象V_2の0°はそれよりも1周期の1/4(=90°)分過去になっているから，90°先行している．つまりV_2はV_1よりも90°進んでいるとして，位相差を＋90°とする．V_1もV_2も正弦波，つまり三角関数波形であり，三角関数は周期関数で，0°，±360°，±720°，±1080°，…の区別は付かないし，ネットワーク・アナライザにも区別が付かない．そこでネットワーク・アナライザの表示に$-270°$(に360°足す)＝＋90°と換算したわかりやすい位相差を記入している

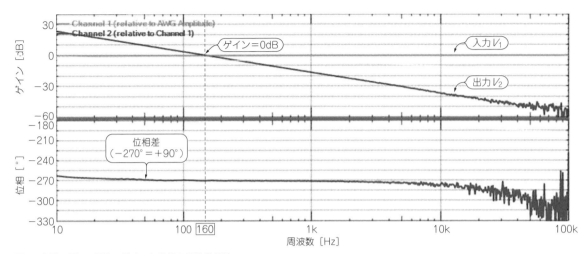

図3　実験…図1の回路のゲインと位相の周波数特性
ゲインが1倍になるときの周波数は約160 Hz，位相差は＋90°

9-2 PID制御で使うアクティブ微分回路

〈馬場 清太郎〉

● 要点

図1の微分回路は積分回路と同様にアクティブ・フィルタではありません. また, 積分回路と異なって, フィルタの構成要素としても見かけませんがPID制御のD要素で使用されることが多いです.

図1の式(2)が微分回路本来の式(伝達関数と呼ぶ)です. 発振防止抵抗R_1がないと, この回路は必ずと言ってよいほど発振します.

● 実験

図2は, 微分回路に4 V_{P-P}で100 Hzの入力V_1を加えたときの入出力特性です.

式(2)からゲインは0.63倍です. 出力V_2は見にくいですが, 約2.6 V_{P-P}となっているため, 約0.65倍となっています. 位相差は式(2)から$-j$となります. "$-j$"は$-90°$を意味するので, 入力V_1と出力V_2の位相差も$-90°$です.

信号源の出力波形はD-Aコンバータで作られるため, 正弦波といっても実は階段状になっています. その段差が微分回路で強調されたため, 出力V_2の波形がギザギザしています.

図3は, 微分回路の周波数特性です. 式(2)からゲインが1倍(= 0 dB)になるときの周波数は約160 Hzで, 測定結果と一致しています. 微分回路として使用可能な位相が$-90°$進んでいる周波数範囲は, 10 Hz～3 kHzと狭くなっています.

1 kHz以上で位相が回り出すのは発振防止抵抗R_1の影響です. このR_1と容量C_1のインピーダンスの絶対値が等しくなる周波数は15.9 kHzで, その影響が1 kHzまで及んでいるためです.

$-90°$進んでいるというのは変な表現ですが, 「微分回路は位相が90°進む」という原則に従って, 反転型微分回路を強調するためにあえてこうしています.

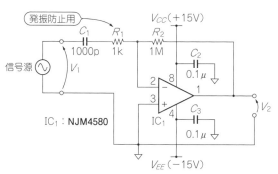

$$\text{ゲイン } G = \frac{V_2}{V_1} = -\frac{j\omega C_1 R_2}{j\omega C_1 R_1 + 1} \quad \cdots (1)$$

$R_2 \gg R_1$とすると,

$$G ≒ -j\omega C_1 R_2 \quad \cdots (2)$$
$$= -j2\pi \times 100 \times 1000\text{pF} \times 1\text{M}\Omega$$
$$≒ 0.63(f = 100\text{Hzのとき})$$

図1 入出力波形とゲインと位相の周波数特性を測る
抵抗R_1は発振防止用

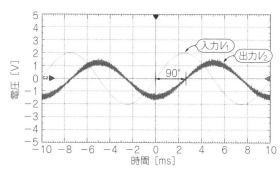

図2 実験 … 図1の回路の入出力波形
ゲインは約0.65倍になっている

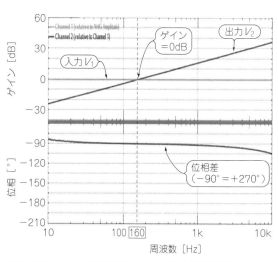

図3 実験 … 図1の回路のゲインと位相の周波数特性
ゲインが1倍になるときの周波数は約160 Hz, 位相差は+270°

ノイズ除去にまず使う
2次ローパス・フィルタ

〈馬場 清太郎〉

● 要点

フィルタの中で最もよく使われているのが，ローパス・フィルタです．

ノイズとして最も多く発生するホワイト・ノイズ（白色雑音）の場合，ローパス・フィルタで周波数帯域を制限するだけでノイズが減少します．また，A-Dコンバータでは，サンプリング定理により信号周波数帯域をサンプリング周波数の半分以下に抑えないとエイリアシングが発生します．この帯域制限にもローパス・フィルタが使われます．

アクティブ・フィルタの回路形式のなかで，簡単で高性能が得られやすいのがサレン・キー型です．サレン・キー型に使用される非反転アンプには，ゲインが1倍の回路と1倍より大きなゲインを持つ回路があります．ここで採用したのはゲインが1倍のボルテージ・フォロワです．

フィルタには各種の遮断特性がありますが，ここでは通過帯域の平坦性に優れたバターワース特性と波形伝送に優れたベッセル特性を採用しました．

● 実験

図1は，カットオフ周波数f_C＝1kHzのサレン・キー型2次ローパス・フィルタです．図1に従い，容量C_1とC_2を選択し，バターワース特性とベッセル特性を確認します．

図2に示すのは，バターワース特性の2次ローパス・フィルタ（サレン・キー型）のゲインと位相の周波数特性です．ゲインが-3dBになるときのカットオフ周波数f_Cは1kHzであり，位相差は-90°となっています．

図3に示すのは，4V_{peak}で100Hzの方形波をバターワース特性の2次ローパス・フィルタ（サレン・キー型）に入れたときの応答特性です．立ち上がり時間は約0.4ms，小さなオーバーシュートがあり，整定時間は約1.2msもかかっています．

図4に示すのは，ベッセル特性の2次ローパス・フィルタ（サレン・キー型）のゲインと位相の周波数特性です．ゲインが-3dBになるときのカットオフ周波数f_Cは1kHzですが，位相差が-90°になるときの周波数は約1.22kHzとなっています．

ベッセル特性の遮断特性はバターワース特性に比べて劣り，10kHzにおける減衰はバターワース特性では-40dB以下ですが，ベッセル特性では-37dB程度です．図5は，4V_{peak}で100Hzの方形波をベッセル特性の2次ローパス・フィルタ（サレン・キー型）に入れたときの応答特性です．ベッセル特性が波形伝送を重視していることがわかります．立ち上がり時間は，バターワース特性と同程度の約0.4msですが，オーバーシュートは，ほとんどありません．整定時間は約1.0msです．

● テクニック…カットオフ周波数を変える

ベッセル特性の伝達関数から導かれるカットオフ周波数は位相差が-90°になるときの周波数ですが，ここでは便宜上-3dBになるときの周波数をカットオフ周波数f_Cとしています．フィルタ関係の文献でも理論重視の文献は位相差が-90°になるときの周波数とし，実用重視の文献は平坦域から-3dBになるときの周波数としています．文献を参照して設計するときは注意しましょう．

カットオフ周波数f_Cの変更は，図1の容量C_1とC_2に設定したい周波数と1kHzとの比をかけて行います．例えばカットオフ周波数f_C＝100kHzのとき，容量C_1とC_2を1/100にします．ただし，カットオフ周波数f_Cを数十kHzにする場合は，広帯域OPアンプを使うなどの配慮が必要です．

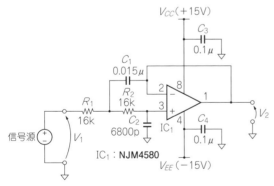

IC$_1$：NJM4580

カットオフ周波数f_C＝1kHzのとき
容量C_1，C_2は下記のとおり

遮断特性	C_1	C_2
バターワース特性	0.015μ	6800p
ベッセル特性	0.01μ	6800p

図1　方形波応答とゲインと位相の周波数特性を測る
カットオフ周波数f_C＝1kHz

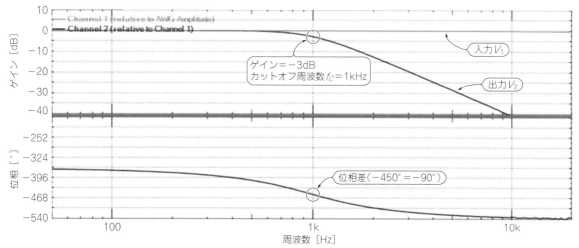

図2 実験…バターワース特性の方形波応答とゲインと位相の周波数特性
カットオフ周波数 f_C は 1 kHz，位相差は −90°

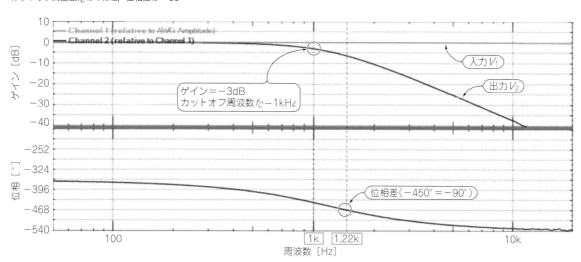

図4 実験 … ベッセル特性のゲインと位相の周波数特性
カットオフ周波数 f_C は 1 kHz，位相差が −90° になるときの周波数は約 1.22 kHz

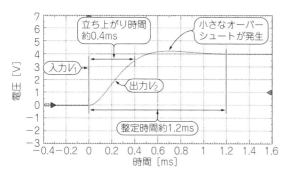

図3 実験 … バターワース特性の入出力波形
立ち上がり時間は約 0.4 ms，整定時間は約 1.2 ms

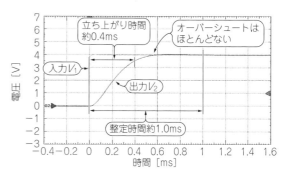

図5 実験…ベッセル特性の入出力波形
立ち上がり時間は約 0.4 ms，整定時間は約 1.0 ms

9-4 もっとノイズを除去する 3次ローパス・フィルタ

〈馬場 清太郎〉

● 要点

　図1は，カットオフ周波数f_C＝1kHzのサレン・キー型3次ローパス・フィルタです．図1の表に従い，容量C_1，C_2，C_3を選択し，バターワース特性とベッセル特性を確認します．ゲインが1倍のボルテージ・フォロワによる3次ローパス・フィルタとしました．

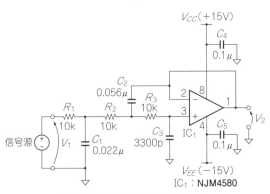

カットオフ周波数f_C＝1kHzのとき
容量C_1，C_2，C_3は下記のとおり

遮断特性	C_1	C_2	C_3
バターワース特性	0.022μ	0.056μ	3300p
ベッセル特性	0.015μ	0.022μ	3900p

図1　方形波応答とゲインと位相の周波数特性を測る
カットオフ周波数f_C＝1kHz

● 実験

　図2に示すのは，バターワース特性の3次ローパス・フィルタ(サレン・キー型)のゲインと位相の周波数特性です．ゲインが−3dBになるときのカットオフ周波数f_Cは1kHz，位相差は−135°です．

　図3は，4V_{peak}で100Hzの方形波をバターワース特性の3次ローパス・フィルタに入れたときの応答特性です．立ち上がり時間は約0.5ms，小さなオーバーシュートがあり，整定時間は約2.0msもかかっています．

　図4に示すのは，ベッセル特性の3次ローパス・フィルタ(サレン・キー型)のゲインと位相の周波数特性です．ゲインが−3dBになるときのカットオフ周波数f_Cは1kHzですが，位相差が−135°になるときの周波数は約1.47kHzとなっています．約1.47kHzがベッセル特性の伝達関数から導かれる本当のカットオフ周波数です．

　図5は，4V_{peak}で100Hzの方形波をベッセル特性の3次ローパス・フィルタに入れたときの応答特性です．立ち上がり時間は，バターワース特性と同程度の約0.5msですが，オーバーシュートは，ほとんどありません．整定時間は約1.0msです．

● テクニック…カットオフ周波数を変える

　カットオフ周波数の変更は，2次ローパス・フィルタと同様に，図1の容量C_1，C_2，C_3に設定したい周

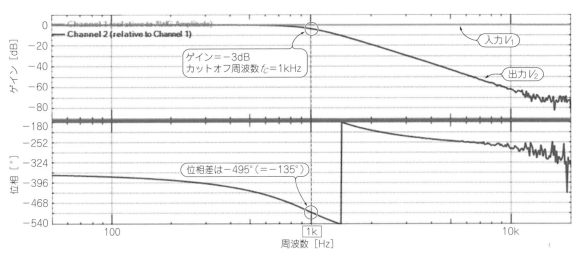

図2　実験 … バターワース特性の方形波応答とゲインと位相の周波数特性
カットオフ周波数f_Cは1kHz，位相差は−135°

波数と1kHzとの比をかけて行います. 例えばカットオフ周波数f_C = 20kHzのとき, 容量C_1とC_2を1/20にします. ただし, 2次ローパス・フィルタと

同様にカットオフ周波数f_Cを数十kHz以上にする場合は, 広帯域OPアンプを使うなどの配慮が必要です.

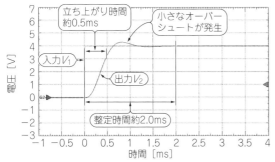

図3 実験 … バターワース特性の入出力波形
立ち上がり時間は約0.5ms, 整定時間は約2.0ms

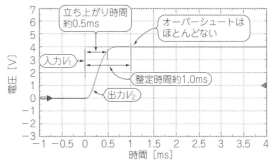

図5 実験 … ベッセル特性の入出力波形
立ち上がり時間は約0.5ms, 整定時間は約1.0ms

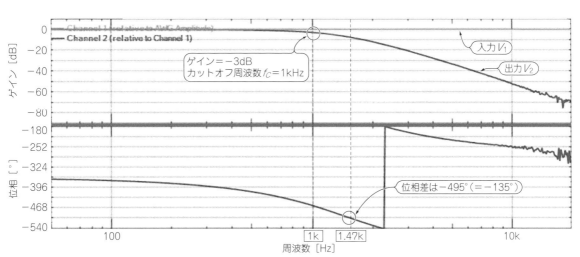

図4 実験 … ベッセル特性のゲインと位相の周波数特性
カットオフ周波数f_Cは1kHz, 位相差が−135°になるときの周波数は約1.47kHz

9-5 直流/ハム・ノイズを除去する 2次ハイパス・フィルタ

〈馬場 清太郎〉

● 要点

ハイパス・フィルタは信号周波数が直流を含むとき, 余分な直流分を除去したり, 信号周波数が50Hz/60Hzの電源周波数よりも高いとき, 電源周波数のノイズを除去したりするために使用されますが, ローパス・フィルタに比べ使用頻度は少ないです.

図1は, カットオフ周波数f_C = 1kHzのサレン・キー型2次ハイパス・フィルタです. **図1**の表に従い, 抵抗R_1とR_2を選択して, バターワース特性とベッセ

ル特性を確認します.

● 実験

図2に示すのは, バターワース特性の2次ハイパス・フィルタ(サレン・キー型)のゲインと位相の周波数特性です. ゲインが−3dBになるときのカットオフ周波数f_Cは1kHz弱であり, 位相差は−90°です.

図3は, ±2V_{peak}で10kHzの方形波をバターワース特性の2次ハイパス・フィルタに入れたときの応答

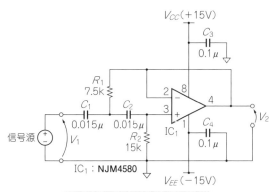

カットオフ周波数 f_C = 1kHzのとき
抵抗 R_1, R_2 は下記のとおり

遮断特性	R_1	R_2
バターワース特性	7.5k	15k
ベッセル特性	12k	16k

図1 方形波応答とゲインと位相の周波数特性を測る
カットオフ周波数 f_C = 1 kHz

特性です．立ち上がり時間は短いですが大きなサグがあります．

図4は ± 2 V_{peak} で 10 kHz の方形波をベッセル特性の2次ハイパス・フィルタに入れたときの応答特性です．立ち上がり時間も大きなサグもバターワース特性と同様です．ローパス・フィルタでは波形のひずみも少なく意味のあるベッセル特性でしたが，ハイパス・フィルタのベッセル特性はバターワース特性よりも波形ひずみが優れていません．遮断特性の貧弱さだけが際立ち無意味であるため，周波数特性の掲載は省略しました．

● **テクニック…カットオフ周波数を変える**

カットオフ周波数 f_C の変更は，**図1**の容量 C_1 と C_2 に設定したい周波数と 1 kHz との比をかけて行います．例えばカットオフ周波数 f_C = 200 Hz のとき，容量 C_1 と C_2 を 5 倍します．高域の限界は OP アンプの性能に依存します．広帯域が必要なら広帯域 OP アンプを使います．

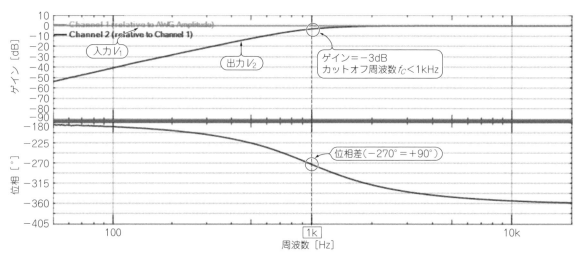

図2 実験 … バターワース特性のゲインと位相の周波数特性
カットオフ周波数 f_C は 1 kHz 弱，位相差は−90°

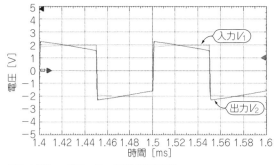

図3 実験 … バターワースの方形波応答
立ち上がり時間は短いが，大きなサグがある

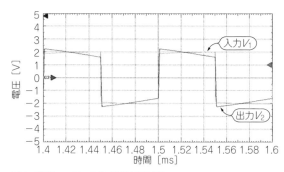

図4 実験 … ベッセルの方形波応答
立ち上がり時間もサグの出方（大きい）もバターワース特性と同じ

9-6 中心周波数を調節可能な 2次バンドパス・フィルタ

〈馬場 清太郎〉

● 要点

信号周波数が単一周波数の場合か，周波数帯域が狭帯域の場合に使用するのが，バンドパス・フィルタです．

図1は，中心周波数$f_O = 1\,\mathrm{kHz}$，選択度$Q \fallingdotseq 5$の多重帰還型2次バンドパス・フィルタです．

● 実験

図2は，2次バンドパス・フィルタの周波数特性です．中心周波数f_Oは設計どおり約1 kHzになっていて，位相差は反転アンプであることから$-180°$です．

図3は，$\pm 2\,\mathrm{V_{peak}}$で中心周波数f_Oに相当する1 kHzの方形波を2次バンドパス・フィルタに入れたときの応答特性です．高調波が減衰して正弦波に近くなっています．

● テクニック…中心周波数の調整

多重帰還型2次バンドパス・フィルタの特徴は，中心周波数f_Oの微調整が抵抗R_2によって簡単に行えることです．このとき，フィルタ特性にほとんど影響はありません．使用するコンデンサに高精度のものが得られないときには，抵抗R_2を可変抵抗にして中心周波数を調整します．

● テクニック…中心周波数の変更

中心周波数f_Oの変更は，図1の容量C_1とC_2に設定したい周波数と1 kHzとの比をかけて行います．例えば中心周波数$f_O = 2\,\mathrm{kHz}$のとき，容量C_1とC_2を1/2にします．

多重帰還型2次バンドパス・フィルタの入力信号は，図1の抵抗R_1とR_2によって数十分の1に分圧されています．それをOPアンプによって増幅しているため，中心周波数f_Oを数kHz以上に設定するには広帯域OPアンプが必要になります．

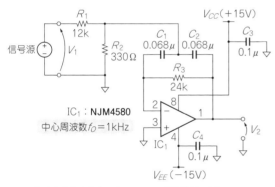

図1 方形波応答と位相とゲインの周波数特性を測る
中心周波数$f_O = 1\,\mathrm{kHz}$，選択度$Q \fallingdotseq 5$

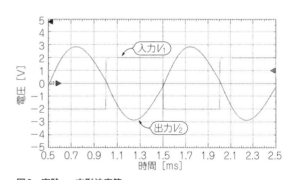

図3 実験 … 方形波応答
出力は高調波が減衰して正弦波に近くなっている

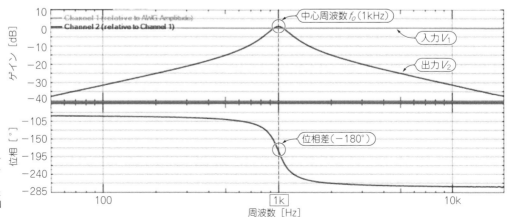

図2 実験 … 位相とゲインの周波数特性
中心周波数f_Oは約1 kHz，位相差は$-180°$

9-7 50/60Hzハム・ノイズを除去する 2次ノッチ・フィルタ

〈馬場 清太郎〉

ノイズの周波数が固定なら，単一周波数のノイズを除去するノッチ・フィルタが有効です.50 Hz/60 Hzの電源周波数によるノイズ除去に多く使われます.

図1は，中心周波数$f_O = 1$ kHz，選択度$Q \fallingdotseq 1$のブリッジドT型2次ノッチ・フィルタです.

● 実験

図2は，2次ノッチ・フィルタの周波数特性です.中心周波数f_Oは設計どおり約1 kHzになっていて，ノッチの深さは-40 dB以下です.つまり，ノイズ周波数が1 kHzだったら，出力では1/100以下になります.

中心周波数f_Oでの位相差は非反転アンプであることから0°です.

図3は，± 2 V$_{peak}$で中心周波数f_Oに相当する1 kHzの方形波を2次ノッチ・フィルタに入れたときの応答特性です.方形波から正弦波を引いたような出力波形が得られています.

● テクニック…高価な精密コンデンサはできるだけ使わない

ブリッジドT型2次ノッチ・フィルタの特徴は，中心周波数f_Oを決定する精密コンデンサが2個ですむことです.よく使用されるツインT型の場合はOPアンプ1個ですみますが，コンデンサは少なくとも3個必要です.さらに，容量比が1：1：2となるため，同一容量の精密コンデンサを4個使用することが多いです.ブリッジドT型の場合は，同一容量の精密コンデンサが2個ですみ，OPアンプは精密コンデンサよりも安価です.

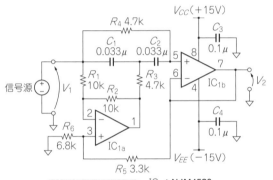

中心周波数$f_O = 1$kHz

図1 方形波応答と位相とゲインの周波数特性を測る
中心周波数$f_O = 1$ kHz，選択度$Q \fallingdotseq 1$

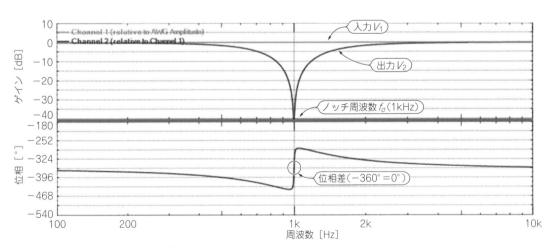

図2 実験 … 位相とゲインの周波数特性
中心周波数f_Oは約1 kHz，ノッチの深さは-40 dB以下

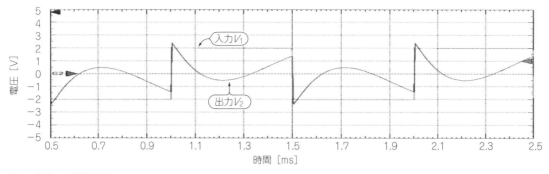

図3 実験 … 方形波応答
方形波から正弦波を引いたような出力波形が得られる

● **テクニック…中心周波数を変更したり微調整したり**
　中心周波数f_Oを微調整するときは，**図1**の抵抗R_3
またはR_4の一部を半固定抵抗に変えて行います．ノ
ッチの深さは抵抗R_1またはR_2の一部を半固定抵抗に
変えて行います．

　中心周波数f_Oの変更は，**図1**の容量C_1とC_2に設定
したい周波数と1 kHzとの比をかけて行います．例え
ば中心周波数$f_O = 50$ Hzだったら，容量C_1とC_2を20
倍します．平坦部の高域の限界はOPアンプによるた
め，広帯域が必要なら広帯域OPアンプを使います．

第10章

コンパレータ回路で使えるテクニック

10-0 コンパレータの基礎知識

〈梅前 尚〉

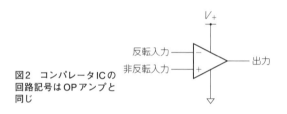

図2 コンパレータICの回路記号はOPアンプと同じ

反転入力
非反転入力
出力
V+

コンパレータとOPアンプの違い

● コンパレータは電圧領域のフィルタ

コンパレータは電圧比較をおこなう回路もしくは素子のことです．機能は至ってシンプルで，2つの入力信号に対して一方の入力電圧が他方の電圧よりも高いか低いかを判別して出力します．片方を精度の高い固定電圧に接続し，これを基準電圧としてもう一方を入力信号とすることで，基準電圧に対する電圧の高低を判定することができ，これがコンパレータの基本的な

形態です．信号の有無を判別する回路も，コンパレータの一種といえます．

図1のトランジスタ回路は，スイッチ入力を受ける箇所にごく一般的に用いられるコンパレータです．トランジスタのV_{BE}は一般的なNPN小信号トランジスタの場合0.5 V～0.7 V程度ですが，これを超える電圧を入力することで，トランジスタがONして出力は "L" レベルになります．すなわちこの回路は，トランジスタのV_{BE}を基準電圧としたコンパレータと考えることができます．

図1のR_1とR_2の分圧比を，信号入力時にトランジスタのV_{BE}以上となるように調整することで，任意の電圧で比較することができます．R_1にツェナー・ダイオードを直列に接続することで，高い電圧での判定動作も可能です．

ただし，NPNトランジスタは電流駆動素子であるため，V_{BE}付近ではベース電流が十分に供給されずトランジスタは増幅素子として働く能動領域で動作する

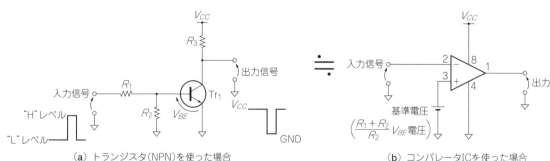

（a）トランジスタ（NPN）を使った場合

（b）コンパレータICを使った場合

図1 電圧を判定するコンパレータ回路の基本構成

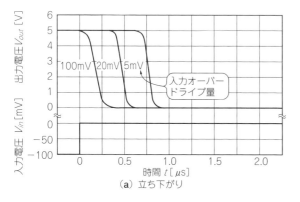

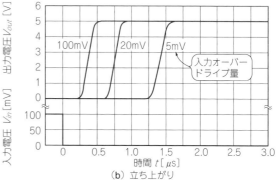

(a) 立ち下がり　　　　　　(b) 立ち上がり

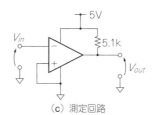

(c) 測定回路

図3(1)　定番コンパレータIC NJM2903の入出力応答特性
NJM2903（新日本無線）データシートより

ので，出力は中途半端な値となります．"H" レベルまたは "L" レベルの2値的な出力を得るには，判定したい入力信号電圧値のときに十分なベース電流が流れるように設計しなければなりません．

● **コンパレータICの基礎知識…OPアンプとの違い**

　電圧を比較するには，専用のコンパレータICが最も使いやすいです．コンパレータの回路記号は**図2**のようになっており，OPアンプと同じ記号となっています．また外観も同一で，見た目の違いは基本的にマーキングが異なるだけです．

　しかし，コンパレータとOPアンプは動作に大きな違いがあります．1番の違いは，コンパレータは負帰還をかけないで使用し，2つの入力信号の電位差によって，出力が "H" レベルまたは "L" レベルのどちらかに飽和します．

　OPアンプでも，負帰還を施さず出力を "H" レベルまたは "L" レベルに張り付かせるようにすれば，コンパレータとして使用することができます．しかし，コンパレータとOPアンプは「応答速度」が決定的に違います．

　図3は，コンパレータICの定番として定着しているNJM2903（新日本無線）のデータシートに掲載されている入出力の応答時間特性です．入力オーバードライブ量（出力が反転する電圧を上回る電圧）が大きいほど応答時間が短くなりますが，100 mVのオーバードライブ量が確保できれば，立ち下がり時間では約0.2 μs，立ち上がり時間でも0.5 μs未満の高速で応答しています．これに対して，OPアンプでは100 μs前後の応答時間を要するので，ほぼ2桁速い応答速度をもつことになります．

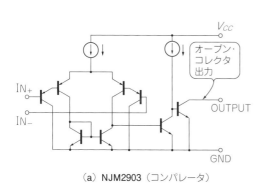

(a) NJM2903（コンパレータ）

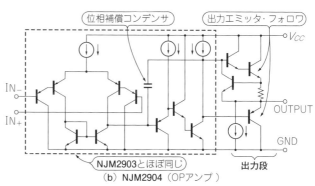

(b) NJM2904（OPアンプ）

図4(1)　コンパレータICとOPアンプの内部回路の違い

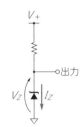

図5 比較用の基準電圧回路①…ツェナー・ダイオードを使う回路

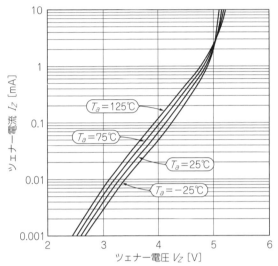

図6 ツェナー・ダイオードの電圧−電流特性
BZX84B5V1(ローム)データシートより抜粋

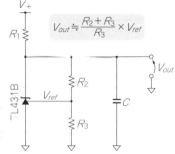

$$V_{out} \fallingdotseq \frac{R_2 + R_3}{R_3} \times V_{ref}$$

図7 比較用の基準電圧回路②…シャント・レギュレータICを使う回路

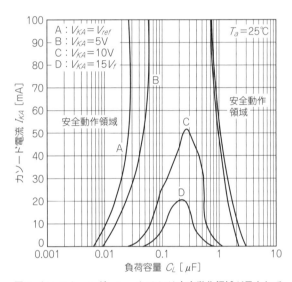

図8 シャント・レギュレータICには安定動作領域が示されている
TL431/TL431A(テキサス・インスツルメンツ)データシートより抜粋

● コンパレータICとOPアンプの内部回路の違い

　この違いは，内部等価回路の違いから生じています．図4はコンパレータとOPアンプ(NJM2904)の内部等価回路ですが，入力段は同じ構成となっていますがOPアンプには位相補償コンデンサが接続されています．このコンデンサが応答速度に大きく影響しています．

　図4からは，出力段の回路構成の違いも読み取れます．コンパレータNJM2903の出力は，オープン・コレクタとなっています．このため，"H"レベルで出力電圧を得るにはプルアップ抵抗が必要となりますが，コンパレータの電源電圧とは異なる出力電圧を得るレベル・シフトをしたいときには大変都合がいいです．例えば，電圧の比較はダイナミック・レンジを広くとるために，コンパレータの電源電圧を12Vとし，出力はマイコンやロジックICの電源電圧にあわせて5Vや3.3Vに変換したい場合などです．

　ただし，すべてのコンパレータICがオープン・コレクタ出力ということではなく，OPアンプと同じようにプッシュ・プル出力となっているものもありますので，レベル・シフトさせる際はデータシートを確認して選定するようにします．

比較用の基準電圧の作り方

　コンパレータの一般的な使い方では，信号レベルの比較に基準電圧を必要とします．

● 方法1：ツェナー・ダイオード

　基準電圧を手軽に得る方法として，ツェナー・ダイオードがあります．図5のようにツェナー・ダイオードに適切なツェナー電流を流すことで，ツェナー・ダイオードのランクに応じた任意の電圧を得ることができます．

　しかしツェナー・ダイオードで得られる電圧はばらつきが大きく，ツェナー電流の大きさや温度によっても変化します．図6は，5.1Vのツェナー・ダイオードBZX84B5V1(ローム)のツェナー電圧−ツェナー電流特性です．ツェナー電流(I_Z)の大きさによってツェナー電圧(V_Z)が大きく変化しています．

コラム　汎用ロジックICもコンパレータ

信号の"H"/"L"判定なら，汎用のロジックICも使用することができます．**図A**(a)にCMOSロジックICのインバータ・ゲートTC74HCT04AF（東芝）のDC特性の一部を示します．

入力電圧を見ると，"H"レベルは最小で2.0Vと，"L"レベルは最大で0.8Vと記載されています．すなわち2.0V以上の信号入力は"H"レベルとして認識し"L"レベルを出力，0.8V以下の電圧は"L"レベルと判断して"H"レベルを出力します[**図A**(b)]．0.8～2.0Vの電圧は入力信号レベルとしては不適当で，この電圧範囲の入力に対する出力状態は保証さ

れていません．

また，動作範囲項に入力上昇，下降時間（t_r, t_f）が規定されています．これはロジックICに入力する信号レベルが切り換わる際に許容される所要時間を示しています．入力信号レベルがゆっくりと変化して規定値よりも長くかかる場合は，ロジックIC出力が異常発振したり誤動作したりする可能性があります．緩やかな電圧変化をする信号に対しては，ヒステリシス入力をもつシュミット・トリガ入力のロジックICを使うようにします．

〈梅前 尚〉

項　目		記　号	測　定　条　件		$T_a=25℃$			$T_a=-40～85℃$		単位
				V_{CC} [V]	最小	標準	最大	最小	最大	
入力電圧	"H"レベル	V_{IH}	—	4.5～5.5	2.0	—	—	2.0	—	V
	"L"レベル	V_{IL}	—	4.5～5.5	—	—	0.8	—	0.8	

（a）DC特性（データシートより一部抜粋）

0.8V以下は"L"レベルとして認識→出力は"H"レベル
2.0V以上は"H"レベルとして認識→出力は"L"レベル

（b）入出力特性

図A　汎用CMOSロジックICもコンパレータといえる
インバータ・ゲートTC74HCT04AF（東芝）の例

また，温度によっても数百mVの変動があります．ツェナー・ダイオードの基準電圧は，このような変動があることを理解したうえで，ある程度判定レベルに変動があっても支障がない回路に使用することができます．

● **方法2：シャント・レギュレータIC**

より，精度の高い基準電圧が必要な場合は，シャント・レギュレータICを使います．TL431（テキサス・インスツルメンツ）に代表されるシャント・レギュレータは，精度の高い基準電圧源を内蔵しており，初期精度が±0.5％のものもラインアップされています．**図7**は，シャント・レギュレータTL431Bを使用した基準電圧生成回路です．TL431BのV_{ref}端子は2.495Vで，出力電圧はR_2とR_3の値で決まります．ツェナー・ダイオードを使った基準電圧と比較して，変動が少なく精度の高い基準電圧を得ることができます．

ただしこの回路では，シャント・レギュレータICのカソード端子に接続する負荷容量が適切でないと，

出力が発振してしまう可能性があるため，接続する負荷容量に注意する必要があります．

シャント・レギュレータICのデータシートには，**図8**のような安定動作領域が示されています．グラフの中央部分，カーブの下の領域は，シャント・レギュレータICが発振する可能性がある領域を表しています．

設定電圧やカソード電流の大きさによって値は異なりますが，6nF～3μFの負荷容量は要注意です．**図8**のグラフを参照して安定動作する容量を接続するようにします．

◆参考・引用*文献◆
(1)*馬場 清太郎；OPアンプによる実用回路設計，2004年5月1日，CQ出版社．
(2) NJM2903データシート，新日本無線．
(3) NJM2904データシート，新日本無線．
(4) BZX84B5V1LYデータシート，ローム．
(5) TL431Bデータシート，テキサス・インスツルメンツ．

10-1 信号の大小を判定する「コンパレータ」基本回路

〈馬場 清太郎〉

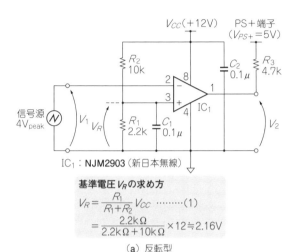

$$V_R = \frac{R_1}{R_1 + R_2} V_{CC} \cdots\cdots (1)$$

$$= \frac{2.2\,\mathrm{k}\Omega}{2.2\,\mathrm{k}\Omega + 10\,\mathrm{k}\Omega} \times 12 \fallingdotseq 2.16\,\mathrm{V}$$

基準電圧 V_R の求め方

（a）反転型

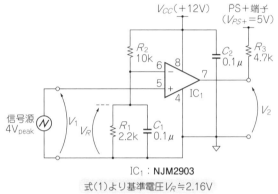

IC$_1$：NJM2903

式(1)より基準電圧 $V_R \fallingdotseq 2.16$ V

（b）非反転型

図1 基準電圧（直流）と三角波を入力して応答を調べる
基準電圧 V_R に対して入力電圧 V_1 が高いのか低いのかを，論理レベルの "H" または "L" の2値信号で出力する

● 要点

コンパレータは比較器とも呼ばれ，2つの電圧を比べてどちらが高いのか，あるいは低いのかを，論理レベルの "H" または "L" の2値信号で出力します．

OPアンプと異なり，負帰還をかけないで使用します．OPアンプと特性を比較すると，一般にオフセット電圧やバイアス電流などの直流特性は悪いですが，動作スピードは非常に高速です．出力回路は，オープン・コレクタ（オープン・ドレイン含む）か，ロジックICの出力と同等（TTL，CMOSなど）です．

図1の基本コンパレータ回路は，基準電圧 V_R に対して入力電圧 V_1 が高いのか低いのかだけを見る回路です．

図1(a)が反転型で，**図1**(b)が非反転型です．

ICは，オープン・コレクタ出力のコンパレータが2個入った新日本無線のNJM2903を使います．オリジナルはLM2903（テキサス・インスツルメンツ）で，同社のLM393も使えます．コンパレータが4個入ったNJM2901や，そのオリジナルであるLM2901，LM399も使えます．なお，未使用コンパレータは，反転入力端子と非反転入力端子をグラウンドに接続します．電源は，＋12Vの単電源とし，オープン・コレクタ出力は＋5V電源から抵抗 $R_3 = 4.7$ kΩ でプル・アップしています．

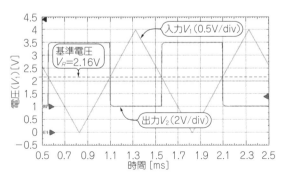

図2 実験…反転型コンパレータの応答波形
入力 V_1 が基準電圧 V_R よりも低いときは出力 V_2 が "H"（＝5V），入力 V_1 が基準電圧 V_R よりも高いときは出力 V_2 が "L"（＝0V）となる

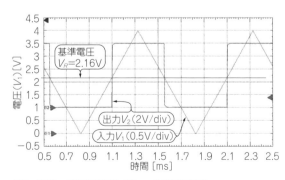

図3 実験…非反転型コンパレータの応答波形
入力 V_1 が基準電圧 V_R よりも高いときは出力 V_2 が "H"（＝5V），入力 V_1 が基準電圧 V_R よりも低いときは出力 V_2 が "L"（＝0V）となる

● 実験

図2に，反転型コンパレータ回路の入出力特性を示します．入力V_1は4V_{peak}で1kHzの三角波です．基準電圧$V_R = 2.16$Vであり，入力V_1が基準電圧V_Rよりも低いときは出力V_2が"H"（＝5V），入力V_1が基準電圧V_Rよりも高いときは出力V_2が"L"（＝0V）となっていて，理論どおりに動作しています．

図3に，非反転型コンパレータ回路の入出力特性を示します．入力V_1は4V_{peak}で1kHzの三角波です．基準電圧$V_R = 2.16$Vであり，入力V_1が基準電圧V_R

よりも高いときは出力V_2が"H"（＝5V），入力V_1が基準電圧V_Rよりも低いときは出力V_2が"L"（＝0V）となっていて，理論どおりに動作しています．

● テクニック…立ち上がりや立ち下がりを速くする

基準電圧V_Rに対し，入力V_1が低くなった場合の応答を速くしたいときは，非反転型コンパレータの立ち下がりを使用します．逆の場合は，反転型コンパレータを使用します．立ち上がりを速くしたいときはコンパレータ出力をインバータ（74HC04など）で反転します．

10-2 コンパレータの応答性能を調べる

〈馬場　清太郎〉

● 要点

図1に示す回路で，非反転型コンパレータ回路の応答時間を調べます．

基準電圧を2Vにして±50mV_{peak}の方形波を重畳させて測定します．つまり，基準電圧2Vに対し，入力は±50mVのオーバードライブになっているため，入力に対する出力の応答が高速で測定しやすくなります．一般に，基準電圧に対して入力をオーバードライ

ブすると，応答時間が短くなります．

図2に示すとおり実験は基準電圧$V_R = 2$Vになるように可変抵抗VR_1を調節します．これは，信号源のオフセット電圧をスムーズに調節できなかったからです．次に，信号源の出力を2V（直流オフセット電圧）±50mV_{peak}（波高値）で1kHzの方形波にし，入力V_1に入力します．抵抗R_3を3.3kΩにしたのは，NJM2903のデータシートに記載された応答時間を測定するときの回路に合わせるためです．

● 実験

NJM2903の立ち下がり応答特性を図3(a)に示します．基準電圧V_Rに対し，−50mVオーバードライブしたときの出力立ち下がり遅れ時間は0.35μsです．

立ち上がり応答特性を図3(b)に示します．基準電圧V_Rに対し，＋50mVオーバードライブしたときの出力立ち上がり遅れ時間は0.65μsです．つまり，立ち上がり時間は立ち下がり時間の約2倍です．

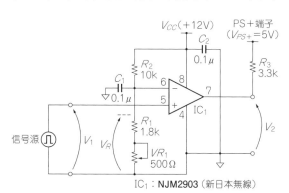

IC$_1$：NJM2903（新日本無線）

実験方法
- 可変抵抗VR_1を調節して基準電圧V_Rを2.00Vに合わせる
- 信号源（AWG）の出力信号の波形を下図のように設定する

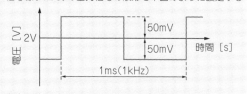

- 入力V_1と出力V_2をオシロスコープで観測する

図1　コンパレータ回路（非反転型）の応答が一番速くなる条件（オーバードライブ）で測る
応答時間を改善するために，基準電圧を2Vにし±50mV_{peak}の方形波を重畳させることで，入力をオーバードライブする

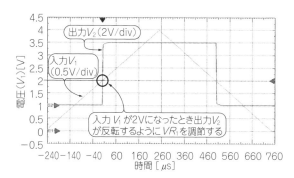

図2　まず可変抵抗VR_1を調整
信号源のオフセット電圧をスムーズに調節できなかったため設定が必要となった

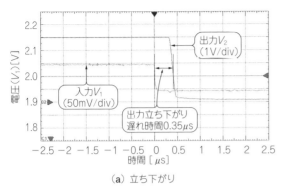

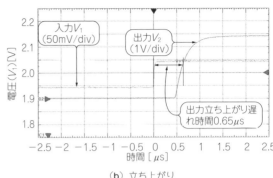

(a) 立ち下がり

(b) 立ち上がり

図3 入力をオーバードライブしたときの応答
立ち上がり応答時間は 0.35 μs，立ち下がり応答時間は 0.65 μs

● テクニック…立ち下がりより立ち上がりが遅くなる理由

立ち上がり時間が遅い理由は，IC出力のトランジスタがOFFしているため，抵抗R_3が出力周辺の寄生/浮遊容量を充電する時間がかかるからです．IC出力のトランジスタがONして容量に充電された電荷を急速に放電するため，立ち下がり時間が短くなります．

● テクニック…入力信号が三角波や正弦波のときはオーバードライブのときより応答が遅くなる

今回の実験は入力信号を基準電圧に対してオーバードライブして行いました．三角波や正弦波のようにゆっくりした立ち下がり/立ち上がりの波形の場合は，今回の実験結果よりも大幅に遅くなることが予想されます．遅れ時間の最大値は希望の回路に合わせた実験で確認します．

10-3 遅いけど直流特性がいい OPアンプ・コンパレータ

〈馬場 清太郎〉

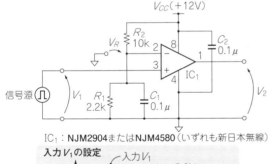

IC₁：NJM2904またはNJM4580（いずれも新日本無線）

式(1)より基準電圧 $V_R \fallingdotseq 2.16$ V

図1 非反転型コンパレータに方形波を入力して応答速度を調べる
負帰還をかけず，非反転型コンパレータとして使用する

● 要点

コンパレータICの直流特性は，一般にOPアンプに比べて悪くなっています．OPアンプに負帰還をかけず，非反転型コンパレータとして使用する実験を図1の回路で行います．入力信号は2V（直流オフセット電圧）± 0.2 V_{peak}（波高値）で1kHzの方形波として，時間測定を容易にしています．

● 実験

OPアンプにNJM2904を使用したときの立ち上がり応答特性を図2(a)，立ち下がり応答特性を図2(b)に示します．立ち上がり応答時間は105 μsで，立ち下がり応答時間は19 μsとなっています．立ち下がり応答時間は，立ち上がり応答時間よりも圧倒的に高速です．

OPアンプにNJM4580を使用したときの立ち上がり応答特性を図3(a)，立ち下がり応答特性を図3(b)に示します．立ち上がり応答時間は7 μsで，立ち下がり応答時間は1.7 μsです．こちらも立ち下がり応答時間は，立ち上がり応答時間よりも圧倒的に高速です．

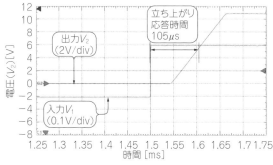

（a）立ち上がり

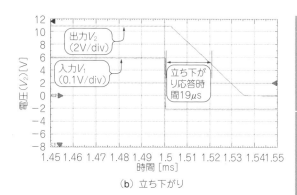

（b）立ち下がり

図2 実験…図1の回路の方形波応答（NJM2904を使用）
立ち上がり応答時間は105μs，立ち下がり応答時間は19μs

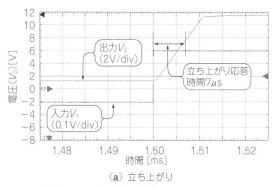

（a）立ち上がり

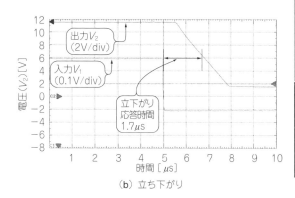

（b）立ち下がり

図3 実験…図1の回路の方形波応答（NJM4580を使用）
立ち上がり応答時間は7μs，立ち下がり応答時間は1.7μs

OPアンプによるコンパレータは応答時間が遅いため，高速性が必要なときには向いていません．

今回の実験も入力信号を基準電圧に対してオーバードライブして行いました．三角波や正弦波のようにゆっくりした立ち下がり／立ち上がりの波形の場合は，今回の実験結果よりも大幅に遅くなることが予想されます．遅れ時間の最大値は希望の回路に合わせた実験で確認します．

● **テクニック…OPアンプ・コンパレータの出力をマイコンに入力する**

OPアンプをコンパレータとして使用すると，出力レベルはマイコンやロジックICに適合しません．

図4に示すように，抵抗内蔵トランジスタを使用することで，マイコンなどの入力レベルに適合させます．ZD₁はTr₁のOFFを確実にするだけではありません．電源投入時にOPアンプの出力が，一瞬2〜4Vになることが多く，誤動作防止を兼ねています．

OPアンプを両電源で使用する場合，ZD₁の部分にスイッチング・ダイオードを入れます．向きは，ツェナー・ダイオードと逆方向です．OPアンプの出力がプラスになったときだけTr₁をONさせます．

● **テクニック…NJM4580の場合は反転型とし，基準（非反転）入力を1.5V以上とする**

OPアンプの実験で解説したように，NJM4580は位相反転現象が起きるため，入力V_1が約1.5V以下になるような場合には使用できません．反転型コンパレータとして非反転入力に1.5V以上（余裕を見て2V以上が望ましい）の基準電圧を加えて使用します．

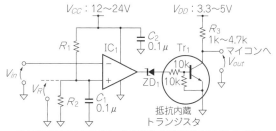

回路の要点
- IC₁：OPアンプ
- 10-1項の式（1）より基準電圧 $V_R = \dfrac{R_1}{R_1 + R_2} V_{CC}$
  ただし，NJM4580など位相反転するOPアンプは，$V_R \geqq 2V$，NJM2904など単電源用OPアンプは$V_R > 0V$．
- ZD₁はTr₁のOFFを確保するためであり，$V_{CC}/2$（≒6〜12V）程度にする

図4 OPアンプ・コンパレータ回路とマイコンの接続
位相反転するOPアンプの場合は，$V_R \geqq 2V$とする

ノイズに強い ヒステリシス・コンパレータ

〈馬場 清太郎〉

● 要点

　入力信号にノイズが含まれていると，マルチプル・トリガという現象に悩まされます．マルチプル・トリガは，基準電圧近傍で出力が "H" と "L" の状態を繰り返すことです．

　出力が "L" → "H" に変わるとき，"H" → "L" に変わるときで基準電圧を等価的に変化させて，ヒステリシス(履歴現象)を与えると，ノイズに強いコンパレータになります．このとき，想定するノイズ・レベルよりもヒステリシス幅を大きくします．

　図1は，ヒステリシス・コンパレータ回路です．図1(a)は非反転型で，図1(b)は反転型です．

　V_{tu} は出力が "L" → "H" に変化するときの入力 V_1 の値で，V_{td} は出力が "H" → "L" に変化するときの入力 V_1 の値です．V_{tu} と V_{td} の差がヒステリシス幅 V_h です．式(1)～式(4)は近似式で，抵抗 R_5 は抵抗 R_4 に比べて小さいので無視し，出力が "L" のときの電圧は0Vとしています．

● 実験

　非反転型ヒステリシス・コンパレータの入出力特性を図2に示します．入力電圧が V_{tu} 以上になると出力は "H" になり，入力電圧が V_{td} 以下になると出力は反転して "L" になります．実測値は，V_{tu} = 2.35 V (2.38 V)，V_{td} = 1.82 V (1.92 V)，ヒステリシス幅 V_h = 0.53 V (0.46 V) です．( )内に示した計算値と比べると V_{td} の差が少し大きいですが，おおむね妥当な値です．

　反転型ヒステリシス・コンパレータの入出力特性をを図3に示します．入力電圧が V_{td} 以上になると出力は "L" になり，入力電圧が V_{tu} 以下になると出力は反転して "H" になります．実測値は，V_{tu} = 1.95 V (1.96 V)，V_{td} = 2.45 V (2.42 V)，ヒステリシス幅 V_h = 0.5 V

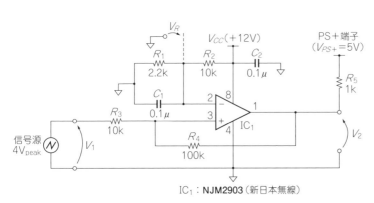

IC₁：NJM2903（新日本無線）

（a）非反転型

各電圧の求め方

$$V_{tu} \approx \frac{R_3 + R_4}{R_4} V_R \cdots\cdots\cdots (1)$$
$$\approx 2.38 V$$

$$V_{td} \approx \frac{R_3 + R_4}{R_4} V_R - \frac{R_3}{R_3 + R_4} V_{PS+} \cdots (2)$$
$$\approx 1.92 V$$

$$V_h = V_{tu} - V_{td} \approx 0.46 V$$

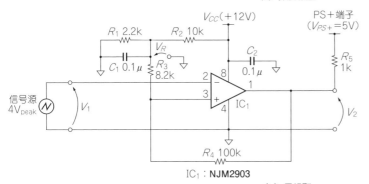

IC₁：NJM2903

（b）反転型

基準電圧 V_R は抵抗 R_3 が未接続のときの値

$$V_{tu} \approx \frac{R_4}{R_1 /\!/ R_2 + R_3 + R_4} V_R \cdots\cdots (3)$$
$$\approx 1.96 V$$

$$V_{td} \approx \frac{R_4 V_R + (R_1 /\!/ R_2 + R_3) V_{PS+}}{R_1 /\!/ R_2 + R_3 + R_4} \cdots\cdots (4)$$
$$\approx 2.42 V$$

$$V_h = V_{td} - V_{tu} \approx 0.46 V$$

図1　基準電圧(直流)と三角波を入力して応答を調べる
V_{tu} は出力が "L" → "H" に変化するときの入力 V_1 の値，V_{td} は出力が "H" → "L" に変化するときの入力 V_1 の値，V_{tu} と V_{td} の差がヒステリシス幅 V_h である

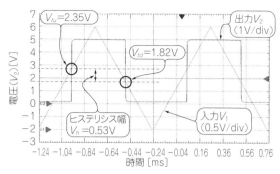

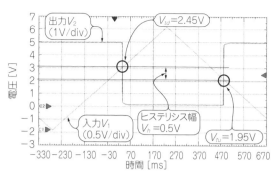

図2 実験…図1の回路(非反転型)の応答波形
実測値は，$V_{tu}=2.35$ V(2.38 V)，$V_{td}=1.82$ V(1.92 V)，ヒステリシス幅$V_h=0.53$ V(0.46 V)，()内は計算値である

図3 実験…図1の回路(反転型)の応答波形
実測値は，$V_{tu}=1.95$ V(1.96 V)，$V_{td}=2.45$ V(2.42 V)，ヒステリシス幅$V_h=0.5$ V(0.46 V)，()内は計算値である

(0.46 V)です．()内に示した計算値と比べると，非反転型よりも差が少なく妥当な値です．

実験のためヒステリシス幅を大きく設定しましたが，

ヒステリシス幅分基準電圧が変動します．実際の設計では，今回の実験よりも小さくする場合がほとんどです．

10-5 負の入力電圧を判定するコンパレータ

〈馬場 清太郎〉

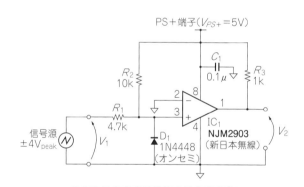

コンパレータが反転する入力電圧V_{tp}は，

$$-\frac{V_{tp}}{R_1}=\frac{V_{PS+}}{R_2}$$

より，

$$V_{tp}=-\frac{R_1}{R_2}V_{PS+} \quad \cdots\cdots(1)$$

$$\fallingdotseq-2.35V$$

図1 入力電圧を＋4V→－4V→4Vと変化させて出力電圧の変化を見る
ダイオードD_1がないとIC_1が破損する

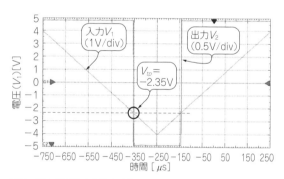

図2 図1の回路の入出力応答
コンパレータ出力が反転する入力電圧V_{tp}は－2.35 Vで，計算値と等しい

非反転入力が0 Vになると出力の状態が変化します．ダイオードD_1は必須で，これがないとIC_1が破損します．

● **要点**

単電源コンパレータ回路で，入力電圧がマイナスのときに使用するのが，電流加算型コンパレータ回路です．**図1**に示す回路で，電流加算型コンパレータ回路の実験を行います．反転入力の0 Vが基準電圧です．

● **実験**

電流加算型コンパレータの入出力特性を**図2**に示します．入力電圧がV_{tp}(マイナスの電圧)以上のときだけ出力が "H" になっています．コンパレータ出力が反転する入力電圧V_{tp}は－2.35 Vで，計算値と等しくなっています．

A 以上 B 以下の範囲を判定するコンパレータ

〈馬場 清太郎〉

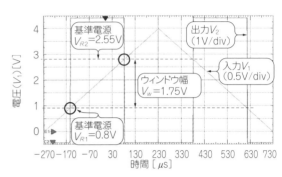

PS＋端子(V_{PS+}＝5V)

R_3 3k
C_3 0.1μ
R_4 1k

V_{R2}
R_2 2k
C_2 0.1μ

IC$_{1a}$

信号源 4V$_{peak}$
V_1
V_{R1}

R_1 1k
C_1 0.1μ

IC$_{1b}$
V_2

IC$_1$：NJM2904（新日本無線）

基準電圧 V_{R1}, V_{R2} の求め方

$$V_{R1} = \frac{R_1}{R_1 + R_2 + R_3} V_{CC} \quad\cdots\cdots\cdots\cdots (1)$$

$$= \frac{1k\Omega}{1k\Omega + 2k\Omega + 3k\Omega} \times 5V = 0.83V$$

$$V_{R2} = \frac{R_1 + R_2}{R_1 + R_2 + R_3} V_{CC} \quad\cdots\cdots\cdots\cdots (2)$$

$$= \frac{1k\Omega + 2k\Omega}{1k\Omega + 2k\Omega + 3k\Omega} \times 5V = 2.5V$$

ウィンドウ幅 V_W は,

$$V_W = V_{R2} - V_{R1} = 1.67V \quad\cdots\cdots\cdots (3)$$

図1 0V→4V→0Vと変化させて出力電圧の変化を見る
入力電圧が2種類の基準電圧の間に入っているときだけ出力を "L" または "H" にする

● **要点**

図1はウインドウ・コンパレータ回路です. 入力電圧が2種類の基準電圧の間に入っているときだけ出力

基準電源 V_{R2}＝2.55V
出力V_2 (1V/div)
入力V_1 (0.5V/div)
ウィンドウ幅 V_w＝1.75V
基準電源 V_{R1}＝0.8V

電圧(V_1)[V]

−270 −170 −70 30 130 230 330 430 530 630 730
時間 [μs]

図2 図1の回路の入出力応答

を "L" または "H" にします.

基準電圧 V_{R1} の非反転型コンパレータと基準電圧 V_{R2} の反転型コンパレータの出力をワイヤード OR します. コンパレータ IC の出力がオープン・コレクタ（ドレイン）ではなくて TTL または CMOS の場合は, 2つの出力を AND または NAND ゲート IC でまとめます.

● **実験**

図2に, ウインドウ・コンパレータ回路の入出力特性を示します. 入力電圧が基準電圧 $V_{R1} \sim V_{R2}$ の間のときだけ出力が "H" になっています. 実測値は, 基準電圧 V_{R1} = 0.8 V (0.83 V), 基準電圧 V_{R2} = 2.55 V (2.5 V), ウインドウ幅 V_w = 1.75 V (1.67 V) です. ( ) 内の計算値とほぼ一致しています.

第11章
発振回路で使えるテクニック

11-0 発振回路と水晶/セラミック振動子

〈梅前 尚〉

| (a) 方形波 | (b) 三角波 | (c) のこぎり波 | (d) 正弦波 |

図1 発振波形といってもいろいろある

発振波形のいろいろ

発振回路は，電源を加えるだけで外部から信号を入力しなくても一定の周波数の信号を出力し続ける回路です．出力信号波形は，用途に応じてさまざまな形をしていますが，代表的なものは**図1**に示すものでしょう．

図1(a)の方形波は，ロジックICのクロックなどによく用いられます．クロックとして利用する場合は，波形の立ち上がり，または立ち下がりのエッジを捉え

て機能するものが多いので，信号レベルの切り替えはなだらかに変化するのではなく，できるだけシャープに切り換わるようにするのがポイントです．

図1(b)は三角波，**図1**(c)はのこぎり波(あるいは鋸歯状波)と呼ばれます．スイッチング電源で，一定の周期で発振しながらパルス幅を調整して負荷となる回路に電力を供給するPWM(Pulse Width Modulation/パルス幅変調)制御をする場合に，必ずといってよいほどお世話になる波形です．**図2**のように，出力指令信号を発振波形と比較して必要なパルス幅の信号(PWM制御信号)を生成し，電源回路を駆動します．

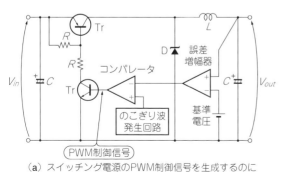

(a) スイッチング電源のPWM制御信号を生成するのにのこぎり波を使う

図2 のこぎり波を利用したPWMパルス生成

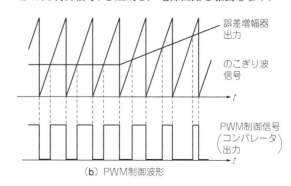

(b) PWM制御波形

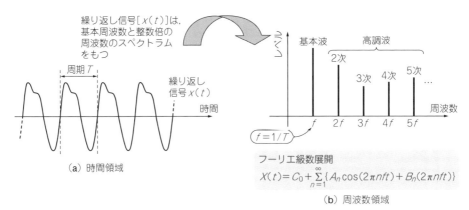

繰り返し信号［x(t)］は，基本周波数と整数倍の周波数のスペクトラムをもつ

（a）時間領域

（b）周波数領域

フーリエ級数展開

$$X(t) = C_0 + \sum_{n=1}^{\infty} \{A_n \cos(2\pi nft) + B_n(2\pi nft)\}$$

図3　繰り返し信号である発振波形は発振周波数とその高調波で表現できる

図1(d)の正弦波は発振回路の基本となる発振波形で，繰り返し周波数がそのまま発振周波数の成分となります．

方形波や三角波も，同じように一定の周期で発振していますが，周波数の成分で考えると，元の発振周波数の整数倍の高調波という異なる周波数の信号を含んだものとなります．これはフーリエ級数展開と呼ばれ，図3のように方形波だけでなくすべての繰り返し波形が図中の式で表すことができます．

純粋な正弦波以外の繰り返し波形には，基本周波数 f と f の整数倍の高調波成分のスペクトラムが存在し，基本周波数に対する高調波成分の大きさや割合から，波形のひずみを評価することができます．代表的な評価方法として，図4の式に示すTHD（全高調波ひずみ率）や，基本周波数に対する各次数の信号レベルの比（dB値）を用います．

高周波発振回路で活躍する LC発振回路

LC発振回路は，コイル(L)とコンデンサ(C)を使用した発振回路で，古くから利用されている発振回路です．

コイルとコンデンサを図5のように並列に接続し，あらかじめコンデンサを充電しておいてスイッチを閉じると，コンデンサからコイルに電流が流れてコンデンサに充電されていたエネルギーがコイルに電磁エネルギーとして蓄積されます．やがてコンデンサはすべてのエネルギーを放出しますが，コイルは電流を流し続ける性質をもつので，今度はコンデンサをスイッチ接続前と逆の極性で充電し，コイルに蓄えられたエネルギーがすべてコンデンサに移動します．このように

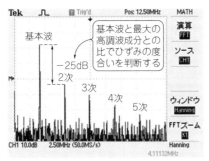

全高調波ひずみ率 THD（Total Harmonic Distortion）

$$THD = \sqrt{(D_2{}^2 + D_3{}^2 + \cdots + D_n{}^2)} / D_1$$

D_1：基本波成分，D_2：2次高調波成分，
D_3：3次高調波成分，$\cdots$，D_n：n次高調波成分

図4　高調波成分の大きさや割合から波形のひずみを評価できる
全高調波ひずみ率 THD（Total Harmonic Distortion）

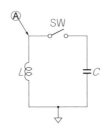

① コンデンサ C をあらかじめ充電してスイッチSWを閉じる．
② コンデンサが放電して，コイル L にエネルギーが移動する．
③ コンデンサが放電し終えても電流は流れ続けて，今度はコンデンサを逆極性に受電する．
④ コイルのエネルギーがなくなるとコンデンサが逆方向に放電し始める

（a）動作

（b）A点の電圧波形

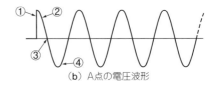

振動周波数　$f_0 = \dfrac{1}{2\pi\sqrt{LC}}$ ‥‥‥(1)

$\left| j\omega L \right| = \left| \dfrac{1}{j\omega C} \right|$ $(\omega = 2\pi f)$ ‥‥‥(2)

（c）振動周波数の式

図5　高周波で活躍する LC発振回路の構成

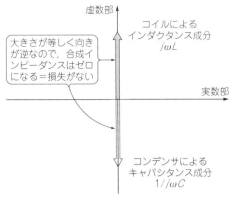

図6 理想的な *LC* 発振回路のインピーダンスのふるまい

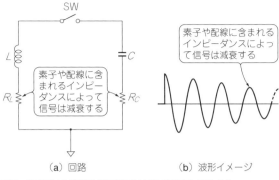

（a）回路　　　　　　（b）波形イメージ

図7 現実の *LC* 並列共振回路では信号は減衰してしまう

並列に接続されたコイルとコンデンサの間では，交互にエネルギーの受け渡しが続きます．これが *LC* 並列共振です．

この *LC* 並列共振回路での振動は，単一周波数の正弦波となり，その周波数は式(1)です．周波数が一意的に決まる理由は，コイルとコンデンサのインピーダンスのベクトル図を考えるとわかります．

理想的な素子で，それぞれのインピーダンスをベクトル図上に表すと，図6のようになります．ここで，コイルのインピーダンスとコンデンサのインピーダンスの大きさが等しければ，互いに相殺して回路全体のインピーダンスはゼロになり，その状態は式(2)で表現できます．ω は角周波数で $2\pi f$ ですから，これを式(2)に代入し周波数 f について解くと，式(1)の振動周波数（共振周波数）の式になります．

共振周波数以外の周波数成分では，コイルとコンデンサの合成インピーダンスがゼロにならず，電流振動の過程で残留したインピーダンスによって減衰してしまうため，振動を持続することができません．このため，*LC* 並列共振回路では単一周波数しか存在できなくなります．

● 現実の *LC* 発振回路では負性抵抗が必要

現実のコイルやコンデンサには，リード線や巻線のインダクタンスや抵抗，電極間の寄生容量などの，何らかの抵抗成分を含みます．この抵抗成分は振動を減衰させてしまうので，このままでは発振を持続することができません（図7）．発振回路に含まれる抵抗成分による損失を補う目的で用いられるのが負性抵抗です．

負性抵抗とは，マイナスの値をもった抵抗です．負性抵抗の概念を表したのが図8です．抵抗，コンデンサ，コイルでは，図8(a)のベクトル図で左半分のインピーダンスを作ることができません．ここに図8(b)のような「電流を流すと，抵抗とは逆方向に電圧が発生する素子」を導入すると考えます．すると，理論的にはどんなインピーダンスでも作ることができるようになります．

しかし残念ながら，負性抵抗の特性を示す能動素子は存在していません．そこで能動素子を使った電子回路で，「電流を流すと逆方向に電圧を発生する素子」と同じ働きをする回路を作ります．

図9は負性抵抗を使った発振回路例です．

LC 発振回路には，1個のコイルと複数個に分かれたコンデンサで構成されるコルピッツ型と，複数のコイルと1個のコンデンサで構成されるハートレー型に

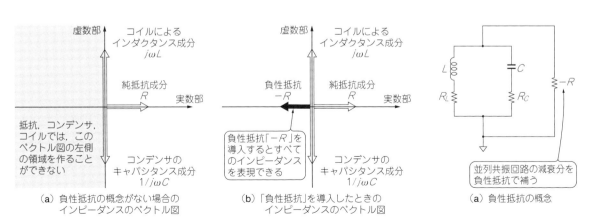

（a）負性抵抗の概念がない場合のインピーダンスのベクトル図　　　（b）「負性抵抗」を導入したときのインピーダンスのベクトル図　　　（a）負性抵抗の概念

図8 現実の *LC* 発振回路のインピーダンスと減衰を補う概念「負性抵抗」

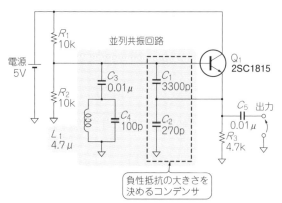

図9 負性抵抗を使った発振回路の実例
コルピッツ型*LC*発振回路（発振周波数≒4 MHz）

分類することができ，**図9**の回路はコルピッツ型に分類されます．

発振周波数は，4つのコンデンサの合成容量とコイルのインダクタンスとで求められ，約4 MHzで発振します．負性抵抗の大きさはC_1とC_2の分圧比に比例し，負性抵抗が強すぎると振幅は大きくなるもののひずみを多く含んだ波形となり，逆に負性抵抗が少ないと振幅は小さくなるので，振幅とひずみのバランスがとれた適度な値に設定します．

電子回路の変わり種… 水晶振動子とセラミック発振子

マイコンのクロックなどには，しばしば水晶振動子やセラミック発振子が使われています．これらの素子は，他の電子部品にはないユニークな原理で動作をする素子です．その特徴は機械的な振動を利用している点にあります．

水晶振動子とセラミック発振子は，調整不要で精度の高い発振周波数を得ることができ，温度係数や長期安定性も*LC*発振回路と比べると断然よいです．中で

も水晶振動子は抜群の安定度を誇りますが，形状がやや大きく価格が高いのが泣きどころです．

セラミック発振子は，初期精度や温度係数では水晶振動子に劣りますが，小さなサイズで比較的安価なことが特徴です．

● 水晶振動子とセラミック発振子の電気的特性

水晶やセラミック（圧電体セラミック）は，機械的な圧力を加えると電荷を発生し，逆に電圧を加えると変形する，圧電効果（Piezo - electric Effect）という性質をもちます．水晶振動子とセラミック発振子は，この圧電効果を利用して安定した周波数の電気信号を発生させる素子です．

発生する電気的な振動は，振動子に使用する水晶やセラミックの形状や寸法で決まります．素子に印加する電圧や周囲温度の影響をほとんど受けず，高精度の発振周波数を得ることができます．

図10は，水晶振動子，セラミック発振子の等価回路，**図11**は電気的特性です．周波数の低いところと高いところは，リアクタンスがマイナス側にあり容量性，中間の周波数ではプラスのリアクタンスであり誘導性となります．

振動子として使用するのは，このうち誘導性となる領域で，すなわちコイルと同じようにインダクタとして使うことになります．これにコンデンサを並列接続し，トランジスタやFETなどの能動素子による増幅回路をつなぐことで，発振回路を作ります．安定に発振させるためには，振動子メーカが指定する負荷容量，部品レイアウト，パターン形状が欠かせませんので，設計するときに十分な確認が必要です．

◆参考文献◆
(1)CQ出版社エレクトロニクス・セミナ「実習：アナログ基本回路入門」テキスト，CQ出版社．
(2)馬場 清太郎：OPアンプによる実用回路設計，2004年5月1日，CQ出版社．

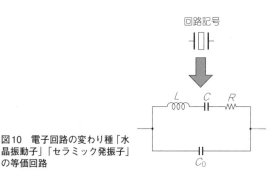

図10 電子回路の変わり種「水晶振動子」「セラミック発振子」の等価回路

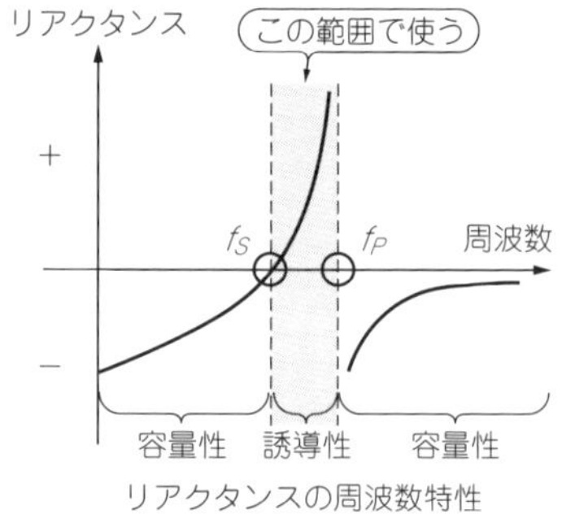

図11 水晶振動子やセラミック発振子は誘導性の周波数領域で使う必要がある

11-1 数百kHz方形波を出力する LC発振回路

〈馬場　清太郎〉

● 要点

　正弦波を発生するLC発振回路は，CR発振回路よりも歴史があり，種類もたくさんあります．ここでは，有名なコルピッツ発振回路と，安定なフランクリン発振回路を実験します．コルピッツもフランクリンも考案者の名前です．

　図1は，コルピッツ発振回路です．インバータは，TC74HCU04APを使います．ゲイン約20倍の反転増幅素子です．負帰還回路に入っている抵抗R_2，容量C_1，C_2，インダクタL_1で位相が180°回って負帰還が正帰還になります．

　図2は，フランクリン発振回路です．正帰還回路に入っているインダクタL_1，容量C_1が並列共振回路です．共振周波数ではこの部分の電圧振幅が増大してしっかり正帰還がかかり，共振周波数以外ではこの部分で大きく正帰還信号が減衰するため共振周波数で発振します．

● 実験

　図3に，コルピッツ発振回路の出力特性を示します．発振周波数f_0は，計算値331 kHzに対し，実測値は333 kHzです．使用した部品の誤差（L：±10 %，C：±10 %）から考えてもよく揃っています．波形に少しリンギングが乗っているのは，周波数が高いにもかか

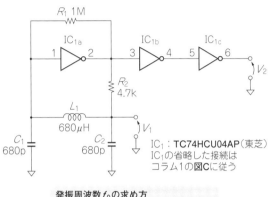

発振周波数f_0の求め方
$$f_0 = \frac{1}{2\pi\sqrt{L_1\left(\dfrac{C_1\,C_2}{C_1+C_2}\right)}} \quad\cdots\cdots(1)$$
$$= \frac{1}{2\pi\sqrt{680\mu\times\dfrac{680p}{2}}}$$
$$\fallingdotseq 331\text{kHz}$$

図1　LC発振回路その1…「コルピッツ型」の発振波形を見る
インバータTC74HCU04APは，ゲイン約20倍の反転増幅素子である

わらず，ブレッドボードを使用しているため，寄生容量やリード・インダクタンスの影響を受けているのが原因です．

　図4に，フランクリン発振回路の出力特性を示します．発振周波数f_0は，計算値の158 kHzに対し，実測値161 kHzと，約2 %のずれです．使用した部品の誤差（L：±10 %，C：±10 %）から考えてもよく揃っています．出力V_2は，方形波になっていませんが，出

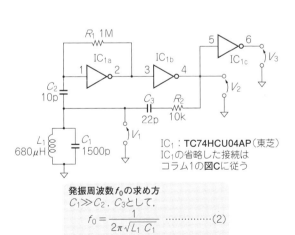

発振周波数f_0の求め方
$C_1 \gg C_2$，C_3として，
$$f_0 = \frac{1}{2\pi\sqrt{L_1\,C_1}} \quad\cdots\cdots\cdots(2)$$
$$= \frac{1}{2\pi\sqrt{680\mu\times 1500p}}$$
$$\fallingdotseq 158\text{kHz}$$

図2　LC発振回路その2…「フランクリン型」の発振波形を見る
正帰還回路に入っているインダクタL_1，容量C_1が並列共振回路である

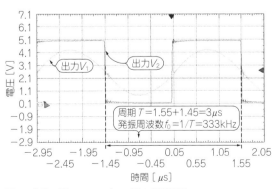

図3　実験…図1のコルピッツ型の発振波形
発振周波数f_0は，計算値331 kHzに対し，実測値333 kHzである

力 V_3 は，ほぼ方形波です．

● テクニック…フランクリン型を使うときはCR部品の定数を上手に選ぶ

　図2のフランクリン発振回路は，インバータ2段による正帰還で，非常に発振しやすく，数MHz以上で簡単に異常発振を起こします．安定な発振をさせるためには，容量C_2とC_3をできるだけ小さく，抵抗R_2をできるだけ大きくします．

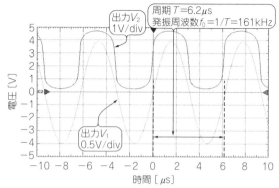

図4　実験…図2のフランクリン型の発振波形
発振周波数f_0は，計算値の158 kHzに対し，実測値161 kHzである

11-2　方形波を出力する水晶／セラミック振動子発振回路

〈馬場　清太郎〉

● 要点

　図1に示すのは，水晶振動子やセラミック発振子を使った発振回路です．

　コルピッツ発振回路のインダクタを水晶振動子またはセラミック発振子に置き換えたもので，動作原理もコルピッツ発振回路と同じです．周波数範囲がものすごく狭いため，発振周波数は高精度で安定です．考案者の名前からサバロフ発振回路とも呼ばれます．実験には，手元にあった1 MHzのセラミック発振子を使いました．

● 実験

　図2に出力特性を示します．発振周波数f_0はセラミック発振子の定格1 MHzに対し，実測値も1 MHzです．波形のリンギングが大きいのは，使用した容量C_1，C_2がともに47 pFと大きいこと，周波数が高いにもかかわらずブレッドボードを使用しているため，寄生容量やリード・インダクタンスの影響を受けているのが原因です．

● テクニック…負荷容量はメーカ推奨どおりに

　水晶振動子やセラミック発振子の発振回路を実際に作るときには，負荷容量C_1，C_2を振動子メーカ指定の値にすることが重要です．特にC_1が大きくなると，振動子に加わる電力が増加し，信頼性に大きく影響します．使用するマイコンの型名を振動子メーカに知らせると，最適な振動子と負荷容量を教えてくれるので，それに従いましょう．

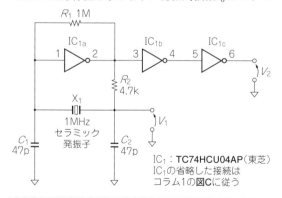

注：C_1，C_2 の値は，セラミック発振子の仕様書に従うこと！

図1　水晶振動子やセラミック発振子の発振波形を見る
コルピッツ発振回路のインダクタを水晶振動子またはセラミック発振子に置き換える

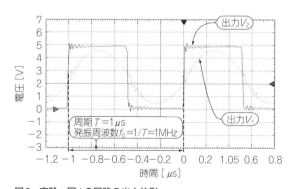

図2　実験…図1の回路の出力波形
発振周波数f_0はセラミック発振子の定格1 MHzに対し，実測値も1 MHzである

11-3 低周波正弦波を出力する発振回路の基本形

〈馬場 清太郎〉

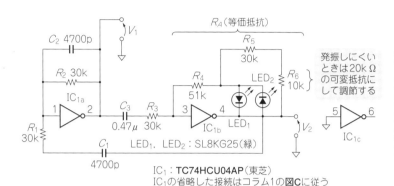

発振周波数f_0の求め方

$C_1 = C_2$, $R_1 = R_2$として,

$$f_0 = \frac{1}{2\pi\,C_1\,R_1} \quad\cdots\cdots(1)$$

$$= \frac{1}{2\pi \times 4700\text{p} \times 30\text{k}}$$

$$\fallingdotseq 1.13\text{kHz}$$

発振条件は, $C_1 = C_2$, $R_1 = R_2$ならば,

$$R_4 = 2\,R_3 \quad\cdots\cdots(2)$$

図1　ウィーンブリッジ型発振回路の波形とひずみ率を確認する
IC_{1a}と周辺部分が周波数決定部分で，IC_{1b}と周辺部分が振幅制御回路である

● 要点

　図1は，ウィーンブリッジ型発振回路です．考案者の名前から，ターマン型発振回路とも呼ばれます．通常，OPアンプなど差動入力のアンプで構成しますが，ここでは，単一入力のインバータで構成します．インバータを2個使い，差動出力で動作するように回路を変更しています．IC_{1a}と周辺部分が，周波数決定部分で，IC_{1b}と周辺部分が振幅制御回路です．

● 実験

　図2に出力特性とFFT解析結果を示します．発振周波数f_0は，計算値1.13 kHzに対し，実測値1.1 kHzです．使用した部品の誤差（L：±10 %，C：±10 %）から考えてもよく揃っています．オシロスコープで見る限り波形のひずみはそれほどなさそうですが，FFT解析結果から，ひずみ率は約3％でした．

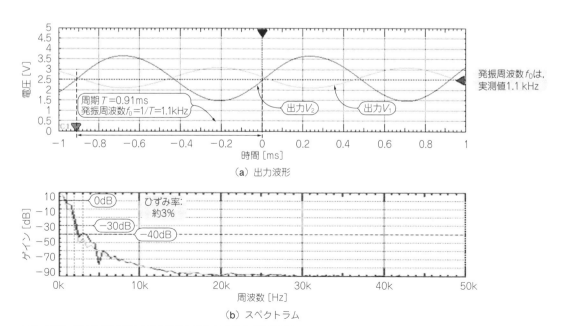

（a）出力波形

（b）スペクトラム

図2　実験…図1の発振回路の出力波形とFFTによるひずみ率測定

● テクニック…振幅を安定させるクランプ用ダイオードの選び方

CR正弦波発振回路は，振幅制御回路の製作が難しく，簡単に実験するのは困難です．ここでは，クランプ型振幅制御回路を採用し，簡単・確実に発振回路の実験を行えるようにしました．クランプ型振幅制御回路は時定数を持たないので，応答は速いですが，ひずみが大きいという特徴があります．

クランプ素子は，手持ちの緑色LEDを使用しましたが，白色や青色以外のLEDであれば，それほど回路の変更なく動作するはずです．白色や青色LEDは順方向電圧が約3V以上で，バイアス電位である電源電圧の半分（$V_{PS+}/2 = 2.5\,\mathrm{V}$）より高いので，動作させるのは難しいです．発振しないときは，抵抗R_6を20kΩの半固定抵抗に変えて調節します．

コラム1　抵抗1本でバイアスをかけられるお手軽増幅素子インバータ

インバータICには内部にバッファのないタイプがあります．このタイプは増幅素子として簡単に使えます．

増幅素子として重要なパラメータである入出力ゲインを図Aの回路で測定します．0.1V_{P-P}で100kHzの正弦波を入力した結果を図Bに示します．ゲインは11倍（= 20.8dB）でした．

インバータの内部は，Pチャネル MOSFETとNチャネル MOSFETのコンプリメンタリ・ソース接地で構成されています．トランジスタやFETに比べて，インバータを使用するメリットは，図Aに示すように，in-out間に1MΩの抵抗を入れるだけでバイアス設定がすむという簡便さにあります．バイアス電圧は，図Bより約2.6V≒$V_{DD}/2$となります．

インバータICを実験で使用するときは，図Cに従って接続します．未使用の入力は必ずグラウンドに接続することが重要です．実験では使用しませんでしたが，インバータは同一IC内ならば並列接続が可能です．実験した発振回路で出力電力を少し増やしたいときには，余ったインバータを出力段に並列接続します．

〈馬場 清太郎〉

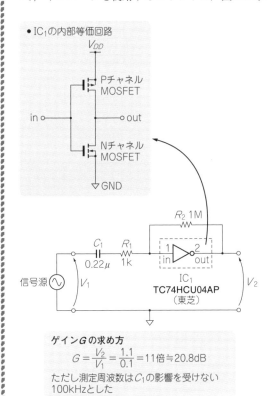

図A　インバータのゲイン測定回路
0.1 V_{P-P}の100 kHz正弦波を入力する

ゲインGの求め方
$$G = \frac{V_2}{V_1} = \frac{1.1}{0.1} = 11倍 \fallingdotseq 20.8\mathrm{dB}$$
ただし測定周波数はC_1の影響を受けない
100kHzとした

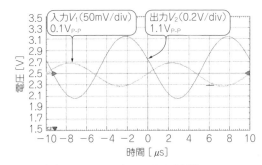

図B　実験…図Aのインバータの入出力特性
ゲインは11倍（= 20.8dB）であることがわかる

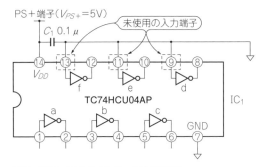

図C　実験…図AのインバータICの接続
未使用の入力端子は必ずグラウンドに接続する

11-4 低ひずみな正弦波を出力する発振回路

〈馬場 清太郎〉

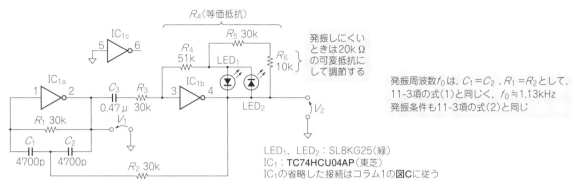

発振しにくいときは20kΩの可変抵抗にして調節する

発振周波数f_0は，$C_1=C_2$，$R_1=R_2$として，11-3項の式(1)と同じく，$f_0 ≒ 1.13$kHz
発振条件も11-3項の式(2)と同じ

LED$_1$, LED$_2$：SL8KG25（緑）
IC$_1$：**TC74HCU04AP**（東芝）
IC$_1$の省略した接続はコラム1の**図C**に従う

図1 ブリッジドT型発振回路の波形とひずみ率を確認する
容量C_1，C_2，抵抗R_1，R_2がブリッジドT型回路で，IC$_{1a}$を加えてバンドパス・フィルタを構成している

● 要点

図1は，ブリッジドT型発振回路です．考案者の名前から，ザルツァー型発振回路とも呼ばれます．通常，OPアンプなど差動入力のアンプを使用しますが，ここでは，単一入力のインバータで構成します．インバータを2個使い，差動出力で動作するように回路を変更しています．

容量C_1，C_2，抵抗R_1，R_2がブリッジドT型回路で，IC$_{1a}$を加えてバンドパス・フィルタを構成しています．中心周波数は容量C_1，C_2，抵抗R_1，R_2で決定されます．中心周波数での減衰を補うように，IC$_{1b}$のゲインを決定し，安定な発振をさせます．

振幅制御回路はウィーンブリッジ型発振回路と同様に，クランプ型振幅制御回路を採用し，簡単かつ確実に発振回路の実験を行えるようにしています．

● 実験

図2に出力特性とFFT解析結果を示します．発振周波数f_0は，計算値1.13kHzに対し，実測値1.1kHzです．使用した部品の誤差（L：±10％，C：±10％）から考えてもよく揃っています．オシロスコープで見る限り，波形のひずみはそれほどなさそうですが，FFT解析結果から，ひずみ率は約2％です．ブリッジドT型発振回路はウィーンブリッジ型発振回路よりも低ひずみなのが特徴です．

● テクニック…安定に発振するようにCRの定数を決める

図1のブリッジドT型発振回路で，容量C_3は直流カット用の結合コンデンサです．発振条件に影響を与えないように，$R_3=R_1$なら$C_3>10C_1$程度に設定します．発振しないときには，抵抗R_6を20kΩの半固定抵抗に変えて調節します．

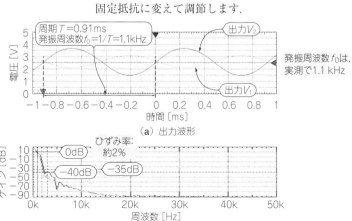

図2 実験…図1の発振回路の出力波形とFFTによるひずみ率測定

（a）出力波形

（b）スペクトラム

さらに低ひずみな正弦波を出力する発振回路

〈馬場 清太郎〉

● 要点

状態変数(state variable，ステート・バリアブル)とは制御工学の用語です．状態変数を用いて設計されたフィルタは，一般のアクティブ・フィルタでは不可能な選択度Qが数百のバンドパス・フィルタを安定に実現します．このようなフィルタを状態変数型フィルタと呼びます．状態変数型発振回路は，状態変数型フィルタの選択度Qを無限大にしたものです．状態変数の英語名称からステート・バリアブル型発振回路とも呼ばれます．他の回路よりも低ひずみですが，必要な増幅素子が多くなっています．

図1は，状態変数型発振回路です．IC_{1b}と容量C_1，

抵抗R_1の積分回路，IC_{1c}と容量C_2，抵抗R_2の積分回路が2段縦続接続されて位相が180°回ります．これにIC_{1a}と抵抗R_3，R_4のゲイン−1倍の反転アンプが接続されてループになっています．

● 実験

図2に出力特性とFFT解析結果を示します．発振周波数f_0は，計算値1.13 kHzに対し，実測値909 Hzと大幅にずれています．増幅素子にオープン・ループ・ゲインが約20 dBのインバータを使用したことから，積分回路のゲインが計算値の1.13 kHzでは低下しすぎて発振条件を満足せず，909 Hzで約1倍になって発振

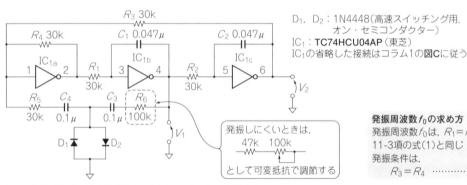

D₁，D₂：1N4448(高速スイッチング用，オン・セミコンダクター)
IC₁：**TC74HCU04AP**(東芝)
IC₁の省略した接続はコラム1の**図C**に従う

発振周波数f_0の求め方
発振周波数f_0は，$R_1 = R_2$，$C_1 = C_2$とすると，11-3項の式(1)と同じ
発振条件は，
$$R_3 = R_4 \quad \cdots\cdots\cdots\cdots\cdots\cdots (1)$$

図1 状態変数型正弦波発振回路の波形とひずみ率を確認する

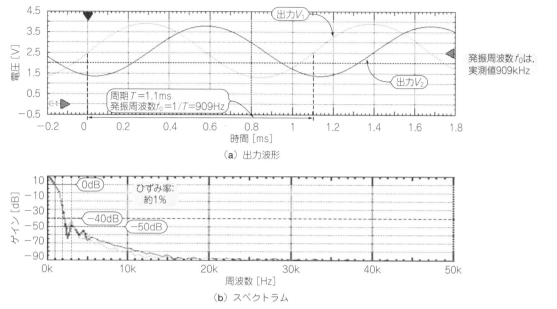

（a）出力波形

（b）スペクトラム

図2　実験…図1の発振回路の出力波形とFFTによるひずみ率測定

条件を満足したためです．状態変数型発振回路では，部品の理想状態からのずれが発振周波数に影響します．

　波形を見ると，出力V_2に対して，出力V_1は$-90°$になっています．振幅は理論から外れますが，位相は理論どおりです．オシロスコープで見る限り波形のひずみはそれほどなさそうですが，FFT解析結果からひずみ率は約1％となっています．積分回路を2段通ることにより，高調波が減衰するため，ウィーンブリッジ型発振回路やブリッジドT型発振回路よりも低ひずみです．

● **テクニック…安定発振の肝は正帰還回路**

　図1の状態変数型発振回路は，動作が理想的ならば一巡したゲイン（ループ・ゲイン）が1倍で位相が360°回るため発振するはずです．しかし，理想的に動く保証がないため，ダイオードD_1，D_2，容量C_3，C_4，抵抗R_5，R_6のクランプ型振幅制御回路で正帰還して，発振を持続させます．クランプ素子として高速スイッチング・ダイオードを採用しました．発振しないときには，抵抗R_6を47kΩの固定抵抗と100kΩの半固定抵抗を直列にしたものに変えて調節します．

方形波発振する
無安定マルチバイブレータ

〈馬場 清太郎〉

● 要点

　今までの発振回路は，最終出力波形はともかく，正弦波を発生させる回路で，調和発振回路と呼ばれます．調和発振回路の動作原理は，増幅回路の負帰還安定度を理解するとわかります．

　これに対して無安定マルチバイブレータは，弛張発振回路と呼ばれ，動作原理が調和発振回路と異なります．無安定マルチバイブレータが出力する方形波は，負帰還安定度の簡易チェック用として，実験室で大活躍します．方形波応答を見て，大きなオーバーシュートやリンギングがあると，安定度に問題があることがすぐわかります．

　図1は，無安定マルチバイブレータ回路です．インバータ3個がループ状に接続され，直流的には100％の負帰還がかかっています．しかし，位相補償がないため必ず発振します．発振し始めるとIC_{1b}の出力電圧が急激に変化し，容量C_1を通って，変化がIC_{1a}に伝わります．IC_{1a}の入力電圧とIC_{1b}の出力電圧は同相なので，そこでいったん安定します．その間，容量C_1の電荷は抵抗R_1で放電し，IC_{1a}の入力スレッシュホールド電圧に至ると，IC_{1a}，IC_{1b}，IC_{1c}の各出力電圧は反転します．以後はその状態を繰り返して安定に発振します．

● 実験

　図2に出力特性を示します．発振周波数は計算値970 Hzに対し，実測値971 Hzと計算どおりです．これは抵抗R_2の効果です．抵抗R_2がないと，IC_{1a}の内部にある入力保護ダイオードでも容量C_1の電荷の放電が行われ，発振周波数は高くなります．一般に$R_2 \geqq 3R_1$程度の抵抗をIC_{1a}の入力に直列に入れます．

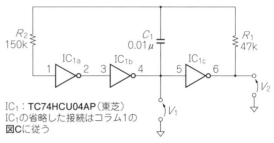

IC_1：TC74HCU04AP（東芝）
IC_1の省略した接続はコラム1の
図Cに従う

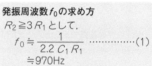

発振周波数f_0の求め方
$R_2 \geqq 3R_1$として，
$$f_0 \fallingdotseq \frac{1}{2.2\,C_1 R_1} \quad\cdots\cdots\cdots(1)$$
$$\fallingdotseq 970\text{Hz}$$

図1　無安定マルチバイブレータ回路の出力波形を見る
インバータ3個がループ状に接続され，直流的に100％の負帰還がかかっているため，位相補償なしで必ず発振する

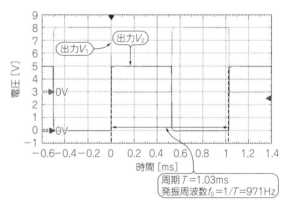

周期T=1.03ms
発振周波数f_0=1/T=971Hz

図2　実験…図1の発振波形
発振周波数は計算値970 Hzに対し，実測値971 Hzである

11-7 デューティ比を調節できる 無安定マルチバイブレータ

〈馬場 清太郎〉

● **要点**

図1は，デューティ比可変無安定マルチバイブレータです．デューティ比の可変方法は充放電抵抗にダイオードを直列接続し，充電時間と放電時間を変化させて行います．

● **実験**

図2(a)は，可変抵抗VR_1のスライダ②を①側に回しきったときの出力特性です．デューティ比は96%になっています．このとき発振周波数は637 Hzです．

図2(b)は，可変抵抗VR_1のスライダ②を①と③のちょうど中間に設定したときの出力特性です．デューティ比は狙いどおりの50%です．このとき発振周波数は633 Hzで，計算値の830 Hzから大幅にずれています．可変抵抗VR_1の抵抗値誤差が±20%と大きいことと，ダイオードD_1，D_2の順方向電圧の影響です．

図2(c)は，可変抵抗VR_1のスライダ②を③側に回しきったときの出力特性です．デューティ比は4.2%です．発振周波数は671 Hzと少し高いです．

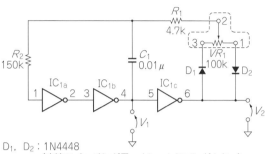

D_1, D_2：1N4448
　　（高速スイッチング用，オン・セミコンダクター）
IC_1：**TC74HCU04AP**（東芝）
IC_1の省略した接続はコラム1の**図C**に従う

発振周波数f_0の求め方
$R_3 \geqq (R_1 + VR_1/2)$として，
$$f_0 \fallingdotseq \frac{1}{2.2\,C_1(R_1 + VR_1/2)} \quad\cdots\cdots\cdots(1)$$
$$\fallingdotseq 830\text{Hz}$$

図1　デューティ比可変無安定マルチバイブレータ回路の出力波形を見る
充放電抵抗にダイオードを直列接続し，充電時間と放電時間を変化させることでデューティ比を変える

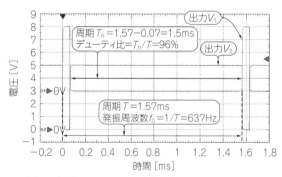

周期 T_h=1.57−0.07=1.5ms
デューティ比=T_h/T=96%

周期 T=1.57ms
発振周波数 f_0=1/T=637Hz

（a）可変抵抗VR_1のスライダ②を①側に回しきったとき

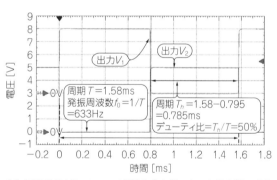

周期 T=1.58ms
発振周波数 f_0=1/T=633Hz

周期 T_h=1.58−0.795=0.785ms
デューティ比=T_h/T=50%

（b）可変抵抗VR_1のスライダ②を①と③のちょうど中間に設定したとき

図2　実験…図1の可変抵抗器を回しながら発振波形を確認
デューティ比を50%に設定したとき，発振周波数の計算値と実測値が大幅にずれているのは，可変抵抗VR_1の抵抗値誤差が±20%と大きいことと，ダイオードD_1，D_2の順方向電圧の影響である

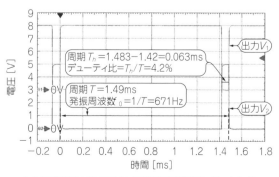

周期 T_h=1.483−1.42=0.063ms
デューティ比=T_h/T=4.2%

周期 T=1.49ms
発振周波数 f_0=1/T=671Hz

（c）可変抵抗VR_1のスライダ②を③側に回しきったとき

コラム2　正弦波発振と方形波発振のちがい

増幅回路などは，出力信号を得るため入力信号が必要ですが，発振回路は入力信号を必要としません．発振回路は，正弦波を発振する調和発振回路と，方形波などを発振する弛張発振回路があります．それぞれ動作原理を説明します．

正弦波を出力する「調和」発振回路

● **入力を与えなくても出力が得られる**

図Dに示す回路で，調和発振回路の動作原理を考えます．回路を(B)点で切り離して式(A)の値が1

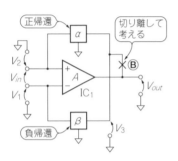

点**(B)**で切り離して考えると，次式が成り立つ．

$$V_{out} = A V_{in}$$
$$V_{in} = V_1 - V_2$$
$$V_1 = \beta V_3, \quad V_2 = \alpha V_3$$
$$\therefore \frac{V_{out}}{V_3} = (\alpha - \beta) A \quad \cdots\cdots (A)$$

よって，発振条件は次のとおり．

$$\angle \frac{V_{out}}{V_3} = \angle (\alpha - \beta) A = 0° \quad \cdots (B)$$
$$\left| \frac{V_{out}}{V_3} \right| = |(\alpha - \beta) A| \geqq 1 \quad \cdots (C)$$

ただし，A：オープン・ループ・ゲイン，α：正帰還率，β：負帰還率

単一周波数で発振するためには，上記発振条件式(B)と式(C)が単一周波数 $f_0 (\omega_0)$ でだけ成立する必要がある．よって，正帰還回路または負帰還回路に周波数選択回路(BPFまたはBEF)を含む必要がある．

図D　調和型発振回路の発振条件

になるとき，式(B)と式(C)が成り立ちます．このとき，入力電圧を与えなくても出力が得られ，発振が持続します．正帰還のループ・ゲイン$(A\alpha)$が，負帰還のループ・ゲイン$(A\beta)$よりも1だけ大きいことが，安定な発振の条件です．特定の周波数だけで，式(B)の条件を満足させるのが発振周波数決定回路の役目です．式(C)の条件を満足させるのが振幅制御回路の役目です．

● **3種類ある**

調和発振回路は，次の3つに分けられます．

- CR型
- LC型
- 機械振動子型

表Aに示すのは，3つの発振回路の特徴です．機械振動子型は，水晶振動子またはセラミック発振子を使います．水晶振動子は，セラミック発振子より周波数精度が高いですが高価です．図Eに示すのは，3つの発振回路の発振周波数範囲です．CR型は高周波用途には使えません．

● **クロック信号の生成に多用されている**

実際の設計で，CR型はほとんど採用されません．LC型も高周波用途を除き，ほとんど採用されません．現在最も使われているのが，機械振動子型です．シリアル通信のボー・レートなど，周波数精度があまり厳

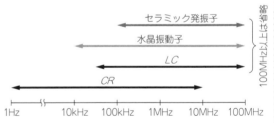

図E　発振回路により周波数範囲が異なる
用途に応じて使い分ける

表A　周波数選択回路による発振回路の分類
調和型は心臓部である発振周波数決定回路の違いにより分けられる

発振回路のタイプ		記号	周波数					価格	形状
			調整	初期精度	温度係数	長期安定性	可変範囲		
CR型		⚬—⟋⟍⟋—╢╟—	要	悪い(CR部品の精度による)		良くない	広い	安価	小
LC型		⚬—⟋⟋⟋—╢╟—	要	悪い(LC部品の精度による)		良くない	中	安価	大
機械振動子型	水晶振動子	⚬—╢⎕╟—⚬	不要	± 0.001 %	1 ppm/℃ 以下	非常に良い	非常に狭い	高価	中
	セラミック発振子	⚬—╢⎕╟—⚬	不要	± 0.5 %	10 ppm/℃	非常に良い	狭い	安価	小

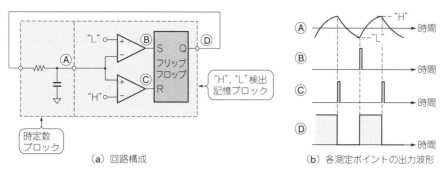

図F 弛張発振回路と出力波形
"H"と"L"の状態を検出して記憶するブロック，抵抗と容量による時定数ブロックで構成される

（a）回路構成　　　　　　　　（b）各測定ポイントの出力波形

しくない場合は，セラミック発振子を選択します．正確な時間が必要な場合は，水晶振動子を選択します．

方形波を出力する「弛張」発振回路

● ディジタル的

回路の一部分の電圧（または電流）が"H"と"L"のディジタル的な状態を交互に繰り返し，発振を持続します．

図Fに示すのは，弛張発振回路の一例です．"H"と"L"の状態を検出して記憶するブロック，抵抗と容量による時定数ブロックで構成されています．時定数ブロックは，抵抗とインダクタまたはディレイ・ライン（遅延線）でも構成できます．

● 電源制御ICに多用されている

弛張発振回路は，スイッチング電源用制御ICに最も多く使われています．スイッチング周波数の精度をそれほど必要とせず，用途に応じてスイッチング周波数の変更が簡単に行えることから採用が多いです．

例えば車載用のDC-DCコンバータを考えると，ラジオの受信電波に妨害を与えないことが必須です．スイッチング波形は高調波を多量に含むパルス波形です．高調波も含めて受信周波数に影響しないところでスイッチング周波数を設定すれば，簡易な電磁シールドですみ，コスト・ダウンにつながります．

〈馬場 清太郎〉

コラム3　回路を見通しよくするための「電圧源」と「電流源」

現実の電気・電子回路を理論的に解析するときは，できるだけ簡単な等価回路に置き換えると，見通しもよくて考えやすくなります．そのときに使うのが電圧源と電流源です．

電流源の記号で円を2個組み合わせた形は，以前はよく見かけましたが，最近はほとんど見かけなくなりました．外部信号により電圧または電流が制御される縦続電源もありますが，一般的な記号がなく円，菱形，長方形と文献により異なっています．

理論的な電圧源は，無限大の電流まで流せるため，どのような負荷が接続されても出力電圧は一定になります．理論的な電流源は，無限大の電圧まで発生させられるため，どのような負荷が接続されても出力電流は一定になります．しかし，このようなことは，現実にはあり得ません．計算は少し複雑になりますが，内部抵抗を常に入れておくと，等価回路の適用範囲が広くなります．さらに，電圧源と電流源が交互に等価変換でき，計算が簡単になることがあります．

〈馬場 清太郎〉

第12章
電源回路で使える
テクニック

12-0 電源回路の基礎知識

〈梅前 尚〉

● **電源回路の高効率化は永遠の課題**

どんな回路でも，電源は欠かすことができません．元となる電力源は，コンセントのAC100Vであったり，USBの5Vであったり，電池であったりとさまざまですが，ほとんどの場合は何らかの変換をして，回路を動作させるのに適した電圧にしています．この変換をするのが電源回路です．機器の小型化や省エネルギー化の流れで，損失の少ない小型で高効率な電源が求められています．

電源の高効率化に大きく寄与したのは，リニア方式からスイッチング方式への転換です．それまで大型の電源トランスとリニア・レギュレータで構成されていた電源回路が，小型の高周波トランスを使ったスイッチング方式に置き換わりました．電源回路での損失は大幅に減少し，軽く小さくなりました．身近なところではACアダプタがその代表例です．

従来のリニア方式からスイッチング方式に置き換わったことで，小型軽量が当たり前になりました．ACアダプタが小型で高効率になった例を**図1**に示します．スイッチング方式のものは出力電力がリニア方式よりも大きくなっているにもかかわらず，損失が減って効率が上がり，小サイズで重量も軽くなっています．

そのうえ入力電圧範囲が，AC100V専用だったものが，世界中のほとんどの場所で使えるAC90V〜240Vのワールドワイド仕様です．持ち運びや移動の機会が多いACアダプタは，今では多くが小型・軽量・低損失を特徴とするスイッチング方式を採用しています．よってリニア方式のものを見る機会がほとんどなくなりました．

● **スイッチング電源でも損失が問題になる**

リニア方式からスイッチング方式に置き換えられたことで，電源の効率は飛躍的に向上しました．しかし，まだまだ改善の余地があります．

スイッチング電源の効率を悪化させている原因の1つは，スイッチ動作をしているトランジスタのスイッチング損失です．理想的なスイッチ素子は，ON状態では瞬時に導通して短絡状態になり，OFFすると瞬時に電流を遮断することが求められます．現実には**図2**のように，OFFからONに移行するときに生じるターン・オン損失（**図2**のT_rの期間），ONしている間のスイッチ素子の損失（**図2**ではパワーMOSFETのON抵抗による導通損失），そしてONからOFFに遷移しているときのターン・オフ損失（**図2**のT_f期間）が存在します．

スイッチング電源は，周波数を高くするほどトランスやコイルが小さくなり，電源をさらにコンパクトにすることができます．しかし，スイッチング損失はスイッチ動作のたびに発生するので損失が増えてしまい，電源回路の小型化には都合が悪いです．

スイッチ素子には，以前はバイポーラ・トランジスタが用いられてきましたが，電流駆動であるためスイッチング損失に加えドライブ損失も無視できなくなりました．スイッチング速度が遅いことからスイッチング損失が大きくなるため，より高速なスイッチングが可能なパワーMOSFETが広く使われるようになっています．

リニア方式
(10V/0.85A
8.5W出力)

スイッチング方式
(12V/1A
12W出力)

(a) ACアダプタの見た目サイズは小型に

方式		リニア	スイッチング
寸 法		80 mm × 55 mm × 45 mm	55 mm × 30 mm × 25 mm
本体重量		372 g	43 g
出 力	電圧/電流	10V/0.85A	12V/1A
	電力	8.5W	12.0W
定格出力時 の効率	入力電力	16.5W	15.4W
	内部損失	8.0W	3.4W
	効率	51.50%	77.90%
入 力		100V	100～240V

(b) ACアダプタの効率はUP

図1 リニア方式からスイッチング方式に置き換わったことによって電源が小さくて高効率になった

● 降圧型DC-DCコンバータの主流テクニック「同期整流」

スイッチング電源では，スイッチ素子での損失の他に整流ダイオードでの損失も比較的大きな割合を占めます．ダイオードでの損失は，ダイオード自身がもつ順方向電圧降下(V_F)に起因する導通損と，逆回復時間T_{rr}によるスイッチング損失が主要な要因です．

このうち導通損を減らす手段として用いられているのが同期整流です．同期整流は，降圧型DC-DCコンバータではいまや主流のテクニックとなっています．

ダイオードは，順バイアスされているときは順方向に電流を流し，逆バイアスされたときには電流をブロックする素子です．すなわち電流を流したいときにONし，逆方向に電流が流れそうなときにOFFするスイッチがあれば，ダイオードの代わりに使えるということになります．このように，ダイオードがバイアスされる方向に同期してトランジスタなどのスイッチ素子をON/OFFするのが同期整流回路です．スイッチ素子にはNチャネルのパワーMOSFETが使用されます（図3）．

低耐圧のMOSFETはON抵抗が数mΩ前後と非常に小さな値で，ここに電流を流してもMOSFETによる電圧降下は小さな値となります．例えばON抵抗が8 mΩのMOSFETを使って2 Aの電流を流したとき，MOSFETの電圧降下は2 A × 8 mΩ = 16 mVとなり，ショットキー・バリア・ダイオード(SBD)よりも1桁小さな損失しか発生しないことになります．

● 同期整流で必要となる「デッドタイム」について

MOSFETに流れる電流は，ソース側からドレイン側に流れます．同期整流のFETは，主スイッチのFETと同時にONすることがないよう，デッドタイムを設けて制御します．このため，同期整流用のFETだけではターン・オンのタイミングが僅かに遅れてしまいます．

MOSFETのドレイン-ソース間には，構造上ボディ・ダイオードが存在しますが，T_{rr}が50 ns～100 nsほどあり，デッドタイム期間の電流を流すにはやや遅

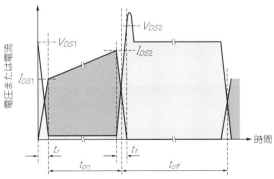

図2[5] パワーMOSFETのスイッチング損失

● ターン・オン遷移期間に生じるスイッチング損失 P_{tr} [W]

$$P_{tr} = \frac{1}{6}(V_{DS1}I_{DS1} + 2I_{DS1}^2 R_{DS(on)}\alpha_1)t_f f_{SW}$$

● ON期間に生じる損失 P_{ton} [W]

$$P_{ton} = D\left\{3I_{out}^2 + \left(\frac{V_{in} - V_{SW} - V_{out}}{2Lf_{SW}}D\right)^2\right\}R_{DS(on)1}\alpha_1$$

● ターン・オフ時のスイッチング損失 P_{tf} [W]

$$P_{tf} = \frac{1}{6}(V_{DS2}I_{DS2} + 2I_{DS2}^2 R_{DS(on)1}\alpha_1)t_f f_{SW}$$

● ハイ・サイドMOSFETの損失 P_{DH} [W]

$$P_{DH} = P_{tr} + P_{ton} + P_{tf}$$

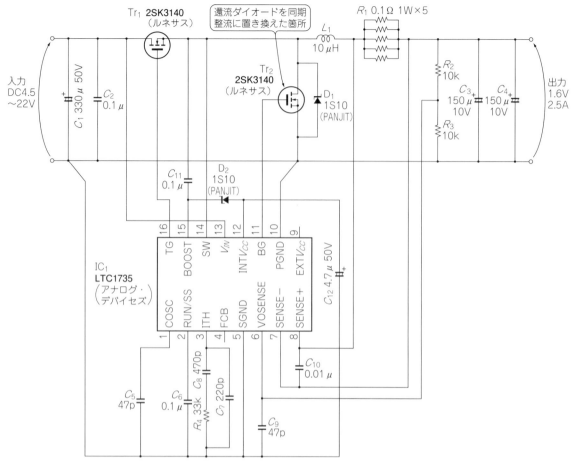

図3 降圧型DC-DCコンバータでは同期整流回路が主流となっている

いです．このため，MOSFETのドレイン-ソース間にSBDを並列に接続し，デッドタイム期間の電流を補完します．追加するSBDは，同期整流用の

MOSFETがONするまでの僅かな時間だけ通電するので，小容量のもので十分です．MOSFETがONすれば，こちらのほうが桁違いにインピーダンスが低くなるので，SBDには電流が流れなくなるからです（**図4**）．

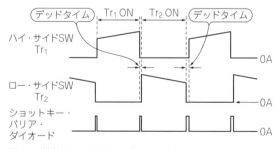

図4 同期整流で必要となるデッドタイム
ハイ・サイドとロー・サイドのMOSFETが同時にONになると大電流が流れてしまうので，時間差をつけて回避する必要がある

◆**参考文献**◆
(1) CQ出版社エレクトロニクス・セミナ「実習：電源回路入門」テキスト，CQ出版社．
(2) 疑似共振コンバータの設計事例，ローム．
(3) 疑似共振コントロールIC BM1Q0XXシリーズ データシート，ローム．
(4) LLC共振電源実験キット PAT030-A，パワーアシストテクノロジー．
(5)* 花房 一義：第1章 オンボード電源半導体デバイス（1-10）項 MOSFETの損失計算式，特集 ［保存版］電源デバイス便利帳，pp.78-79，トランジスタ技術，2010年6月号，CQ出版社．

コラム1　電源回路をさらに高効率にするためのテクニック

● その1：ソフト・スイッチング

　スイッチング素子にパワーMOSFETを搭載し，スイッチング周波数を高くして電源を小型化しても，スイッチング損失そのものは存在します．スイッチ素子がON/OFFする際，電圧や電流が大きく変化することが原因でした．それなら，あらかじめ電圧または電流を移行後の状態にしておき，状態が切り替わるタイミングで大きく変化しないようにしておけば，スイッチング損失を減らすことができそうです．

　このアイデアを具現化したものがゼロクロス・スイッチングです．ターン・オン時は，何らかの方法でスイッチ素子の電圧をONの状態に近づけておく，あるいは電流をゼロの状態から徐々に上げます．ターン・オフ時は逆に電流をゼロにしておく，もしくは電圧をOFF状態まで上昇させてからスイッチをOFFすればよいことになります．

　スイッチ素子の電圧変化がない状態でスイッチングさせる方法をゼロ電圧スイッチング（ZVS）と，スイッチ素子に電流を流さない状態でスイッチングさせる方法はゼロ電流スイッチング（ZCS）といい，これらを総称してソフト・スイッチングと呼んでいます．

　これに対し，従来のスイッチング動作はハード・スイッチングといいます．このソフト・スイッチングを実現するうえで，キーワードとなるのが共振です．

　共振というと，回路が複雑で制御も難しくなるイメージがありますが，通常のハード・スイッチングの電源とほとんど変わらない回路構成でソフト・スイッチングを実現したものが実用化されています．

● その2：小電力向けの疑似共振

　100W程度までの比較的小容量のAC-DCコンバータには，フライバック方式のスイッチング電源が多く使われています．一般にこの方式の制御には，固定の周波数で発振しながらパルス幅を制御して出力を一定にするPWM方式が採用されています．これをソフト・スイッチング化したものが疑似共振方式です．

　フライバック方式の電源は，スイッチ素子がON期間にトランスにエネルギーを蓄積し，OFF期間

にトランスに蓄えられたエネルギーが整流ダイオードを通して出力されます．PWM方式では，トランスに蓄積されたエネルギーにかかわらず，発振周波数の周期でスイッチ素子は再びONします．

　これに対して，疑似共振方式ではトランスに蓄えられた電力がすべて放出されるまでOFF状態を維持します．トランスがエネルギーを放出し終えると，1次巻線のインダクタンスとスイッチ素子の端子間容量との作用で，コイル電圧が振動を始めます．この電圧振動によりスイッチ素子の電圧も振動しますが，スイッチ素子電圧が低くなったタイミングでONすることで，ソフト・スイッチングを実現しています．

　ターン・オンのタイミングは，疑似共振用制御ICが適切にコントロールしてくれるので，使用する制御ICのデータシートに記載されている条件を満足するようにトランスを設計して回路定数を選ぶだけで，容易に疑似共振電源が得られます．

● その3：大容量化に適したLLC共振

　出力が数百Wを超える大容量電源では，LLCコンバータが多く使われています．回路の動作原理がやや複雑になりますが回路構成自体は非常にシンプルで，主回路部は通常のハーフブリッジ・コンバータあるいはフルブリッジ・コンバータと大差はありません．

　LLCコンバータのポイントは，共振コンデンサとトランスの漏れインダクタンスです．これにトランスの1次巻き線のインダクタンスを加えた，2つのLと1つのCによる共振を利用しているのでLLCと呼ばれています．こちらも専用の制御ICが多数販売されており，容易に大容量のソフト・スイッチング電源を作ることができます．

　また，本書の表紙中央のパワーアシストテクノロジーが販売するLLC実験キットなど，部品実装済みの基板にトランス材料がセットになったLLCコンバータの実験キットも購入することができます．とりあえずLLCコンバータを動かしてみたいときや実際の回路動作を見ながらLLCコンバータを学びたい場合に，難解なLLCコンバータの動作原理の理解を深めてくれるので重宝します．

〈梅前 尚〉

12-1 方式①「リニア・レギュレータ」の基本

〈馬場 清太郎〉

● **リニア・レギュレータとスイッチング・レギュレータ**

図1に示すように電源回路には,
- ●リニア・レギュレータ
- ●スイッチング・レギュレータ

の2種類があります. リニア・レギュレータは入出力電圧差ΔVがそのまま損失になり, スイッチング・レギュレータは原理的には損失がありません.

● **リニア・レギュレータの種類**

リニア・レギュレータには,
- ●シリーズ型
- ●シャント型

の2種類があります. シリーズ・レギュレータには,
- ●従来型(μA7800シリーズなど)
- ●低ドロップアウト型(LDO型:Low Drop-Out Regulator)

があります.

● **リニア・レギュレータ①…シリーズ型**

図1(a)のように, シリーズ・レギュレータは, 入力の電源電圧が回路が要求する電圧と合わないところに入れて, 必要な安定化された出力電圧を取り出して負荷に供給します. 直列可変抵抗(R_S)は, 実際には,

バイポーラ・トランジスタやパワーMOSFETで, 細かな制御を可能にしています.

従来型とLDO(高効率に使える低ドロップアウト型)の違いは, 図1(a)の入出力電圧差(ΔV)です. 従来型は2.5V程度以上必要ですが, LDOは数十mV以上と小さくても動作します.

● **リニア・レギュレータ②…シャント型**

図2に示すように, シャント・レギュレータは, 負荷と並列に並列可変抵抗(R_P)を, 入力電源との間に直列抵抗(R_S)を入れて, R_Sに流す電流を分流(これをシャントshuntと呼ぶ)します. 直列抵抗(R_S)の電圧降下を調整すると, 必要な安定化された出力電圧が得られます.

並列可変抵抗(R_P)は, 実際にはバイポーラ・トランジスタやパワーMOSFETで, 細かな制御を可能にしています. R_Sには定電流回路を使うことがあります.

シャント・レギュレータはつねに抵抗(R_S)の損失があるため, 効率は低いです. 長所は, 出力につながる負荷が短絡してもR_Sの損失が増すだけで, 安全な点です. 効率が低いため大電力回路には使いません.

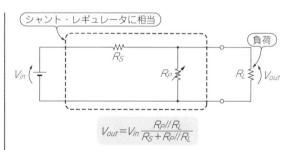

$$V_{out} = V_{in} \frac{R_P /\!/ R_L}{R_S + R_P /\!/ R_L}$$

図2 シリーズ型[図1(a)]と並ぶ代表的なリニア・レギュレータ「シャント型」の働きを示す等価回路

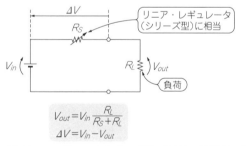

$$V_{out} = V_{in} \frac{R_L}{R_S + R_L}$$
$$\Delta V = V_{in} - V_{out}$$

（a）リニア・レギュレータ(シリーズ型)の働きは可変抵抗器で表せる

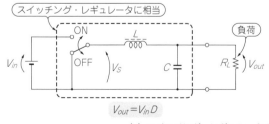

$$V_{out} = V_{in} D$$

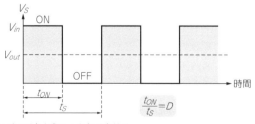

$$\frac{t_{ON}}{t_S} = D$$

（b）スイッチング・レギュレータの働きはスイッチとLCフィルタで表せる

図1 電源回路といえば「リニア・レギュレータ」と「スイッチング・レギュレータ」

負荷電流がほとんどない微小電力を扱う基準電圧回路に使われています.

● シャント型の使いどころ

リニア・レギュレータには次のような特徴があり,

- シリーズ・レギュレータとシャント・レギュレータの2種類がある
- 入出力電圧差が小さいほど高効率である

- 出力段には,バイポーラ・トランジスタやパワーMOSFET が使われている

その中でもシャント・レギュレータには次のような特徴があります.

- 負荷が短絡しても安全である
- 基準電圧回路に使用されることが多い
- 大電流用途には向いていない

12-2 精度の高い基準電圧回路

〈馬場 清太郎〉

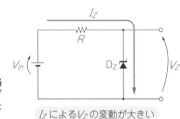

図1 基準電圧回路①…ツェナー・ダイオードを使った最も簡単なタイプ

I_Z による V_Z の変動が大きい

● 基準電圧用デバイス①…ツェナー・ダイオード

図1に示すのは,ツェナー・ダイオードを使った最も簡単な基準電圧回路です.図2に示すように,ツェナー・ダイオードはツェナー電圧(V_Z)の精度が悪いばかりでなく,電流I_ZによってV_Zが変動して温度特性も保証されていません.

最近は,基準電圧回路にツェナー・ダイオードを使うことはほとんどありません.使うのは,プリント基板外からディジタル信号を取り込むときのサージ保護と高精度を要求されない過電圧保護などです.

● 基準電圧用デバイス②…シャント・レギュレータIC

図3に示すのは,シャント・レギュレータICの定番TL431(テキサス・インスツルメンツ)を使った基準

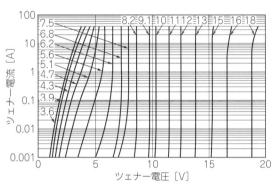

図2 ツェナー・ダイオードのツェナー電圧-ツェナー電流特性
ツェナー・ダイオードは電圧精度が低く,電流によってツェナー電圧が大きく変動する

電圧回路です.TL431は,安価で高性能なため,基準電圧源として広く使われるようになり,ツェナー・ダイオードを駆逐しました.同等品が各社から出されており,形状もリード線タイプから各種面実装外形まで用意されていて選ぶのに迷うほどです.図4にTL431の電圧-電流特性を示します.ツェナー・ダイオードより切れがよいです.カソード電流(I_K)が400 μA(仕様では1 mA)以上で,ツェナー電圧(V_Z)に相当するカソード電圧(V_K)がほぼ一定値を示します.

TL431のバンドギャップ・リファレンス回路で作られた内部基準電圧(V_{ref})は,2.495 V ± 2 %(TL431A

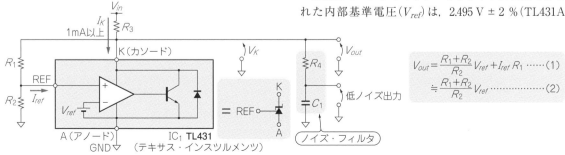

$$V_{out} = \frac{R_1+R_2}{R_2} V_{ref} + I_{ref} R_1 \cdots\cdots(1)$$
$$\fallingdotseq \frac{R_1+R_2}{R_2} V_{ref} \cdots\cdots\cdots\cdots(2)$$

図3 基準電圧回路②…シャント・レギュレータICを使った定番タイプ

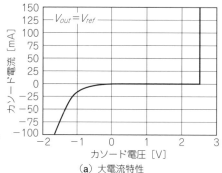
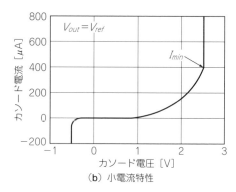

図4　シャント・レギュレータIC TL431の電圧-電流特性
ツェナー・ダイオードより切れが良い

(a) 大電流特性　　　　(b) 小電流特性

は±1％)，温度特性は0～70℃で4 mV$_{typ}$(25 mV$_{max}$)変動します．シャント・レギュレータとしての設定電圧は約2.5(V_{ref})～36 Vで，電流は1 m～100 mAです．

図3に示すように，出力電圧は抵抗2本で簡単に設定できます．REF端子のバイアス電流(I_{ref})が4 μA$_{max}$と比較的大きいので，**図3**中の式(1)にしたがって，V_{out}を計算するか，R_1を無視できる程度に小さくします．このとき必要なカソード電流(I_K)を確保するようにR_3の値を小さくします．

TL431Aの誤差が±1％で抵抗誤差が±1％とすると，R_1とR_2に流す電流を0.4 mAにすればI_{ref}による誤差は±1％になります．実際の設計例では0.8 m～1 mAが多く，I_{ref}による誤差は±0.5％以下になり，バランスが取れます．

TL431の欠点は，ツェナー・ダイオードよりノイズが多いことですが，**図3**に示すCRフィルタで対策できます．TL431は出力インピーダンスが低いので，直接コンデンサを並列に入れても対策効果はありません．そればかりか不安定になって発振することがあります．

最近はさらに高性能で，使用電流の推奨が数十μA以上のシャント・レギュレータICもありますが，直流精度とノイズは相反するようで，使用に当たっては十分な検討が必要です．

図3において，V_{in} = 12 V，V_{ref} = 2.5 V，V_{out} = 5 V，R_2 = 2.2 kΩでI_{ref}を無視するとR_1は何kΩかを実際に計算してみると，式(2)より2.2 kΩとなります．

● 基準電圧用デバイス③…高精度基準電圧IC

高精度・高分解能A-DコンバータやD-Aコンバータの基準電圧として使用されています．A-DコンバータやD-Aコンバータの基準電圧は標準化されていて，2.048 V，2.5 V，4.096 V，5 Vなどで固定出力が多くなっています．

基準電圧回路はシャント・レギュレータだけではありません．シリーズ・レギュレータ型もあり，内部のフィルタでノイズを減衰させています．基準電圧はシャント・レギュレータICと同様にバンドギャップ・リファレンス回路で作ります．内部バイアス電流が最適化されており温度特性も優れています．

ICの多くが，内部でトリミングされていて，出力電圧は固定です．外部抵抗で出力電圧を設定できるタイプが少ない理由は，温度係数が数ppm/℃以下で，値の精度が0.00数％以下の抵抗が必要だからです．しかしこんな抵抗は入手が困難です．

図5に示すのは，高精度基準電圧IC ADR4550(アナログ・デバイセズ)です．出力電圧が5 V±0.02％$_{max}$で，温度係数が2 ppm/℃$_{max}$です．一般的な3端子レギュレータと大きく違うのは，吐き出し(ソース)と吸い込み(シンク)が可能な点です(±10 mA)．同シリーズで他の電圧のICも出されているので，5 V以外が必要ならそちらを検討します．

図5の回路を1台作ってケースに入れておくと，ディジタル・テスタや安価なディジタル・マルチ・メータの簡易的な校正を行うことができて便利です．

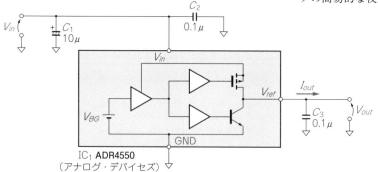

V_{BG}：バンドギャップ・リファレンス電圧
$V_{in} \geqq V_{out} + 0.3$V
-10mA$\leqq I_{out} \leqq 10$mA
$V_{out} = 5.000$V± 0.02％
温度係数2ppm/℃

図5　基準電圧回路③…出力電圧5 V±0.02％$_{max}$，温度係数2 ppm/℃$_{max}$の高精度タイプ

12-3 基本の3端子レギュレータ回路

〈馬場　清太郎〉

● よくお世話になる3端子レギュレータ μA7800

　従来型のシリーズ・レギュレータと言えば，フェアチャイルド・セミコンダクター社（現オン・セミコンダクター社）から1970年代に発売された3端子レギュレータ μA7800シリーズです．負電圧出力の μA7900シリーズが有名ですが，負電圧はマイコン・システムに適合しにくいため，最近はあまり使われていません．

　μA7800シリーズの出力電圧は，メーカによって異なりますが，2.6 V，5 V，8 V，10 V，12 V，15 V，18 V，24 Vなどです．最大出力電流は1 A，μA78M00シリーズは0.5 A，μA78L00シリーズは0.1 Aです．

　図1に示すのは，μA7800シリーズの内部回路です．バンドギャップ・リファレンス回路で作られた内部基準電圧（V_{ref}）と，抵抗で分圧した出力電圧との差をアンプで増幅し，ダーリントン・エミッタ・フォロワで電流増幅して出力します．

　出力段の回路は，NPNトランジスタをダーリントン接続したエミッタ・フォロワ構成なので，入出力電位差は2個分のベース-エミッタ間電圧に，ベース駆動の回路の電圧を加えた値です．概算で1.8 V以上必要で，仕様では2.5 V$_{min}$です．出力段がエミッタ・フォロワなので，出力インピーダンス（抵抗）がとても小さく，負荷インピーダンスの影響を受けにくく，出力にセラミック・コンデンサを入れても発振しません．

　過電流保護回路と過熱保護回路も内蔵しているので安心して使えます．過電圧保護回路がないので，最大入力電圧は35 Vですが，80 %にディレーティングして（20 %の余裕をもって）使います．つまり28 V以下

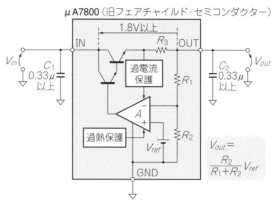

μA7800（旧フェアチャイルド・セミコンダクター）

$$V_{out} = \frac{R_2}{R_1+R_2} V_{ref}$$

図1　超定番の3端子レギュレータ μA7800シリーズの内部回路

で使います．24 V出力の μA7824では，40 V$_{max}$を80 %にディレーティングして32 V以下で使います．

　商用交流電源には，落雷などによって発生するサージ電圧が加わるので，商用電源から得られる直流入力電圧もその影響で瞬間的に高くなる可能性があります．通常，使用時の直流入力電圧はできるだけ低く抑えます．すると効率も向上して一石二鳥です．

● μA7800系シリーズの使用上のテクニック

　出力電圧が入力電圧より高くなると破損します．

　図2で，C_2がC_1よりも大きいと，入出力電圧が逆転する可能性が高いです．C_2が小さくても，負荷回路に入れたパスコンを合計するとC_1よりも大きくなることがあります．この問題は，図2のD_1を入れて対策します．D_1に一般整流用ダイオードを使うと，IC内部の接合分離用ダイオードよりも順方向電圧が低いので保護できます．

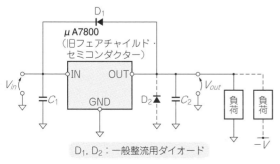

図2　2つのダイオードを付ければ3端子レギュレータ μA7800は壊れることなく確実に動作する
D_1は出力電圧が入力電圧より高くならないようにするダイオード．D_2は負荷回路内にマイナス電源があるときに，正電圧側のレギュレータの出力が負電圧になったままになって起動しなくなるのを防ぐダイオード

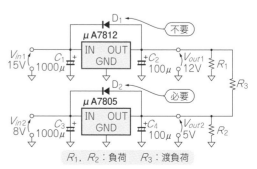

図3　保護ダイオードD_1は不要だがD_2は必要

負荷回路内にマイナス電源があり，μA7800シリーズの出力と負荷で接続される渡負荷になっていると，電源をONしたときにμA7800シリーズの出力がマイナスの電圧になったままになります．この現象をラッチダウンと呼びます．図2の破線で接続したダイオード(D₂)を入れて対策します．実際に図3に示す電源電圧が12Vと5Vの回路を見てみると，保護ダイオードD₁は不要ですがD₂は必要となります．

12-4 低損失にできるLDOレギュレータ

〈馬場 清太郎〉

● テクニック…できるだけ入力電圧を低くする

μA7800シリーズの入出力電圧差は2.5 V(1.8 V$_{typ}$)以上必要なので，もし1 Aの電流を出力させると，2.5 W以上もの損失を発生します．LDOレギュレータは入出力間の電圧差を小さくして使える，損失の小さいリニア・レギュレータです．

従来型レギュレータをそのままLDOレギュレータに換えても損失は減りません．入出力電圧差を小さくすることが必要です．

図1にLDOレギュレータの内部回路を示します．

従来型レギュレータの出力段はダーリントン接続のNPNエミッタ・フォロワですが，LDOレギュレータはPNPエミッタ接地回路になっています．

内部トランジスタの特性によりますが，ディスクリート・トランジスタならば数十mVのON電圧まで，入出力電圧差を小さくできます．内部PNPトランジスタは，ディスクリートPNPトランジスタよりも特性的に劣るため，入出力電圧差は数百mVにとどまります．最近は，MOSFETを使うことで入出力電圧差が数十mVのものも出ています．

μA7800シリーズより最大入力電圧が低いものが多いので，LDOレギュレータの特徴を生かし，できるだけ入力電圧を低くして使います．すると効率も向上

して一石二鳥です．過電流保護回路と過熱保護回路を必ず内蔵しているので，安心して使えます．

● 主なタイプと使いどころ

LDOレギュレータには次のような特徴があり，種類が豊富です．

- ●出力電圧のバリエーションが多い
- ●出力スイッチ付き
- ●低雑音
- ●出力電圧を抵抗で設定できる
- ●セラミック・コンデンサ対応

出力電圧のバリエーションが多い理由は，必要な電圧の種類の多い携帯機器で使われることが多いからです．

出力スイッチ付きの中には，放電用トランジスタ内蔵で，OFFしたときの出力電圧を急速に0Vにできるものもあります．

μA7800シリーズの中で，出力電圧を抵抗で設定できるタイプは廃番になり，LM317(テキサス・インスツルメンツ)にその座を譲りました．LDOレギュレータには，3端子で出力電圧が設定できるものはありませんが，4端子以上で可能です．

セラミック・コンデンサ対応とは，出力に入れるパスコン(バイパス・コンデンサ)に，セラミック・タイプを使っても発振しないということです．LDOレギュレータの出力段は，PNPトランジスタのエミッタ接地(あるいはPチャネルMOSFETのソース接地)で，コレクタ(ドレイン)出力になっています．

このような回路は出力インピーダンス(抵抗)が高く，出力に等価直列抵抗(Equivalent Series Resistance)の低いセラミック・コンデンサを入れると位相が回りすぎるため，定電圧制御の負帰還をかけると発振します．出力に低ESRのセラミック・コンデンサを入れても発振しないようにしたのがセラミック・コンデンサ対応のLDOレギュレータです．

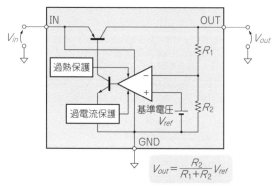

図1　入力電圧を低くしてロスを小さくできる低損失レギュレータLDOの内部回路

$$V_{out} = \frac{R_2}{R_1+R_2}V_{ref}$$

12-5 リニア・レギュレータの損失

〈馬場 清太郎〉

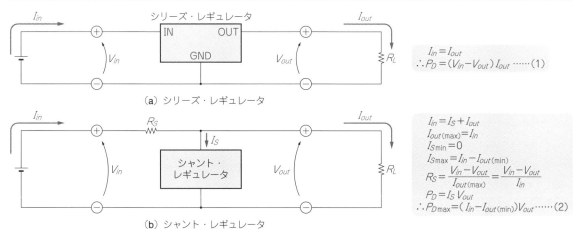

$$I_{in} = I_{out}$$
$$\therefore P_D = (V_{in} - V_{out})\,I_{out} \quad \cdots\cdots(1)$$

（a）シリーズ・レギュレータ

$$I_{in} = I_S + I_{out}$$
$$I_{out(max)} = I_{in}$$
$$I_{Smin} = 0$$
$$I_{Smax} = I_{in} - I_{out(min)}$$
$$R_S = \frac{V_{in} - V_{out}}{I_{out(max)}} = \frac{V_{in} - V_{out}}{I_{in}}$$
$$P_D = I_S V_{out}$$
$$\therefore P_{Dmax} = (I_{in} - I_{out(min)})V_{out} \quad \cdots\cdots(2)$$

（b）シャント・レギュレータ

図1　シリーズ・レギュレータとシャント・レギュレータの損失を求める式

リニア・レギュレータは必ず損失を生じます．損失（P_D）を求める条件を同じにして，各レギュレータの長所と短所を比べてみましょう．ただし，入力電圧（V_{in}）＞出力電圧（V_{out}）で，出力電流（I_{out}）に寄与しないレギュレータの内部動作に必要な電流は無視します．

● **損失を求める**

▶ シリーズ・レギュレータの損失

図1（a）にシリーズ・レギュレータの損失を求める式を示します．V_{in} が低いほど損失は小さくなり，I_{out} が小さいほど損失は小さくなります．損失が最も少ないのは $I_{out(min)}$ のとき，最も多いのは $I_{out(max)}$ のときです．

▶ シャント・レギュレータの損失

図1（b）にシャント・レギュレータの損失を示します．出力電流の変動範囲（$\Delta I_{out} = I_{out(max)} - I_{out(min)}$）が小さいほど損失を小さくできます．

損失が最も少ないのは $I_{out(max)}$ のとき，最も多いのは $I_{out(min)}$ のときですから，出力電流（I_{out}）と損失の増減の傾向がシリーズ・レギュレータとは逆です．

直列抵抗の定格損失は，出力が短絡したときにも破損しないように，大きくしておく必要があります．短絡が原因で出力電圧が低下したら警報が出る機能があれば，入力を遮断すればOKです．そのような機能がないときは，抵抗が加熱してプリント基板を焦がさないようにさらに大きな定格損失が必要です．

● **テクニック…シリーズ型とシャント型の使い分け**

次の条件でレギュレータの最大損失を比較します．

$V_{in} = 5$ V または 6 V，$V_{out} = 3.3$ V，$I_{out(min)} = 0$ A，$I_{out(max)} = 1$ A

計算結果を**表1**に示します．$V_{in} = 6.6$ V のとき両者の損失は等しくなります．

シャント・レギュレータが正常に動作しているときの直列抵抗の損失は，$V_{in} = 5$ V のとき 1.7 W，$V_{in} = 6$ V のとき 2.7 W で，シリーズ・レギュレータの最大損失と同じです．しかし負荷を短絡すると，$V_{in} = 5$ V のとき 14.7 W，$V_{in} = 6$ V のとき 13.3 W ととても大きくなり，シリーズ・レギュレータの有用性がわかります．

$V_{out} = 3.3$ V，$I_{out(min)} = 0$ A，$I_{out(max)} = 1$ A，$V_{in} = 12$ V にしたとき，**図1**の式（2）よりシャント・レギュレータの最大損失を計算すると，3.3 W となります．

$V_{out} = 3.3$ V，$I_{out(min)} = 0$ A，$I_{out(max)} = 1$ A，$V_{in} = 12$ V にしたとき，**図1**の式（1）よりシリーズ・レギュレータの最大損失を計算すると，8.7 W となります．

表1　図1のリニア・レギュレータの損失

V_{in}	5 V	6 V	
シリーズ・レギュレータ	1.7 W	2.7 W	式(1)と
シャント・レギュレータ	3.3 W	3.3 W	式(2)による

方式② 「スイッチング・レギュレータ」の基本

〈馬場 清太郎〉

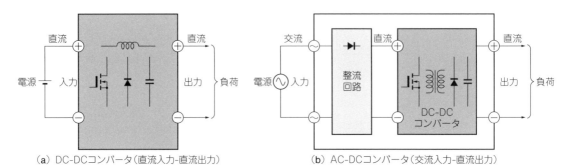

（a）DC-DCコンバータ（直流入力-直流出力）　　　　（b）AC-DCコンバータ（交流入力-直流出力）

図1　スイッチング・レギュレータにはAC-DCコンバータとDC-DCコンバータがある
AC-DCコンバータは入力交流電圧を整流回路で直流にしてからトランスで絶縁されたDC-DCコンバータで直流出力電圧を取り出す

　リニア・レギュレータは出力電圧を連続的に制御するのに対し，スイッチング・レギュレータは入力電圧をスイッチングして断続信号に変換し，フィルタで平滑して直流の出力電圧として取り出します．

　スイッチング・レギュレータには，入力電源によって図1に示すように，AC-DCコンバータとDC-DCコンバータがあります．

● スイッチング・レギュレータ①…AC-DCコンバータ

　AC-DCコンバータは入力交流電圧を整流回路で直流にしてからトランスで絶縁されたDC-DCコンバータで直流出力電圧を取り出します．DC-DCコンバータには非絶縁型と絶縁型があります．非絶縁型DC-

DCコンバータは，負荷回路と同一のプリント基板上に置かれたオンボード電源としてよく使われています．
▶入力整流回路

　AC-DCコンバータの整流回路は，周波数50 Hz/60 Hzで公称電圧100 V/120 V/230 Vの入力電圧を直流電圧に変換してDC-DCコンバータに供給します．

　図2に示すようにブリッジ型整流ダイオードと平滑コンデンサの単純な全波整流回路も使われていますが，入力電流のひずみが問題となり，入力電流を正弦波とするPFC（Power Factor Correction，力率改善）回路を使うことが多くなりました．

　入力電圧を$V\sin\theta$，入力電流のひずみを$I_n\sin(n\theta)$とすると$n \ne 1$のとき，

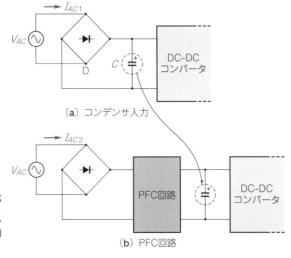

（a）コンデンサ入力

図2　DC-DCコンバータの入力整流回路
入力電流のひずみを少なくするにはPFC回路が有効

（b）PFC回路

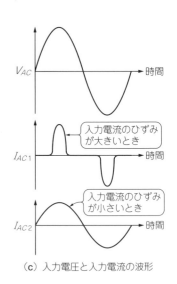

（c）入力電圧と入力電流の波形

入力電流のひずみが大きいとき

入力電流のひずみが小さいとき

$$\int_0^{2\pi} V\sin\theta\, I_n \sin(n\theta)\,d\theta = 0$$

となります．基本波電圧と高調波電流の積は電力計算で1周期の平均をとるとゼロになり，無効電力になるからです．ひずみ率H_Dと力率P_Fの関係は，

$$P_F = \frac{\cos\gamma}{\sqrt{1 + H_D{}^2}} \quad\cdots\cdots\cdots\cdots\cdots\cdots\cdots (1)$$

となります．ここで$\cos\gamma$は相差率と呼び基本波電流の力率です．

● **スイッチング・レギュレータ②…DC−DCコンバータ**

図3に示す非絶縁型と図4に示す絶縁型があります．AC−DCコンバータでは，入力整流回路に続き絶縁型DC−DCコンバータを有する構成が多いです．図3のスイッチ記号の部分には，実際にはバイポーラ・トランジスタやパワーMOSFET，大電力用途ではIGBTが使われます．

絶縁型DC−DCコンバータで回路構成が最も簡単なのがフライバック・コンバータで，中小出力の電源に

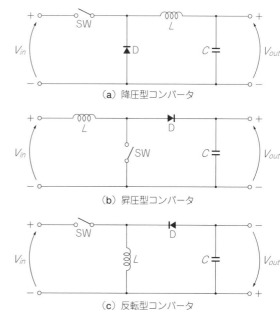

（a）降圧型コンバータ

（b）昇圧型コンバータ

（c）反転型コンバータ

図3　非絶縁型DC−DCコンバータの回路構成

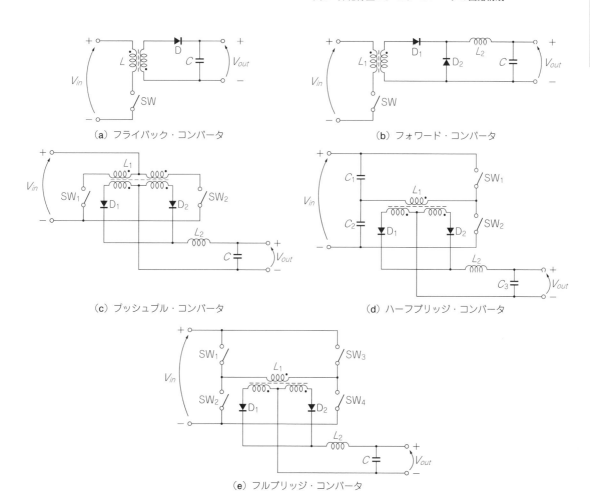

（a）フライバック・コンバータ

（b）フォワード・コンバータ

（c）プッシュプル・コンバータ

（d）ハーフブリッジ・コンバータ

（e）フルブリッジ・コンバータ

図4　絶縁型DC−DCコンバータの回路構成

よく使われています. リモコン用の待機電源はほとんどこれで, 無負荷時の消費電力が数mWの電源も可能です.

効率のよいのがフォワード・コンバータです. フォワード・コンバータでは, スイッチ素子がONしているとき, 2次側にエネルギが供給されます. これが効率向上の理由の1つです.

大電力用にプッシュプル化した, プッシュプル・コンバータやハーフブリッジ・コンバータ, フルブリッジ・コンバータがあります. 特にフルブリッジ・コンバータは数kW以上の大電力用としてよく使われています.

● **AC-DC変換の計算**

入力実効電力50WのAC-DCコンバータで入力電流のひずみを測定したら150%だったとします. 相差率を1として入力皮相電力は何VAかを計算してみます.

式(1)より, 皮相電力＝実効電力÷力率となり, 90VAとなります.

12-7 スイッチング方式とリニア方式の使い分け

〈梅前 尚〉

■ 高効率・小型にできるスイッチング式

● **動作原理**

図1に示すのは, 12Vを5Vに変換する標準的な降圧型スイッチング・レギュレータです.

入力電圧源と出力の間にパワー・トランジスタを挿入して, 20k～数百kHzでON/OFFスイッチング駆動し, 安定した直流電圧を出力します. 出力電圧は, ONとOFFの比率で決まります. 入力電圧が低いときは, パワー・トランジスタがON期間を長く, 入力電圧が高いときは短くして出力電圧を一定にキープします (図2).

● **メリット多し**

スイッチング方式には, ロスが小さく, 発熱しにくいため小型できるメリットがあります. パワー・トランジスタがON/OFFするときにロスが発生しますがわずかです. ダイオード(**図1**のD₁)をMOSFETに置き換えると90%超の高効率も実現できます.

低出力時にスイッチング回数を減らす技術(スキップ・サイクル・モード)を導入し, 待機時でもリニア方式を上回る高効率を実現したタイプもあります.

写真1に示すのは, どちらも入力が12.0V, 出力が5.0V/0.5Aのレギュレータです. 明らかにスイッチング方式のほうが小型です.

パワー・トランジスタとコイルとダイオードのつな

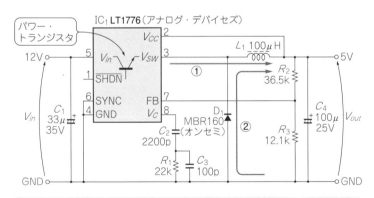

スイッチ・トランジスタがONすると, ①の経路で電流が流れて, L_1に磁気エネルギを蓄えつつ出力電流を供給する. トランジスタがOFFすると, L_1に蓄えられたエネルギが②の経路で放出され, 出力に電流を流す. 出力電圧はスイッチ・トランジスタのONとOFFの割合で決まる. 出力電圧はR_2とR_3で分圧されてIC₁のFB端子に入力される. IC₁は, モニタしている出力電圧と内部の基準電圧を比較して, 出力電圧が高ければON時間を短く, 低ければON時間を長くする

図1 高効率を実現できるスイッチング・レギュレータの回路
リニア式より部品は多くなる(本項の図5と比べてほしい)

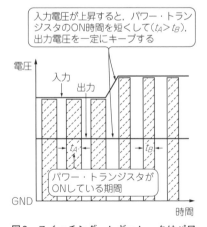

入力電圧が上昇すると, パワー・トランジスタのON時間を短くして($t_A > t_B$), 出力電圧を一定にキープする

図2 スイッチング・レギュレータはパワー・トランジスタのON時間を調節することによって, 入力電圧や負荷電流が変動しても出力電圧を一定に保つ

コラム2　非絶縁型DC-DCコンバータの種類と特徴

　DC-DCコンバータには非絶縁型と絶縁型があります．ここでは非絶縁型DC-DCコンバータを説明します．

　非絶縁型DC-DCコンバータには，コイルを使わずコンデンサの充電エネルギを利用して電圧を昇圧/反転するスイッチト・キャパシタ回路もありますが，電圧源からコンデンサを充電するには直列抵抗が必須であり，この損失のため小電力用途にしか使われていません．これに対し電圧源から無損失でコイルを充電するDC-DCコンバータは高効率です．

　非絶縁型DC-DCコンバータの主な種類を表Aにまとめます．名称は入出力電圧の関係で付けられています．降圧型は入力電圧よりも出力電圧が低くリニア・レギュレータと同じ動作です．昇圧型は入力電圧よりも出力電圧が高くなっています．反転型は一般に入力電圧が正で出力電圧が負です．昇降圧型は入力電圧の変動範囲に出力電圧が含まれても動作し，入出力電圧の関係で昇圧型あるいは降圧型の動作を行います．学術用語で昇降圧型（Buck-boost）コンバータと言えば，まず反転型コンバータを指します．これは入力電圧の変動範囲に出力電圧の絶対値が含まれても動作するからです．　　〈馬場　清太郎〉

表A　非絶縁型スイッチング・レギュレータの主な方式

コンバータの種類	降圧型	昇圧型	昇降圧型		反転型	
機能的名称	Step-down	Step-up	Step-up/down		Inverting	
考案時の名称	Buck	Boost	一般化DC-DC注	SEPIC	Buck-boost	Cuk
入出力電圧の関係	$V_{in} \geqq V_{out}$	$V_{in} \leqq V_{out}$	$V_{in} \geqq V_{out} \geqq V_{in}$		$V_{in} \geqq |V_{out}| \geqq V_{in}$	
入出力電圧変換率	D	$1/(1-D)$	制御による	$D/(1-D)$	$-D/(1-D)$	

注：一般化DC-DCコンバータは，昇降圧型（Buck-boost）コンバータと呼ばれている

ぎ方を変えると，入力電圧よりも高い電圧を出力したり，反転して負電圧を出力することも可能です．リニア式は入力電圧よりも低い電圧しか出力できません．

　コイルをトランスに変更すれば，入力と出力を絶縁することができます．100〜240Vまで入力できるワールドワイド対応も可能です．

● デメリット①…ノイズが大きい

　パワー・トランジスタが，入力と出力間の高い電圧

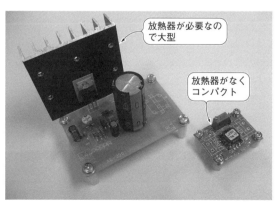

（a）リニア・レギュレータ（効率41.7％）　（b）スイッチング・レギュレータ（効率87.1％）

写真1　高効率なスイッチング・レギュレータはリニア・レギュレータより断然小型化できる

差を強引にON/OFFし，大電流を流したりせき止めたりするので，小さくない脈流やノイズが発生します．ONのときとOFFのときとで，入力電圧相当の電圧差が平滑コンデンサに加わりますが，変動が残ります．これをスイッチング・リプル電圧といい，スイッチング周波数と同期しています．

　ON/OFFするたびに大変動する電流も，プリント・パターンに含まれるわずかなインダクタンスに作用し，スパイク状の電圧を発生させます．図3は，スイッチング・レギュレータの出力電圧を電圧軸を拡大して観測したものです．

● デメリット②…部品点数が多い

　リニア式は，スイッチング方式よりも少ない部品で作ることができます．スイッチング方式の制御ICには，3端子レギュレータ並みの少ない部品で構成できるものもあります．パワー・トランジスタとコイルを内蔵したワンチップICもありますが，それでも，スイッチング方式は部品点数が多く，材料費も高くなります．

■ 繊細なアナログ回路にはリニア式

● デメリット…発熱が大きく放熱器が要る

　入出力間にあるパワー・トランジスタが，コレクタとエミッタ間の抵抗値を変化させて，入力電圧や負荷（出力電流）が変動しても，出力電圧を一定に保ちます．

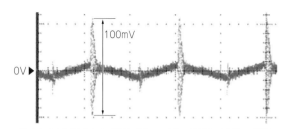

約20 mVのスイッチング・リプル電圧と，最大108 mV_{P-P}のスイッチング・ノイズが出力電圧に重畳している．微小電圧を取り扱うセンサ回路やA-Dコンバータなどの電源電圧に，このくらい大きい電圧変動やノイズが混入すると信号と区別できなくなる．フィルタやリニア・レギュレータを追加してノイズを減らす必要がある

図3 小型化が取り柄のスイッチング・レギュレータはノイズが大きいのが玉に瑕

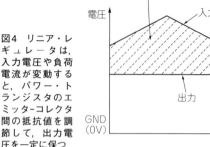

リニア・レギュレータは，入力電圧が出力電圧よりも常に高くなるように使う．（入力電圧−出力電圧）×出力電流の電力を消費し続け発熱する

図4 リニア・レギュレータは，入力電圧や負荷電流が変動すると，パワー・トランジスタのエミッタ-コレクタ間の抵抗値を調節して，出力電圧を一定に保つ

パワー・トランジスタは，入出力間電圧（$V_{in} - V_{out}$）と出力電流（I_{out}）との積に出力電流を乗じた次の電力Pを消費し，この電力はすべて熱に変わります．

$$P = (V_{in} - V_{out})I_{out}$$

出力が1 W以下と小さい場合を除き放熱が欠かせません．

● **メリット…ノイズが小さく回路がシンプル**

スイッチング方式の泣き所であるノイズがとても小さく，部品点数も少ないです．

図5(a)は，高精度な基準電圧源やパワー・トランジスタをワンチップ化した3端子レギュレータによる回路です．5個前後の少ない部品で作れます．外付け抵抗で出力電圧を可変できるタイプもあります．出力電流は100 mAから数Aまであり，過電流が流れると

出力電流を抑える保護機能も備えています．

図5(b)はシャント・レギュレータと呼ばれています．基準電圧生成に用いられています．入力電圧の変動が大きい場合や出力電流が大きい場合は使えません．出力電圧は負荷と直列に接続された抵抗（R_1）の電圧降下で決まります．TL431Aが出力電流の変化分を補って多くの電流を吸い込み，抵抗に流れる電流を一定に保って出力電圧を安定化させています．

◆参考文献◆
(1) 特集 電流ドバッ！電源・パワエレ実験室，トランジスタ技術2015年1月号，CQ出版社．
(2) CQ出版エレクトロニクス・セミナー 実習：電源回路入門テキスト，CQ出版社．
(3) LT1776データシート，リニアテクノロジー．

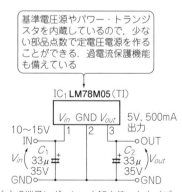

基準電圧源やパワー・トランジスタを内蔵しているので，少ない部品点数で定電圧電源を作ることができる．過電流保護機能も備えている

（a）3端子レギュレータICを使ったタイプ

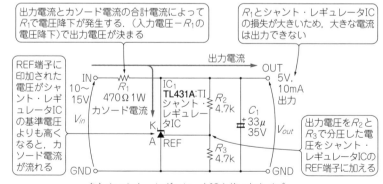

出力電流とカソード電流の合計電流によってR_1で電圧降下が発生する．（入力電圧−R_1の電圧降下）で出力電圧が決まる

R_1とシャント・レギュレータICの損失が大きいため，大きな電流は出力できない

REF端子に印加された電圧がシャント・レギュレータICの基準電圧よりも高くなると，カソード電流が流れる

出力電圧をR_2とR_3で分圧した電圧をシャント・レギュレータICのREF端子に加える

（b）シャント・レギュレータICを使ったタイプ

図5 標準的なリニア・レギュレータ

12-8 DC-DCコンバータの回路方式の使い分け

〈梅前 尚〉

■ スイッチング・レギュレータの基本メカニズム

● リニア・レギュレータの弱点は損失が大きいこと

リニア・レギュレータは，簡単に安定した電圧を得られるのですが，不要な電力を熱として消費するので，機器の省電力化の妨げとなります．出力電流が大きいとリニア・レギュレータの損失は数W～数十Wの大きな値となります．リニア・レギュレータは電流を流しっぱなしにしているために起こる問題です．

● 高速でスイッチをON/OFFすると損失が減らせる

図1のように，レギュレータの入出力間にスイッチを設けてONとOFFを高速で繰り返し，その出力をフィルタで滑らかにすれば，必要な分だけしか電流は流れないので，損失の少ない定電圧回路ができるはずです．こうして作られたのがスイッチング・レギュレータで，今や電源回路の主流となっています．

リニア・レギュレータで問題となったトランジスタでの損失が減少するため，大きな放熱フィンが不要となり，電源回路の小型化や軽量化にも寄与しています．

● 安定した出力を得るカギはPWM制御

スイッチング・レギュレータで希望する出力を得るには，ON/OFFのタイミングを調整してスイッチを通る電力を制御します．フィルタで平滑して安定した出力電圧を取り出します．

ON/OFFの周期はそのまま，入力電圧が出力電圧よりも少しだけ高いときにはON時間が長くなるようにします．入力電圧がそれよりも高いときにはON時間を短くすれば，スイッチ出力の平均値（出力電圧）を同じ値にできます．この制御方法はPWM（Pulse Width Modulation）制御と呼ばれ，最も使われています（図1）．

● スイッチング・レギュレータのデメリット

リニア・レギュレータにはなかった問題もいくつかあります．スイッチング・レギュレータでは，トランジスタなどのスイッチ素子を数十k～数MHzという高速でON/OFFします．このスイッチ動作をするための制御回路を構成する部品数は必然的に多くなります．

制御回路を動かすための電力が必要なうえに，スイッチ素子は瞬時にON/OFFの状態が切り替わること

ができないので，OFFからONに，逆にONからOFFになるときにスイッチング損失が発生します．このため，損失はゼロではありません．

このON/OFFの際に電流・電圧が急速に切り替わるので，スイッチング・ノイズが発生します．PWMパルスはフィルタで平準化されますが，フィルタで除去しきれない電圧変動も残り，リプル電圧として出力されます．

スイッチング・レギュレータは，こういったデメリットを把握したうえで使いこなすことが大事です．

■ 3大できること&その基本回路

● その1…リニア・レギュレータより低損失に降圧できる

リニア・レギュレータと同じように，高い電圧から低い安定した電圧を得る降圧型のスイッチング・レギュレータの基本形は図2です．この回路はバック・コンバータまたはダウン・コンバータとも呼ばれます．

スイッチング・トランジスタTrをONにすると，入力段のコンデンサからTr→コイルLの経路で出力端のコンデンサならびに出力に電流が流れます．

コイルには電流の変化を妨げようとする特性があるので，トランジスタがONしても電流は一気に流れる

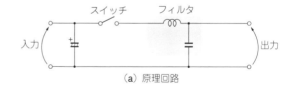

（a）原理回路

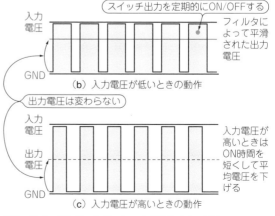

（b）入力電圧が低いときの動作

（c）入力電圧が高いときの動作

図1 スイッチング・レギュレータの動作メカニズム

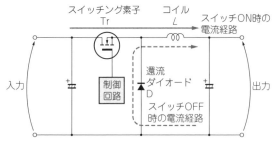

図2 基本回路① … 高い入力から低い安定した電圧を出力する降圧型コンバータ（バック・コンバータ）

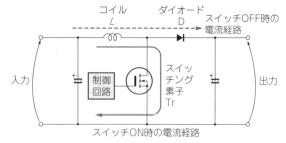

図3 基本回路② … 入力より高い電圧を出力する昇圧型コンバータ（ブースト・コンバータ）

のではなく，徐々に増加します．次にTrをOFFすると，入力からの電力供給はなくなりますが，今度はコイルが電流を流し続けようとします．その経路を作るのが還流ダイオードDです．出力コンデンサのマイナス側からGNDを通ってD→L→出力コンデンサという電流のルートができます．バック・コンバータはこれを繰り返すことで出力制御を行います．バック・コンバータの出力電圧は次式で決まります．

$$V_{out} = V_{in} \times t_{on} \div (t_{on} + t_{off})$$
ただし，V_{out}：出力電圧，V_{in}：入力電圧，t_{on}：TrがONしている時間，t_{off}：TrがOFFしている時間

一定の周波数（周期 $T = t_{on} + t_{off}$ が一定）なら，一周期のうちのON時間の比率（オン・デューティ）を制御すると，希望する出力電圧が得られます．

● その2…リニア・レギュレータとちがって電圧を上げることもできる

リニア・レギュレータでは基本的に入力電圧よりも低い出力しか出せません．しかしスイッチング・レギュレータでは，部品の配置を変えることで電圧を高くする昇圧型コンバータ（ブースト・コンバータとも呼ばれる）や出力電圧が負極性の反転型コンバータも作れます．

図3はブースト・コンバータの基本回路です．バッ

ク・コンバータと使っている部品は同じですが，Tr，L，Dの配置が入れ替わっています．

TrをONすると，入力コンデンサ→L→Trのルートで電流が流れます．コイルがあるのでいきなり短絡電流が流れるのではなく，コイルに磁気エネルギを蓄えながら徐々に電流が増えます．

TrがOFFすると，LとDを通って出力されます．TrがONしている間にコイルにエネルギが蓄えられているので，入力電圧にLが蓄えたエネルギが重畳され，高い電圧が出力されます．

ブースト・コンバータの出力電圧は次式で決まります．

$$V_{out} = V_{in} \times \frac{t_{on} + t_{off}}{t_{off}}$$

この式から，出力電圧は一周期のうちのOFF時間の比率（オフ・デューティ）に反比例した値となることがわかります．ブースト・コンバータでも，スイッチ素子TrをPWM制御すると任意の電圧を得られます．

● その3…マイナス電圧も昇降圧も実現できる

スイッチング・レギュレータは，図4の接続とするとマイナスの出力が得られます．回路構成部品は増えますが，1つのレギュレータで降圧動作と昇圧動作をする昇降圧コンバータ（バック・ブースト・コンバータ）も実現できます．残量によって電圧が変動する2次電池から，安定した電圧を作り出す電源としてよく採用されています．

部品点数が増えるという欠点も，最小限の外付け部品でスイッチング・コンバータを構築できる専用ICが多数販売されるようになり，充実したアプリケーション・ノートが整備されたことで，手軽にスイッチング電源が作れるようになっています．

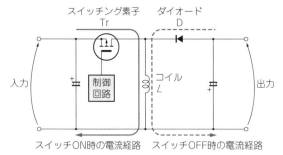

図4 基本回路③ … 出力電圧が負極性の反転型コンバータ

◆参考文献◆
(1) CQエレクトロニクス・セミナ 実習・電源回路入門［電源回路実務設計シリーズ1］セミナ・テキスト，CQ出版株式会社．

Appendix 1

高周波回路のポイント

A-1 高周波伝送回路の「特性インピーダンス Z_0」

〈石井 聡〉

● 伝送線路では電圧と電流を波として考える

図1のように，伝送線路の中を電圧や電流は波として伝わります．特性インピーダンス Z_0 は，この電圧の波と電流の波の比です．伝送線路端に，特性インピーダンスと「等しくない」抵抗が接続されると電圧の波と電流の波が反射して信号源側に戻ってきます．

すると伝送線路の各ポイントごとで，伝わっていく電圧の波と反射してくる電圧の波が干渉し合い，また電流の波も同じように干渉し合い，各ポイントで異なる電圧の大きさと位相，電流の大きさと位相が観測されます．

この各ポイントで異なる電圧や電流の大きさと位相を，オームの法則として電圧と電流の関係を計算してみると，それは伝送線路から負荷側を見たインピーダンス Z に相当します．つまりインピーダンス Z はポイントごとで変化します．

● 伝送線路のインピーダンスを計算する

図2のように特性インピーダンスが $50\,\Omega$ の伝送線路受端に $120\,\Omega$ の抵抗をつなぎ，その線路の1/4波長分手前で見たときのインピーダンスは何 Ω かを計算してみます．

このような計算にはスミスチャートを使うとグラフィカルに答えが得られて便利です．図3はスミスチャート上に，伝送線路受端にある $120\,\Omega$ の抵抗の大きさをプロットしたものです（①の点）．伝送線路の特性インピーダンスが $50\,\Omega$ なので2.4（＝$120 \div 50$）の位置になっています．

中心から①の点までを半径として時計方向に回転させます．線路の1/4波長分手前は180°回転したところになり②の点に相当します．②の点を目盛りから読むと0.42程度です．これに伝送線路の特性インピーダンス $50\,\Omega$ をかけると答えは $21\,\Omega$ です．

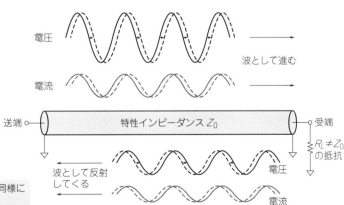

※電流は「密度波」だが，この図では電圧と同様に「高さのある波」として示している

図1 電圧と電流は伝送線路内を波として伝わっていく

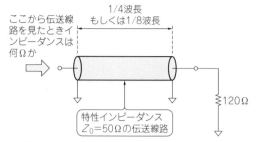

ここから伝送線路を見たときインピーダンスは何Ωか

1/4波長もしくは1/8波長

特性インピーダンス $Z_0 = 50\,\Omega$ の伝送線路

$120\,\Omega$

図2　線路の1/4波長分手前で見たときのインピーダンスと1/8波長分手前で見たときのインピーダンスは何Ωかを計算する

▶数式で計算してみる

　伝送線路から負荷側を見たインピーダンスZは，伝送線路受端からの距離をdとすると，

$$Z(d) = Z_0 \frac{Z_L + jZ_0\tan\left(\dfrac{2\pi d}{\lambda}\right)}{Z_0 + jZ_L\tan\left(\dfrac{2\pi d}{\lambda}\right)} \quad\cdots\cdots\cdots\cdots (1)$$

となります．線路の1/4波長分手前なので，$d/\lambda = 0.25$となり，

$$\tan(2\pi d/\lambda) = \infty$$

です．式(1)を変形していくと，

$$Z(d) = Z_0 \frac{Z_0}{Z_L} \quad\cdots\cdots\cdots\cdots\cdots\cdots\cdots\cdots\cdots (2)$$

となります．それぞれ値を代入すると，答えはスミスチャートを使った結果と同じになります．

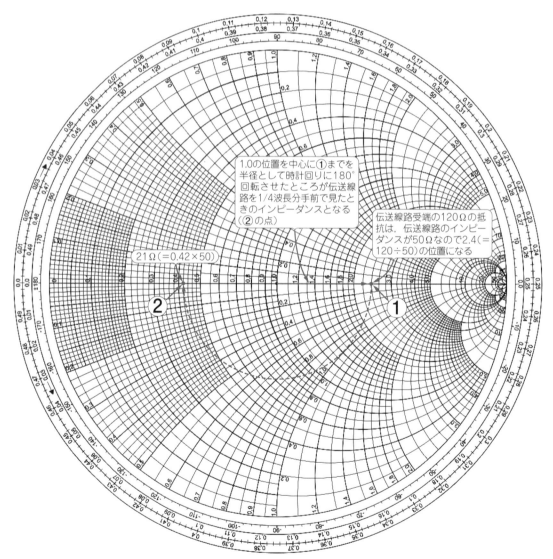

1.0の位置を中心に①までを半径として時計回りに180°回転させたところが伝送線路を1/4波長分手前で見たときのインピーダンスとなる（②の点）

伝送線路受端の120Ωの抵抗は，伝送線路のインピーダンスが50Ωなので2.4（＝120÷50）の位置になる

21Ω（＝0.42×50）

図3　スミスチャートを使って伝送線路端の120Ωの抵抗を1/4波長分手前から見たときのインピーダンスを求める

同様に，図2で特性インピーダンスが50 Ωの伝送線路端にある120 Ωの抵抗を線路の1/8波長分手前で見たときのインピーダンスは何Ωかを計算してみます．

図4のようにスミスチャート上に120 Ωの抵抗の大きさをプロットし，ここから線路の1/8波長ぶん手前まで視点を移動すると，中心から時計方向に90°回転した③の点に相当します．③の点を目盛りから読んでみると，0.7 − j0.704程度です．これに伝送線路の特性インピーダンス50 Ωをかけると答えは(35 − j35.2) Ωになります．

▶数式で計算してみる

式(1)を使って計算します．線路の1/8波長分手前なので$d/\lambda = 0.125$となり，

$$\tan(2\pi d/\lambda) = 1$$

です．式(1)から，

$$Z\left(\frac{\lambda}{8}\right) = 50\frac{120 + j50}{50 + j120}$$

が得られます．これを整理すると，スミスチャートを使った結果と同じになります．

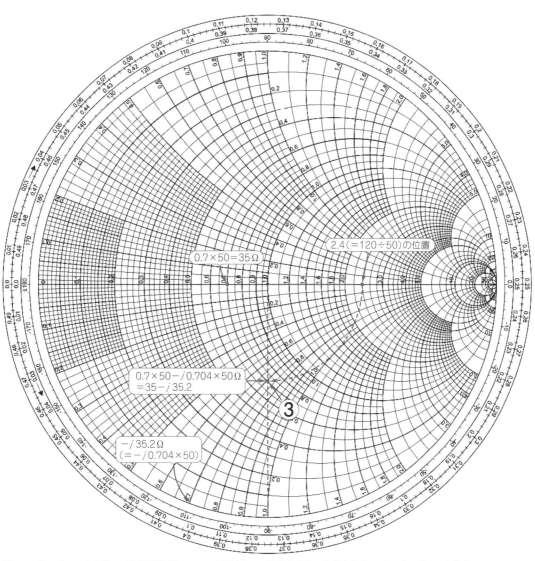

2.4(=120÷50)の位置

0.7×50=35 Ω

0.7×50 − j 0.704×50 Ω
=35 − j 35.2

③

− j 35.2 Ω
(=− j 0.704×50)

図4　スミスチャートを使って伝送線路端の120 Ωの抵抗を1/8波長分手前から見たときのインピーダンスを求める

A-2 電力や電圧の比を表す単位「デシベル」

〈石井 聡〉

● dBとdBm

電力で考えるとき，基準の電力をP_1，比較される電力をP_2とするとdBは，

$$\mathrm{dB} = 10 \log_{10} \frac{P_2}{P_1} \cdots\cdots\cdots\cdots\cdots\cdots (1)$$

で「比」として表されます．dBmは$P_1 = 1\,\mathrm{mW}$とした実際の大きさとなります．

図1に示す$50\,\Omega$系で⊛点が$0\,\mathrm{dBm}$のとき信号源の開放端電圧V_Sは何Vになるかを計算してみます．

$50\,\Omega$系では同図のように，信号源抵抗R_Sが$50\,\Omega$であり，負荷抵抗R_Lも$50\,\Omega$になっています．$0\,\mathrm{dBm} = 1\,\mathrm{mW}$は，この$R_L$で$1\,\mathrm{mW}$が電力として消費されることになります．

ここで，$1\,\mathrm{mW}$を生じさせるための電流量は，

$$P = I^2 R_L \cdots\cdots\cdots\cdots\cdots\cdots\cdots\cdots\cdots (2)$$

なので，$I = 4.47\,\mathrm{mA}$になります．信号源V_Sから，$R_S + R_L = 100\,\Omega$に対して$4.47\,\mathrm{mA}$を流すためには，

$$\mathrm{VS} = \mathrm{I(RS + RL)} = 447\,\mathrm{mV}$$

となります．

● dBで計算する

R_Lで$1\,\mathrm{mW}$が消費されているので，R_Lの端子電圧は，

$$\mathrm{VRL} = \sqrt{P_{R_L}} = \sqrt{0.001 \times 50} = 223.6\,\mathrm{mV}$$

となります．$R_S = R_L$なので，R_Sの端子電圧V_{R_S}もV_{R_L}と等しく，

$$\mathrm{VS} = \mathrm{VRS} + \mathrm{VRL} = 2\mathrm{VRL} = 447\,\mathrm{mV}$$

となります．

また同様に，図1で信号源の開放端電圧V_Sを2倍にすると負荷抵抗では何dBmの電力が得られるかも計

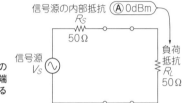

図1 ⊛点が$0\,\mathrm{dBm}$のとき信号源の開放端電圧V_Sは何Vになるかを計算する

算してみます．

V_Sを2倍にするということは，抵抗R_Lの端子電圧V_{R_L}も2倍になるということです．電力の計算は，

$$P = \frac{V^2}{R} \cdots\cdots\cdots\cdots\cdots\cdots\cdots\cdots\cdots (3)$$

なので，電圧が2倍になれば，電力は4倍になります．これをdBで考えると，

$$\mathrm{dB} = 10 \log_{10} \frac{4}{1} = 6$$

なので，$6\,\mathrm{dB}$アップとなり，$6\,\mathrm{dBm}$になります．

同じように電圧の比で考えるとdBは，

$$\mathrm{dB} = 20 \log_{10} \frac{V_2}{V_1} \cdots\cdots\cdots\cdots\cdots\cdots (4)$$

なので，

$$\mathrm{dB} = 20 \log 10 \frac{2}{1} = 6$$

ともなります．

この問題は$50\,\Omega$系を取り扱ううえで，知っておくべき基本的な考え方と計算です．最近では高周波回路を取り扱う技術者以外でも必要な知識になっています．

A-3 高周波伝送回路の挿入損失IL

〈石井 聡〉

● 高周波伝送回路では回路や伝送路に信号が伝わるとロスが生じる

日本語で挿入損失，英語ではInsertion Loss（IL）と呼びます．ILという略語もよく使われるので，覚えておくとよいでしょう．

図1のように1dB/mロスする10mの伝送線路の負荷側に抵抗を接続し，信号源から0dBmを注入したとき，負荷抵抗で得られる電力は何dBmかを計算してみます．

高周波伝送回路は図2のように，単純なモデルに置き換えてロスを計算します．特に50Ωや75Ωの特性インピーダンスで信号出力端から信号受信端までマッチングした回路はなおさらです．

図1では，1m当たり1dBロスするものとしています．図2のように，1dBロスする（−1dBになる）ものが10段，多段階で接続されていると考えます．つまり，挿入損失は−10dB（＝−1dB×10m）で，10段分のロスを足し算したものになります．結果，負荷抵抗で得られる電力は−10dBmが答えです．

dB（対数）での計算は足し算で，真値での計算は掛け算となります．−1dBが0.7943なので，電力比0.1（＝0.7943×0.7943×…×0.7943 = 0.7943^{10}）となります．

図1の回路で伝送線路の負荷側をショートし，信号源から0dBmを注入したとき，信号源側に戻る電力量は何dBmかも計算してみます．

伝送線路の負荷側をショートしたとき，加えられた（伝わっていく）電力はショートした点で消えるのではなく，全てが反射して信号源側に戻ります．

信号源側に戻らない条件は，負荷側に50Ωの抵抗を接続したとき，つまり整合終端した状態です．

信号源側から加えられた電力はさきのとおり，−10dB減衰して負荷側に伝わります．負荷側ではすべてが反射し戻ってくるので，あらためて−10dB減衰して信号源側で検出されます．つまり，往復で−20dBのロスが生じます．信号源から0dBm（1mW）の電力が加えられているので，往復して戻ってきた電力は−20dBmと計算できます．

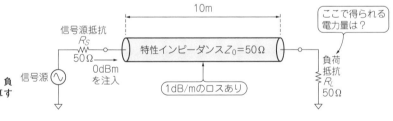

図1　信号源から0dBmを注入したとき，負荷抵抗で得られる電力は何dBmかを計算する

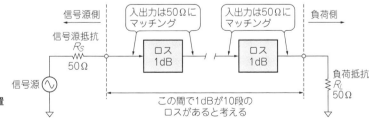

図2　高周波伝送回路では単純なモデルに置き換えてロスを計算する

増幅器に2つの信号を加えたときに生じるひずみIP_3

〈石井 聡〉

● 増幅器に2つの信号を加えたときに生じるひずみIP_3

図1のような測定システムで，被試験増幅器に二つの信号を加えると本来の2つの信号f_1，f_2の左右に別のスペクトルが現れます．これは被試験増幅器内で生じる，3次の項(伝達関数として入力の3乗に比例する微小な増幅度)によって生じるひずみです．これを3次ひずみともいいます．

図1の2つの信号f_1，f_2の入力レベルを大きくしていくと，図2のように本来の2つの信号の出力と，3次ひずみの上昇率は異なります．入力を1dB上昇させると，出力において本来の信号は1dBずつ上昇しますが，3次ひずみは3dBずつ上昇します．すると，図2のようにそれぞれの直線が交差する点が得られます．この点がIP_3(3次インターセプト・ポイント)です．

実際に入出力の特性を測定してみても，図2の実線のように出力が飽和するので，あるレベル以上の出力は得られません．IP_3は最大出力以上の大きさになります．IP_3は仮想的な点として，被試験増幅器の直線性性能の評価基準として使われます．

● ひずみの計算

図1に示す増幅器の増幅率が15dBで入力換算のIP_3が$+3$dBmの増幅器に周波数が若干離れた-10dBmの2つの信号を同時に加えたとき，出力の3次ひずみのレベル(片側)は理論的にいくらかを計算してみます．

IP_3は入力換算と，出力換算があります．この計算では入力でIP_3が示されていますが，答えとして要求

されているのは出力です．

図3のように入力IP_3が$+3$dBmで，ここに-10dBmの信号が加わると(①)，IP_3と入力信号の差分は13dBになります(②)．次に同図の縦軸(出力信号レベル)で考えます．入力換算のIP_3が$+3$dBm，系の増幅率が15dBなので出力換算のIP_3は$+18$dBmです(③)．このグラフの傾斜(1：3の比率)からわかるように，差分が13dBなので，出力で得られる3次ひずみは，IP_3の点から39dB($=13$dB$\times3$)低いところです(④)．出力での3次ひずみは，$+18$dBmから39dB低いので，-21($=18-39$)dBmです(⑤)．

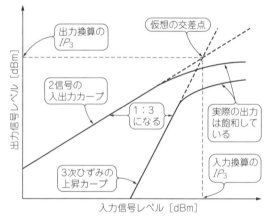

図2 2つの信号の入出力特性と3次ひずみの出力特性が交差する点をIP_3(3次インターセプト・ポイント)と呼ぶ

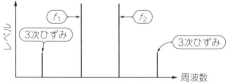

(a) 被試験増幅器に2つの信号を加える

(b) 入力した信号のスペクトルの左右に別のスペクトル(3次ひずみ)が現れる

図1 増幅器に2つの信号を加えたとき内部で生じる3次ひずみ

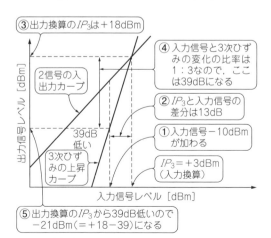

③出力換算のIP_3は$+18$dBm

④入力信号と3次ひずみの変化の比率は1：3なので，ここは39dBになる

②IP_3と入力信号の差分は13dB

①入力信号-10dBmが加わる

IP_3＝$+3$dBm(入力換算)

39dB低い

⑤出力換算のIP_3から39dB低いので-21dBm($=+18-39$)になる

図3 出力換算のIP_3の求め方

高速ディジタル伝送のポイント

B-1 基準電位の変動に強い「差動伝送」

〈石井 聡〉

● シングルエンド伝送と差動伝送

図1(a)に示すシングルエンド伝送方式では，信号は1本の電線またはプリント基板上のパターンを伝わり負荷側に伝送されます．リターン電流は，グラウンドを経由して出力側（信号源側）に戻ります．

図1(b)に示す差動伝送方式では，信号は2本の電線またはプリント基板上のパターンを伝わり負荷側に伝送されます．それぞれの電線に同じ振幅量かつ逆極性

の信号が加わります．2本の電線がペアとなって「差の信号量」として信号を伝送します．

● 差動伝送が使われる理由

差動伝送信号をV_A，V_Bとすると，次式で表せます．

$$V_A = V_+ + V_C, \quad V_B = V_- + V_C \cdots\cdots\cdots\cdots (1)$$

V_+とV_-は逆極性の差動信号成分で，V_Cは送信回路と受信回路の同相電圧（グラウンドからの電位）です．差動伝送での受信回路は，V_AとV_Bの電圧差を差動電圧V_Dとして検出します．差動電圧V_Dは以下となります．

$$V_D = V_A - V_B = (V_+ + V_C) - (V_- + V_C)$$
$$= V_+ - V_- \cdots\cdots\cdots\cdots\cdots\cdots\cdots\cdots (2)$$

V_Cは打ち消されるので，差動伝送は送信回路と受信回路間の同相電位の変動に強いのです．

図2の回路において，2点のグラウンド間の電圧が0Vから5Vに変化したとき，受信回路で検出される差動電圧は2点のグラウンド間の電圧が変化しても，差動受信回路でその変化は検出されません．

● 送信回路　● 受信回路

V_{CC1}　　　V_{CC2}

5V／0V　差動伝送

ここで検出される差動電圧は変化しない

5V／0V

0V→5Vに変化

※波形の0V，5Vは送信回路のグラウンドを基準電位とした表記になっている

図2　2点のグラウンド間の電圧が0Vから5Vに変化しても受信回路で検出される差動電圧は変化しない

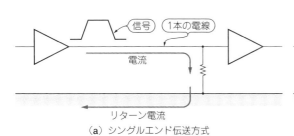

信号　1本の電線

電流

リターン電流

（a）シングルエンド伝送方式

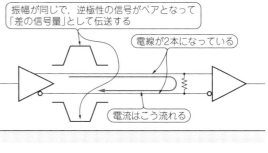

振幅が同じで，逆極性の信号がペアとなって「差の信号量」として伝送する

電線が2本になっている

電流はこう流れる

（b）差動伝送方式

図1　信号の伝送方式には同相電位の変動に弱いシングルエンドと同相電位の変動に強い差動伝送がある

アナログ・センスが重要な 高速ディジタル伝送

〈石井 聡〉

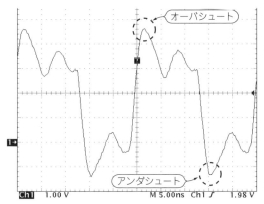

図1 オーバシュートは信号が "L" から "H"，アンダーシュートは信号が "H" から "L" に遷移するときに大きく暴れる現象のこと…ICの劣化や論理反転等の原因になる

● 高速ディジタル伝送で問題となるアナログ的な要因

　IC間やシステム間で高速な信号を確実に伝送させる必要性が高まっています.

▶オーバーシュートとアンダーシュート

　図1のように信号が "L" から "H"，もしくは "H" から "L" に遷移するときに大きく暴れることです. この暴れが大きくなると，次に示す問題が生じます.

- 外側に振れる方向では，ICの入力電圧範囲を超えて，ICが劣化する可能性がある
- 内側に振れる方向では，ICの入力スレッショルドを超えて，論理が反転する可能性がある

▶バス・ラインなど複数の伝送線路長差

　プリント基板のパターンなど信号が伝送される媒体を伝送線路と呼びます. たとえば，500 Mbpsで高速ディジタル伝送すると，1ビットの伝送に要する時間は2 nsです. 2 nsの間に信号が基板上を伝わる距離は

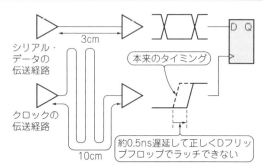

図2　伝送線路の線路長差によってクロックとデータのタイミングがずれてしまい適切なデータがラッチできない

30 cm程度です. 具体的な距離は基板の実効比誘電率による波長短縮率を用いて計算します.

　シリアル・データとクロックが一緒に伝送されていることを考えます. クロックが目的とするデータのタイミングで立ち上がり，受信側のフリップフロップでラッチされるべきですが，図2のように線路長がそれぞれ異なるとフリップフロップで適切なデータがラッチできません. 線路長を等しくするか，信号のタイミングを正確に制御することが重要です. 高速信号の場合，配線長を決める線路設計はより難しくなります.

▶伝送線路間のクロストーク

　クロストークとは伝送線路(プリント基板のパターン)間で生じる相互影響のことです. 図3に示すように，片側のパターンに伝わるディジタル信号をスイッチすると，反対側のパターンにもスイッチした波形が現れます. これもオーバシュートやアンダシュートと同じく，ICの入力スレッショルドを超えて，論理が反転する可能性があります.

▶受信回路の終端抵抗の抵抗値の誤差や温度係数

　図4に示すように，伝送線路の特性インピーダンスZ_0と受信回路の終端抵抗R_Lの大きさが等しくないと信号が反射します. 反射量比率(反射係数)Γは，

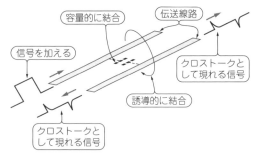

図3　クロストークとは伝送線路間で生じる相互影響のこと
片側のパターンに伝わるディジタル信号をスイッチすると，反対側のパターンにもスイッチした波形が現れる

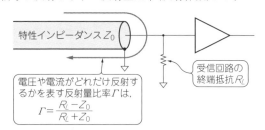

$$\Gamma = \frac{R_L - Z_0}{R_L + Z_0}$$

図4　伝送線路の特性インピーダンスZ_0と受信回路の終端抵抗R_Lの大きさが等しくないと信号が反射する

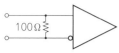

図5 LVDS受信回路の終端抵抗の的確な配置（1列）

$$\Gamma = \frac{R_L - Z_0}{R_L + Z_0} \quad\cdots\cdots\cdots\cdots\cdots\cdots\cdots\cdots (1)$$

と計算できます．たとえば，特性インピーダンスZ_0が50Ωで，終端抵抗値との誤差が10％あったとすると，反射量比率は4.7％程度です．さらに，抵抗の温度係数は50～100ppm程度ですので，温度が100℃変化しても抵抗値は1％しか変わりません．どちらも，ディジタル信号に対してほとんど影響を与えません．

● LVDSの終端

　プリント基板上で高速ディジタル伝送であるLVDS（Low Voltage Differential Signaling）信号を伝送するとき，パターンの差動インピーダンスは100Ωが用いられます．このときの受信回路の終端抵抗の的確な配置は図5のようになります（1列）．

　受信回路の終端抵抗で信号を適切に終端するには，伝送線路上で信号自体から見えるインピーダンスを考える必要があります．LVDSでは2つの信号線（基板のパターン）に逆極性の信号が伝送されます．逆極性の信号間で，線路の差動インピーダンスが決まります．これが「信号自体から見える」インピーダンスです．つまり終端も同じように「信号自体から見える」インピーダンスを抵抗として接続する必要があります．

B-3　信号伝送のやっかいもの「コモンモード・ノイズ」

〈石井 聡〉

● コモンモード・ノイズとそのふるまい

　回路内の各場所ごとに，それぞれのグラウンド電位が異なる状態になる電位差のことをコモン（同相）モード電圧と呼びます．「グラウンド間電圧差」という意味です．これによって生じるノイズがコモンモード・ノイズです．

　コモンモード・ノイズの発生原因を図1に示します．ここでは2つのグラウンド間にループが形成されています．ループ内には周辺回路やAC電源（商用交流電源）の電流により発生する変動磁界が通り抜けています．コモンモード・ノイズの原因は，変動磁界によって生じる起電力，または起電力による電流での電圧降下で2つのグラウンド間に発生した電位差です．

　コモンモード・ノイズのふるまいを以下に示します．

● 信号経路内とグラウンド経路内の電気的構成の違いで差動モードに変換される

● 差動レシーバやトランスで信号を受けると効果的にコモンモード・ノイズを低減できる

● 信号を伝送する2つの機器の間が離れているほど発生しやすい

　図2のように1つの基板内部でも，回路の各部で，コモンモード・ノイズから見た入力インピーダンスは同じではありません．アンプの入力とグラウンドでそれぞれ異なります．したがって，コモンモード・ノイズが回路内部に入ると，各部で異なる電圧量や位相に変換されます．これらの差分が信号電圧［差動モード（ノーマル・モード）］に化けてしまいます．コモンモード・ノイズの周波数が高くなると，リアクタンス成分により差動モード・ノイズに変換される量が大きくなります．

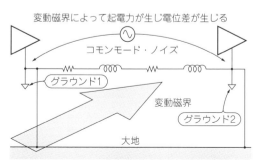

図1　コモンモード・ノイズの発生原因の例

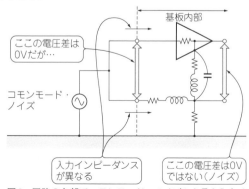

図2　回路の各部でコモンモード・ノイズから見た入力インピーダンスは同じに見えないため，信号電圧（差動モード・ノイズ）に変換されてしまう

◆ 初出文献(A)関連項目(目次参照)の参考・引用＊文献 ◆

(1)＊ Analog Discovery Technical Reference Manual, 2013 年 10 月 10 日, Digilent, Inc.

(2) 2N3904 データシート, 2011年, フェアチャイルドセミコンダクター.

(3) 2N3906 データシート, 2011年, フェアチャイルドセミコンダクター.

(4) 2N7000 データシート, 1997年, フェアチャイルドセミコンダクター.

(5) BC327 データシート, 2011年9月, オン・セミコンダクター.

(6) BC337 データシート, 2002年, フェアチャイルドセミコンダクター.

(7) TC1413 データシート, 2012年, マイクロチップ・テクノロジー・ジャパン㈱.

(8) MIC4101 データシート, 2006年3月, マイクレル・セミコンダクタ・ジャパン㈱.

(9) ED-5103A リニア集積回路測定方法(演算増幅器及びコンパレータ), 2003年6月, 電子情報技術産業協会(JEITA).

(10) AN-356JP オペアンプの仕様を適用・測定するためのユーザーズ・ガイド, 2010年, アナログ・デバイセズ㈱.

(11) NJM2904 データシート, 2012年9月18日, 新日本無線㈱.

(12) NJM4580 データシート, 2012年9月14日, 新日本無線㈱.

(13) NJM2903 データシート, 2013年2月14日, 新日本無線㈱.

(14) TC74HCU04AP, 2007年10月1日, ㈱東芝.

(15)＊ 馬場 清太郎;OPアンプによる実用回路設計, 2004年5月1日, CQ出版社.

(16) セラミック発振子(セラロック)アプリケーションマニュアル, 2012年10月31日, ㈱村田製作所.

(17) TL494データシート, 2014年1月, テキサス・インスツルメンツ㈱.

ずっと使える電子回路テクニック101選

著　者	馬場 清太郎, 石井 聡, 梅前 尚	2021年1月1日　初版発行
編著者	梅前 尚	2024年2月1日　第2版発行
編　集	トランジスタ技術SPECIAL編集部	©CQ出版株式会社 2021
発行人	櫻田 洋一	(無断転載を禁じます)
発行所	CQ出版株式会社	
	〒112-8619　東京都文京区千石4-29-14	定価は裏表紙に表示してあります
		乱丁, 落丁本はお取り替えします
電　話	編集 03-5395-2148	
	広告 03-5395-2131	編集担当者　上村 剛士
	販売 03-5395-2141	DTP・印刷・製本　三晃印刷株式会社
		Printed in Japan